物理入門コース［新装版］ 力学

物理入門コース［新装版］
An Introductory Course of Physics

CLASSICAL MECHANICS
力学

戸田盛和 著
岩波書店

物理入門コースについて

理工系の学生諸君にとって物理学は欠くことのできない基礎科目の１つである．諸君が理学系あるいは工学系のどんな専門へ将来進むにしても，その基礎は必ず物理学と深くかかわりあっているからである．専門の学習が忙しくなってからこのことに気づき，改めて物理学を自習しようと思っても，満足のゆく理解はなかなかえられないものである．やはり大学1〜2年のうちに物理学の基本をしっかり身につけておく必要がある．

その場合，第一に大切なのは，諸君の積極的な学習意欲である．しかしまた，物理学の基本とは何であるか，それをどんな方法で習得すればよいかを諸君に教えてくれる良いガイドが必要なことも明らかである．この「物理入門コース」は，まさにそのようなガイドの役を果すべく企画・編集されたものであって，在来のテキストとはそうとう異なる編集方針がとられている．

物理学に関する重要な学科目のなかで，力学と電磁気学はすべての土台になるものであるため，多くの大学で早い時期に履修されている．しかし，たとえば流体力学は選択的に学ばれることが多いであろうし，学生諸君が自主的に学ぶのもよいと思われる．また，量子力学や相対性理論も大学２年程度の学力で読むことができるしっかりした参考書が望まれている．

編者はこのような観点から物理学の基本的な科目をえらんで，「物理入門コース」を編纂した．このコースは『力学』,『解析力学』,『電磁気学 I, II』,『量子力学 I, II』,『熱・統計力学』,『弾性体と流体』,『相対性理論』および『物理のための数学』の 8 科目全 10 巻で構成されている．このすべてが大学の 1, 2 年の教科目に入っているわけではないが，各科目はそれぞれ独立に勉強でき，大学 1 年あるいは 2 年程度の学力で読めるようにかかれている．

物理学のテキストには多数の公式や事実がならんでいることが多く，学生諸君は期末試験の直前にそれを丸暗記しようとするのが普通ではないだろうか．しかし，これでは物理学の基本を身につけるどころか，むしろ物理嫌いになるのが当然というべきである．このシリーズの読者にとっていちばん大切なことは，公式や事実の暗記ではなくて，ものごとの本筋をとらえる能力の習得であると私たちは考えているのである．

物理学は，ものごとのもとには少数の基本的な事実があり，それらが従う少数の基本的な法則があるにちがいないと考えて，これを求めてきた．こうして明らかにされた基本的な事実や法則は，ぜひとも諸君に理解してもらう必要がある．このような基礎的な理解のうえに立って，ものごとの本筋を諸君みずからの努力でたぐってゆくのが「物理的に考える」という言葉の意味である．

物理学にかぎらず科学のどの分野も，ものごとの本筋を求めているにはちがいないけれども，物理学は比較的に早くから発展し，基礎的な部分が煮つめられてきたので，1 つのモデル・ケースと見なすことができる．したがって,「物理的に考える」能力を習得することは，将来物理学を専攻しようとする諸君にとってばかりでなく，他の分野へ進む諸君にとっても大きなプラスになるわけである．

物理学の基礎的な概念には，時間，空間，力，圧力，熱，温度，光などのように，日常生活で何気なく使っているものが少なくない．日常わかったつもりで使っているこれらの概念にも，物理学は改めてややこしい定義をあたえ基本的な法則との関係をつける．このわずらわしさが，学生諸君を物理嫌いにするもう 1 つの原因であろう．しかし，基本的な事実と法則にもとづいてものごとの本筋をとらえようとするなら，たとえ日常的・感覚的にはわかりきったことであっても，いちいちその実験的根拠を明らかにし，基本法則との関係を問い直すことが必要である．まして私たちの日常体験を超えた世界——たとえば原子内部——を扱う場合には，常識や直観と一見矛盾するような新しい概念さえ必要になる．物理学は実験と観測によって私たちの経験的世界をたえず拡大してゆくから，これにあわせてむしろ常識や直観の方を改変することが必要なのである．

このように，ものごとを「物理的に考える」ことは，けっして安易な作業ではないが，しかし，正しい方法をもってすれば習得が可能なのである．本コースの執筆者の先生方には，とり上げる素材をできるだけしぼり，とり上げた内容はできるだけ入りやすく，わかりやすく叙述するようにお願いした．読者諸君は著者と一緒になってものごとの本筋を追っていただきたい．そのことを通じておのずから「物理的に考える」能力を習得できるはずである．各巻は比較的に小冊子であるが，他の本を参照することなく読めるように書かれていて，

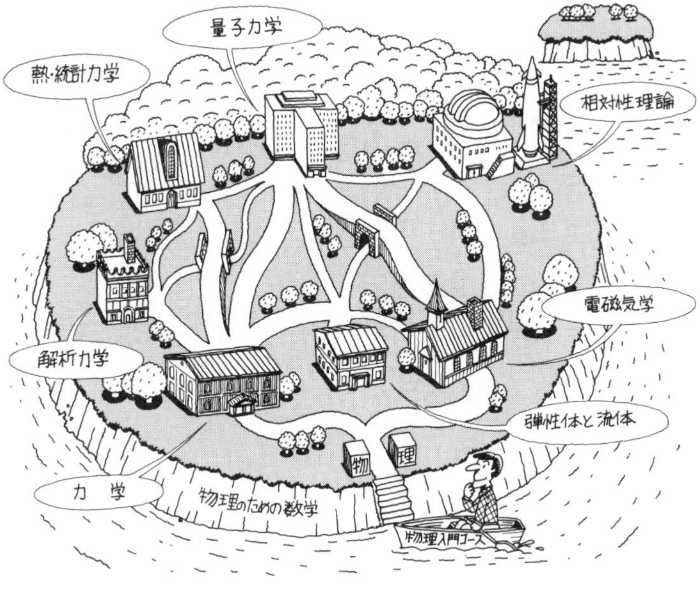

決して単なる物理学のダイジェストではない．ぜひ熟読してほしい．

すでに述べたように，各科目は一応独立に読めるように配慮してあるから，必要に応じてどれから読んでもよい．しかし，一応の道しるべとして，相互関係をイラストの形で示しておく．

絵の手前から奥へ進む太い道は，一応オーソドックスとおもわれる進路を示している．細い道は関連する巻として併読するとよいことを意味する．たとえば，『弾性体と流体』は弾性体力学と流体力学を現代風にまとめた巻であるが，『電磁気学』における場の概念と関連があり，場の古典論として『相対性理論』と対比してみるとよいし，同じ巻の波動を論じた部分は『量子力学』の理解にも役立つ．また，どの巻も数学にふりまわされて物理を見失うことがないように配慮しているが，『物理のための数学』の併読は極めて有益である．

この「物理入門コース」をまとめるにあたって，編者は全巻の原稿を読み，執筆者に種々注文をつけて再三改稿をお願いしたこともある．また，執筆者相互の意見，岩波書店編集部から絶えず示された見解も活用させていただいた．今後は読者諸君の意見もききながらなおいっそう改良を加えていきたい．

1982年8月

編者　戸田盛和
　　　中嶋貞雄

「物理入門コース／演習」シリーズについて

このコースをさらによく理解していただくために，姉妹篇として「演習」シリーズを編集した．

1. 例解　力学演習
2. 例解　電磁気学演習
3. 例解　量子力学演習
4. 例解　熱・統計力学演習
5. 例解　物理数学演習

各巻ともこのコースの内容に沿って書かれており，わかりやすく，使いやすい演習書である．この演習シリーズによって，豊かな実力をつけられることを期待する．（1991年3月）

はじめに

本書は大学教養課程において力学をはじめて学習する人のための入門書あるいは参考書であって，のちに物理学科または物理を基礎とする理工系諸学科を専攻しようとする学生のために書かれたものである．

力学を学習する目的はいくつか挙げられる．

（i） 自然現象の中から法則を見出す物理学の方法を学ぶこと．力学は物理学の中で最初に成立した分野であり，物理学の方法がいちばんわかりやすい形で現われている．

（ii） 自然現象を数理的に扱うことを学ぶ．力学は最初に数式化された科学の分野であり，数理的な扱いを学びはじめるのに適している．

（iii） 力学で扱われる現象には，振動，波動などいろいろのものがあるが，これらは電気振動，電磁波などのように他の分野の現象あるいは法則の理解を助ける基礎として重要なものが多い．したがってこれらの基礎的なものを比較的に簡単な力学の現象について学ぶ必要がある．

本書ではこれらのすべてに留意するが，特に基礎的な現象を取り上げ，その物理的意味と数理的な扱いにポイントをおくことにする．

ニュートンは力学に確実な出発点，すなわち運動法則と万有引力の法則を与えると同時に，運動法則を運動方程式として表現し，具体的問題についてこれを解くのに極めて有効な微分学と積分学を創造した．微分学，積分学の発明がなかったら法則は的確に表現されず，したがって具体的問題を処理する方法も発展せず，その後の力学や諸科学および技術の発達はなかったであろう．

このことからもわかるように，物理学の法則と，これを具体的に解く方法は決して切り離して考えられるものではない．問題を解く数学的な方法が現象を理解し法則を確立する上で不可欠であることは多くの例によって知られている．数学的技法は単なる技術でなく，そのうらには重要な物理的意味がひそんでいることが多い．力学の学習においても，まず座標によって位置を表わす方法，微積分の方法などを各章ごとに学ぶことが必要である．さらに，この学習の過程を通して力学の全体的な理解を深めてほしいものである．個々の事柄の確実な学習と全体的で広い視野に立つ理解の両方を達成するように心掛けてほしい．

各章は力学的なテーマによって分けられているが，それと同時にそれぞれの章で新たな数学的事項が導入され，それが物理法則および物理概念と結びついている．この様子をまとめると次の表のようになる．これを絶えず振り返れば力学の道しるべとして役立つであろう．

章名	主な数学的事項など	主な物理概念など
1. 運動	座標，ベクトル	空間，時間
2. 運動の法則	微積分	力
3. 運動とエネルギー	スカラー積	エネルギー保存則
4. 惑星の運動と中心力	円錐曲線，極座標	万有引力
5. 角運動量	ベクトル積	角運動量保存則
6. 質点系の力学	多体系	重心と重心に関する運動の分離
7. 剛体の簡単な運動	慣性モーメント	球などの回転
8. 相対運動	座標変換	地球の自転の影響

本書の執筆にあたっては中嶋貞雄氏をはじめ，このコースの著者の諸先生から幾たびも懇切な御意見をいただき，また，岩波書店編集部の諸氏には一方ならぬお世話になった．これらの方々に厚くお礼を申し上げたい．

1982年9月

戸田盛和

目次

1

運動

球を投げたり，机を動かしたり，われわれは物体の運動を常に体験している．電車や自動車の速い運動，飛行機などの高いところの運動も日常よく目にしている．速さもさまざまであるし，運動のおこなわれる空間も地表にかぎらず地球の外にも広がっている．昔，ガリレイは地表における落体などの運動を明白に理解する道をひらき，ニュートンは火星においても同じ力学の法則が成り立つと信じた．運動の力学はこうして出発したのである．

1-1 空間と時間

球を上に向かって投げれば，しだいに速さがおそくなって，ついには落下しはじめ，やがて地上に落下する．何度くりかえしても同じような運動が見られ，球は下向きの力(重力)を受けていることがわかる．球は重力のほかにも空気のために抵抗力を受け，またバットで打てば急に運動が変化する．このように運動が力によってどのように変化するかを扱うのが力学である．

運動は空間の中でおこなわれ，運動している間に時間が経過する．このように空間と時間に対し，われわれはある種の直観をもっている．この感覚によれば，空間は例えば部屋の中や机の上のように，位置を指定できる‘ひろがり’である．ものさしや，簡単な測量器具などを使って得られる空間に関する知識は，紀元前3世紀ころにまとめられ，これは今日ユークリッド幾何学とよばれている．そして，この意味での空間を**ユークリッド空間**という．これ以後，空間は数学的に記述されるようになった．

他方で，時間は太陽のみかけの位置や時計などによって数量的に測ることができる量であり，われわれの直観では，時間は空間と無関係に‘経過する(流れる)’．

17世紀のはじめにガリレイ(Galileo Galilei)は，このような空間と時間の概念を用いて**落体**(空間を落下する物体)，**放物体**(空間に放り投げられた物体)などの具体的な運動を調べ，大きな成功を収めた．

落体を下方へ加速するのは**地球の引力**である．月がなぜ落ちてこないかについては後に学ぶが，月は地球の引力を受けて絶えず運動の向きを変え，そのために地球のまわりを回っている．このように物体の間に力が作用すると運動に変化が生じる．運動の変化と力との関係をまとめて，ニュートン(Isaac Newton)は力学をつくり上げた．ニュートンはこのとき，われわれのまわりのひろがりとしての空間から，太陽系を含むひろがりとしての大きな空間へ拡張をおこなっている．ニュートンの主著『プリンキピア』は1687年に出版された．

地表での小規模の運動は地面を基準にして測った空間で記述すればよく，また地球の自転や公転，あるいは月や惑星の運動を扱うときには，遠くの星(恒星)に対する運動を表わす空間を考えればよい．このようなユークリッド空間と，空間とは独立に流れる時間を用いるのが**ニュートン力学**，あるいは**古典力学**(classical mechanics)の立場である．この力学の成功により，ガリレイ-ニュートン的な空間と時間の概念は実在の物理的空間・時間のモデルとして，少なくとも極めてよい近似において，正しいことが示された．長い間，古典力学は厳密に正しいとさえ思われた．

ところが19世紀末から20世紀始めにかけて，電磁気現象にガリレイ-ニュートン的な時間空間の概念を適用すると事実と合わない場合があることが明らかにされた．ことに光の速さに関して明白な不一致が認められた．これがきっかけになってアインシュタイン(Albert Einstein)の相対性原理が提出され，空間と時間とは無関係でないことがはっきりした．これは，ガリレイ-ニュートン的な時間空間とはまったく異なる．しかし光の速さに比べてはるかにおそい運動に対しては，ニュートン力学は正しいとみなしてよく，その時間空間の概念も妥当なものとみなされる．この巻ではガリレイ-ニュートンの立場で力学を扱うことにする．

位置　実験室の中で小さな球の**運動**(motion)を調べるような場合，空間における球の位置を時々刻々明示すれば，運動の完全な記録が得られる．そこでまず，物体の**位置**(position)を記述することからはじめよう．

いちばん簡単な運動は自由落体のように一直線上を運動する場合である．この場合は，例えば物体が落下をはじめる点から鉛直下方に測った距離で物体の位置を明示することができる．このように一直線上の運動では，適当にとった点(**原点** origin)から一定の向きに測った距離(時間によって変わる)という1つの変数で物体の位置を指定できるので，これを**1次元の運動**という．

球が机の上を運動する場合には，例えば方眼紙を机上に張って，その一隅を原点にとり，方眼紙上の縦横の目の数をかぞえれば，その物体の位置を指定することができる．この場合は2つの変数によって位置が指定されるので，その空間は**2次元**である．

部屋の中の勝手な位置を明示するには，例えば床からの高さと，2つの直交する壁面までの距離と，合わせて3つの変数を指定すればよい．このようにわれわれの知覚する空間は**3次元**である．

座標系　1点(例えば部屋の隅)を原点に選び，ここを通ってたがいに直交する3つの直線(例えば床の2辺と上下方向)を考えた場合，これらの直線を**座標軸**という．図1-1に示したように，空間の1点Pはここを通って座標軸に平行に引いた直線と，座標軸とでつくられる直方体の3稜の長さ(x, y, z)によって指定される．このような3つの変数の組(x, y, z)を点Pの**座標**(coordinate)という．逆に3個の実数(x, y, z)を与えるとこれらを座標とする1点Pが定まるので，このことを$P(x, y, z)$で表わす．座標軸x, y, zの組を**座標系**(system of coordinates)という．ふつうは右手の指を図1-2のように広げたときに，親指，人さし指，中指がそれぞれさす向きの関係がx軸，y軸，z軸の向きの関係と一致する座標系を用い，これを右手座標系(右手系 right-handed system)という．同様に左手系を用いることもできるが，この巻ではもっぱら右手系だけを使うことにする．

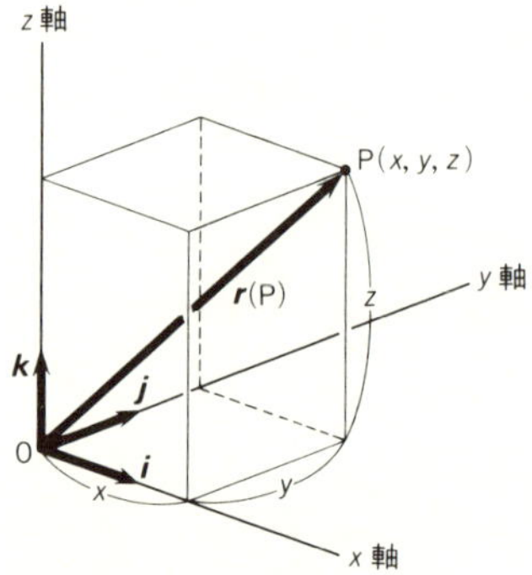

図1-1　直交座標系と位置ベクトル．

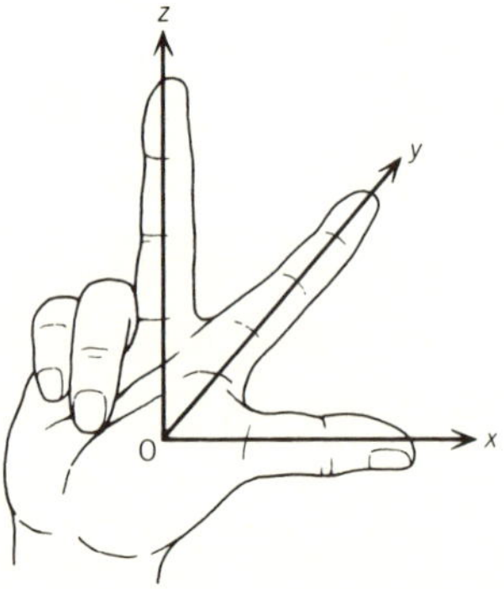

図1-2　右手座標系．

位置ベクトル　1つの点Pを指定するのにx, y, zという3つの座標を用いる代りに，原点Oから点Pへ引いた矢印によって点Pの位置を表わすことができる．そこで原点 O から点 P へ引いた矢印を点 P の**位置ベクトル**という．点 P の位置ベクトルは太文字を使って $\boldsymbol{r}$(P) あるいは $\boldsymbol{r}$ で表わし，また点 P の座標が x, y, z であることを表わすため

$$\boldsymbol{r} = (x, y, z) \tag{1.1}$$

と書く．この意味で，点 P の座標 x, y, z は位置ベクトル $\boldsymbol{r}$ の**成分**(component) と呼ばれる．太文字を使うかわりに矢印を用いて $\vec{r}$ と書くこともある．また $\vec{r}$ と同じ意味で，原点 O と点 P の記号をそのまま用いて，$\overrightarrow{\mathrm{OP}}$ と書くこともある．

のちに学ぶように，速度は，矢印の向きが運動の向きをさし，長さが速さを表わす矢印で表現される．このように大きさと向きをもった量を一般に**ベクトル**(vector)，あるいはベクトル量という．ベクトルは矢印で表わすことができる．

位置ベクトル $\boldsymbol{r}$ はその成分を縦に書き並べて

$$\boldsymbol{r} = \begin{pmatrix} x \\ y \\ z \end{pmatrix} \tag{1.2}$$

と表わすこともできる．のちにわかるように，(1.2)の表わし方はベクトルを用いた計算にたいへん便利である．

長さや時間などのように，大きさだけをもち，方向には関係しない量を**スカラー**(scalar)，あるいはスカラー量という．質量，エネルギーなどもスカラー量である．

x 軸，y 軸，z 軸に沿って単位長さのベクトルを考え，これらをそれぞれ $\boldsymbol{i}, \boldsymbol{j}, \boldsymbol{k}$ で表わせば，位置ベクトル $\boldsymbol{r}$ は

$$\boldsymbol{r} = x\boldsymbol{i} + y\boldsymbol{j} + z\boldsymbol{k} \tag{1.3}$$

で表わされる．$\boldsymbol{i}, \boldsymbol{j}, \boldsymbol{k}$ は座標系の**基本ベクトル**とよばれる．これらはたがいに直交し，**直交基底**をつくるという．

原点から点 P(x, y, z) までの距離はピタゴラスの定理により $\sqrt{x^2+y^2+z^2}$ である．これを

$$|\boldsymbol{r}| = \sqrt{x^2+y^2+z^2} = r \tag{1.4}$$

と書き，ベクトル $\boldsymbol{r}$ の**絶対値**という．

問　題

1.　平面上の位置を表わすいろいろな方法を考えよ．

2.　異なる2点 A, B の位置ベクトルを $\boldsymbol{a}, \boldsymbol{b}$ とする．λ を任意の定数とするとき，ベクトル

$$\boldsymbol{r} = \boldsymbol{b}+\lambda(\boldsymbol{a}-\boldsymbol{b})$$

あるいは

$$\boldsymbol{r} = \lambda\boldsymbol{a}+(1-\lambda)\boldsymbol{b}$$

で表わされる点は，点Aと点Bを結ぶ直線上にあることを示せ．

Coffee Break

デカルトと座標

1つの直線上である方向を正，逆方向を負として原点からの距離に符号をつけ，これを座標という．デカルト(René Descartes, 1596–1650)は座標の考えを導入して幾何学と代数学を結びつけ現代数学発展の機縁をつくったので，解析幾何学の祖とされている．直交直線座標系をデカルト座標系という．デカルトはフランス貴族の家に生まれ，1619年にドナウ河近くで夜営中に解析幾何学の着想に達したといわれている．俗事をさけるためオランダに移って研究，著作に専念し，『方法序説』を著した．これは正確には「諸科学における真理を探究し理性を正しく導くための方法序説，ならびにこの方法の試論としての屈折光学，気象学，幾何学」である．この中で彼はすべてを疑ったうえで知識を合理的に再構成しなければならないと主張した．神学的世界観をはなれたこの思想によりデカルトは近世哲学の祖ともよばれている．1649年クリスチナ女王に招かれてスウェーデンに行ったが，寒さと過労のため翌年亡くなった．

3. たがいに平行でない2つのベクトルを $\boldsymbol{A}, \boldsymbol{B}$ とするとき

$$\boldsymbol{C} = a\boldsymbol{A}+b\boldsymbol{B} \qquad (a, b \text{ は定数})$$

で与えられる点 $\boldsymbol{C}$ は，ベクトル $\boldsymbol{A}$ と $\boldsymbol{B}$ が定める平面上にあることを示せ.

1-2 速度

一直線上を運動する物体の位置は，この直線上の1点O(原点)を基準にした座標 x で表わされる．そして運動は，位置が時間 t とともに変わる様子 $x=x(t)$ によって記述される(図1-3)．時刻が t から $t+\Delta t$ に移る(Δt は時間の変化)間に物体の位置が x から $x+\Delta x$(Δx は x の変化)に変わったとすると，$\Delta x/\Delta t$ はこの間の**平均の速度**(mean velocity)である．ここで Δt を限りなく小さくした極限をとり，それを dx/dt と表わすと

$$v = \lim_{\Delta t\to 0}\frac{\Delta x}{\Delta t} = \frac{dx}{dt} \tag{1.5}$$

は時刻 t における(瞬間的な)速度を意味する．図1-3の x-t グラフで，曲線 $x=x(t)$ のある点における接線の傾きがその時刻における速度を与えることがわかるだろう．dx/dt(速度)を $x(t)$ の t に関する**導関数**(微係数)，あるいは t について**微分**したものであるという(微分したものを簡単に微分ということも多い)．$f(x)$ の導関数を $f'(x)$ と書き，特に時間に関する微係数は $\dot{x}$ のように $\dot{}$(ドットと読む)で表わすことが多い.

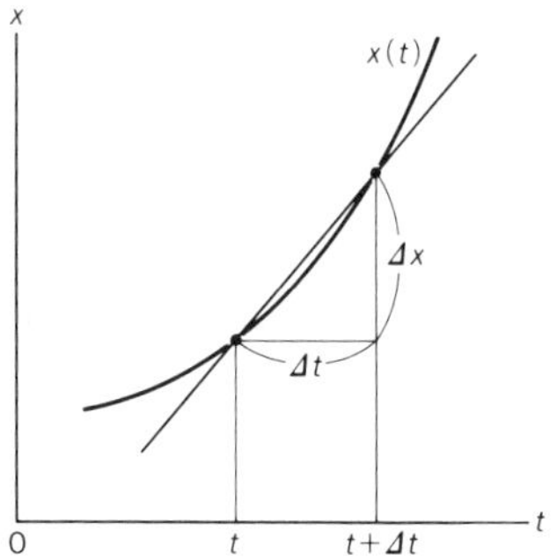

図1-3　ある時刻 t における速度は $v=\lim_{\Delta t\to 0}\dfrac{\Delta x}{\Delta t}$ で与えられる.

例題1　はじめ静止していた球が摩擦の小さな斜面を転がり落ちるとき，その距離は経過した時間 t の2乗に比例する（ガリレイの実験）．球の速さは時間 t に比例することを示せ．

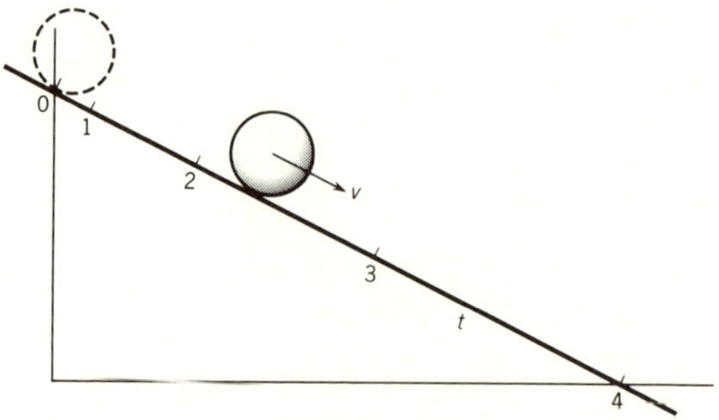

図1-4　斜面を転がり落ちる球．

［解］　a を定数（斜面の傾きに関係する）として，時間 t の間に落下した距離 x は

$$x(t) = at^2$$

時刻 $t+\varDelta t$ においては

$$\begin{aligned} x(t+\varDelta t) &= a(t+\varDelta t)^2 = at^2+2at\varDelta t+a(\varDelta t)^2 \\ &= x(t)+2at\varDelta t+a(\varDelta t)^2 \end{aligned}$$

に達するから，時刻 t における瞬間的な速さは，(1.5)により

$$\begin{aligned} v &= \lim_{\varDelta t\to 0}\frac{\varDelta x}{\varDelta t} = \lim_{\varDelta t\to 0}\frac{x(t+\varDelta t)-x(t)}{\varDelta t} \\ &= \lim_{\varDelta t\to 0}(2at+a\varDelta t) = 2at \end{aligned}$$

となり，時間 t に比例する．上の計算を微分記号を用いて表わせば $d(at^2)/dt = 2at$ を得る．▎

変位と速度　はじめ $\mathrm{P}(x, y, z)$ にあった物体が，微小時間 $\varDelta t$ の後に $Q(x+\varDelta x, y+\varDelta y, z+\varDelta z)$ に移ったとする．それぞれの位置はベクトル記号で

$$\boldsymbol{r}(\mathrm{P}) = \begin{pmatrix} x \\ y \\ z \end{pmatrix}, \quad \boldsymbol{r}(\mathrm{Q}) = \begin{pmatrix} x+\Delta x \\ y+\Delta y \\ z+\Delta z \end{pmatrix} \tag{1.6}$$

と書けるので，x 座標，y 座標，z 座標の変化 $\Delta x, \Delta y, \Delta z$ はまとめて

$$\Delta\boldsymbol{r} = \begin{pmatrix} \Delta x \\ \Delta y \\ \Delta z \end{pmatrix} \tag{1.7}$$

と書ける．$\Delta\boldsymbol{r}$ は物体の位置の変化を表わすもので，P から Q へ引いた矢印で表わすことができる．$\Delta\boldsymbol{r}$ を P から Q への**変位ベクトル** (displacement vector), $\Delta x, \Delta y, \Delta z$ をその成分という．

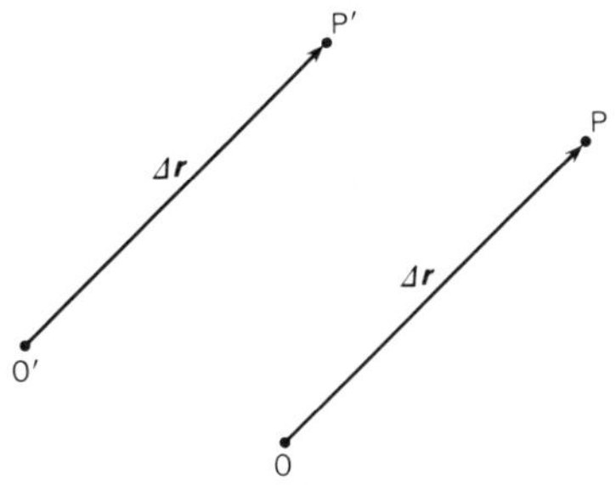

図 1-5　$\overrightarrow{\mathrm{OP}}$ と $\overrightarrow{\mathrm{O'P'}}$ は変位 $\Delta\boldsymbol{r}$ としては同じである．

位置ベクトルが原点という特別な点から引いた矢印なのに対して，図 1-5 でわかるように変位ベクトルは向きと長さが同じならば，どの点から引いても同じだけの位置変化を表わすことに注意しなければならない．位置ベクトルはこの意味で**束縛ベクトル**であるといい，変位ベクトルは**自由ベクトル**であるという．

位置ベクトルを除けば，これから扱うベクトルは自由ベクトルが多いので，単にベクトルといえば自由ベクトルを意味することとし，ベクトルの矢印の出発点を特に指定する必要があるときは，これを明示することにする．

3 次元の場合も，1 次元の場合と同じように速度を定義する．すなわち Δt を限りなく小さくした極限

$$\boldsymbol{v} = \lim_{\Delta t \to 0} \frac{\Delta\boldsymbol{r}}{\Delta t} = \frac{d\boldsymbol{r}}{dt} \tag{1.8}$$

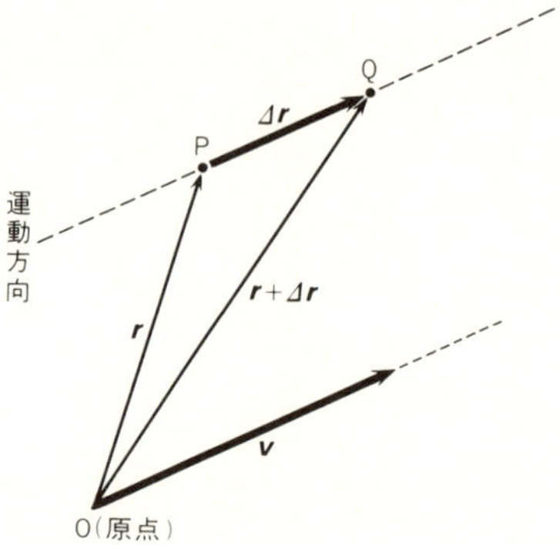

図 1-6　変位ベクトル $\boldsymbol{\Delta r}$ と速度ベクトル $\boldsymbol{v}=\lim_{\Delta t\to 0}\dfrac{\boldsymbol{\Delta r}}{\Delta t}$ は平行に図示される.

を時刻 t における**速度**(velocity)という．この式で $\boldsymbol{\Delta r}$ は(1.7)で表わされるベクトルである．したがって速度は

$$\boldsymbol{v}=\begin{pmatrix} v_x \\ v_y \\ v_z \end{pmatrix} \tag{1.9}$$

で表わされるベクトル(速度ベクトル)である．ただしここで

$$v_x=\frac{dx}{dt}, \qquad v_y=\frac{dy}{dt}, \qquad v_z=\frac{dz}{dt} \tag{1.9$'$}$$

はそれぞれ速度の x 成分，y 成分，z 成分である．基本ベクトル(式(1.3)参照)を用いれば

$$\boldsymbol{v}=v_x\boldsymbol{i}+v_y\boldsymbol{j}+v_z\boldsymbol{k} \tag{1.10}$$

となる．

直交座標系で速度ベクトルの成分を v_x, v_y, v_z とすればピタゴラスの定理により，速度ベクトルの大きさ(速さ)は

$$v=\sqrt{{v_x}^2+{v_y}^2+{v_z}^2} \tag{1.11}$$

で与えられる．このように速度は，大きさ(速さ)とともに向きをもっているのでベクトルであるといってもよい．

一般に，直交座標系における成分が a_x, a_y, a_z で与えられる**ベクトルの長さ**(絶対値)を $|\boldsymbol{a}|$ と書くと，ピタゴラスの定理により

$$|\boldsymbol{a}| = \sqrt{a_x^2+a_y^2+a_z^2} \tag{1.12}$$

となり，これをベクトル $\boldsymbol{a}$ の絶対値という．基本ベクトルを用いれば，ベクトル $\boldsymbol{a}$ は

$$\boldsymbol{a} = a_x\boldsymbol{i}+a_y\boldsymbol{j}+a_z\boldsymbol{k} \tag{1.13}$$

と書ける．

問　題

1. 指数関数は無限級数

$$e^t = 1+t+\frac{t^2}{2!}+\frac{t^3}{3!}+\cdots+\frac{t^n}{n!}+\cdots$$

で定義される．a を定数として

$$\frac{d}{dt}e^{at} = ae^{at}$$

を示せ．

2. 三角関数の加法定理を用いて

$$\frac{d}{dt}\sin t = \cos t, \qquad \frac{d}{dt}\cos t = -\sin t$$

$$\frac{d^2}{dt^2}\sin t = -\sin t, \qquad \frac{d^2}{dt^2}\cos t = -\cos t$$

を示し，これらの関係をグラフの上で調べよ．

1-3 速度の積分

位置 $\boldsymbol{r}$ を時間で微分したものが速度 $\boldsymbol{v}(t)$ であった．逆に，速度を時間の関数 $\boldsymbol{v}(t)$ として与えたとき，位置 $\boldsymbol{r}(t)$ は積分によって求められる．これを示すために，一直線上を進む物体を考えてみる．時刻 t と $t+\varDelta t$ の間の平均の速さを $\bar{v}(t)$ とすると，この時間内に物体は

$$\varDelta x = x(t+\varDelta t)-x(t) = \bar{v}(t)\varDelta t \tag{1.14}$$

だけ進む．

時刻 t_0 と t の間を n 等分し

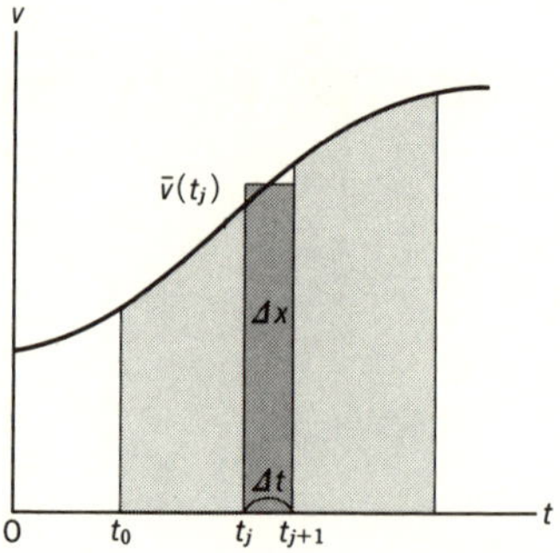

図 1-7　時刻 t_j と t_{j+1} の間に $\Delta x=\bar{v}(t_j)\Delta t$ だけ進む．

$$t_1-t_0 = t_2-t_1 = \cdots = t-t_{n-1} = \Delta t \tag{1.15}$$

とおき，それぞれの間の平均の速さを $\bar{v}(t_0), \bar{v}(t_1)$ などとすると

$$\begin{aligned} x(t)-x(t_{n-1}) &= \bar{v}(t_{n-1})\Delta t \\ x(t_{n-1})-x(t_{n-2}) &= \bar{v}(t_{n-2})\Delta t \\ &\cdots\cdots\cdots\cdots\cdots \\ x(t_1)-x(t_0) &= \bar{v}(t_0)\Delta t \end{aligned} \tag{1.16}$$

と書けるので，これらを加え合わせると

$$x(t)-x(t_0) = \sum_{j=0}^{n-1}\bar{v}(t_j)\Delta t \tag{1.17}$$

となる．ここで $\Delta t\to 0$ とすると，平均の速さ $\bar{v}(t)$ はその時刻における速さ $v(t)$ になる．この極限を

$$\lim_{\Delta t\to 0}\sum_{j=0}^{n-1}\bar{v}(t_j)\Delta t = \int_{t_0}^{t} v(t')dt' \tag{1.18}$$

と書く．そうすると，(1.17) は

$$x(t)-x(t_0) = \int_{t_0}^{t} v(t')dt' \tag{1.19}$$

これは，$v(t)$ の t に関する**積分**である．図 1-7 に示したように，v-t グラフで，積分は曲線と直線 $t=t_0$ および $t=t$ で囲まれた面積で与えられる．

積分と微分の関係　時刻 t_0 と t の間に進む距離は図 1-8 の v-t グラフの面積で与えられた．時刻 t_0 をきめておく（つまり t_0 を定数とする）と，この面積は t の関数となり，

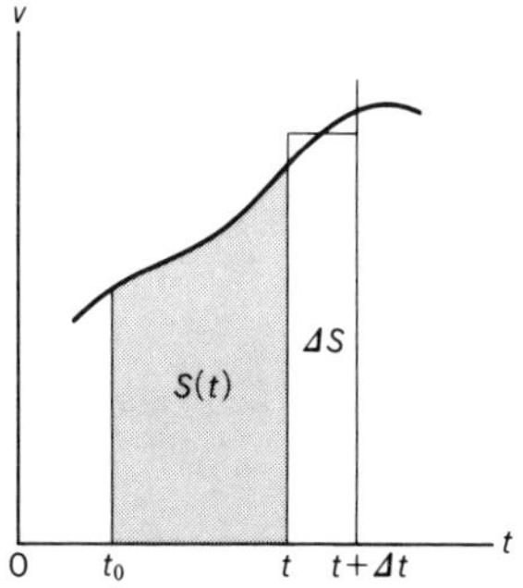

図 1-8　$\Delta S=v(t)\Delta t$.

$$S(t) = \int_{t_0}^{t} v(t')dt' \tag{1.20}$$

と書ける(図 1-8)．t が Δt だけ増したときの $S(t)$ の増分は図 1-8 で曲線 $v(t)$ と直線 $t=t$ および $t=t+\Delta t$ で囲まれる面積 ΔS で与えられる．この面積は，Δt が十分小さいときは $v(t)\Delta t$ に等しいから

$$\Delta S = v(t)\Delta t \tag{1.21}$$

である．$\Delta t\to 0$ の極限では $\Delta S/\Delta t$ は S の t に関する微係数となるから

$$\lim_{\Delta t\to 0}\frac{\Delta S}{\Delta t} = \frac{dS}{dt} = v(t) \tag{1.22}$$

である．したがって $v(t)$ の積分 $S(t)$ を微分すれば $v(t)$ に戻り，また $S(t)$ の微係数 $v(t)$ を積分すれば $S(t)$ になる．このように微分と積分とはたがいに逆の演算である．

微分係数の式 $dx/dt=v$ は

$$dx = vdt \tag{1.23}$$

と書いてもよい．これは微小変化 dx と微小時間 dt との間の関係式と見ることができる．これに積分記号を‘掛け’ると

$$\int dx = \int vdt \tag{1.24}$$

すなわち

$$\int_{t=t_0}^{t} dx = x(t)-x(t_0) = \int_{t_0}^{t} v(t')dt' \tag{1.25}$$

となり，(1.19)が得られる．このような形式的な演算は大変便利なので，この巻でもしばしば用いることにする．

問　　題

1.　1-2 節の問題 1 の結果を用いて

$$\int_{t_0}^{t} e^{at}dt = \frac{1}{a}(e^{at}-e^{at_0})$$

を示せ．また積分

$$\int_{t_0}^{t} \sin atdt, \qquad \int_{t_0}^{t} \cos atdt$$

を求めよ．

2.　次の運動で位置と時間の関係を求めよ．

(i)　一定の速度の運動(等速度運動)．

(ii)　速さが時間に比例する運動(等加速度運動)．

(iii)　速さが時間の余弦関数で与えられる運動．

2

運動の法則

地面の石は蹴り動かしてもすぐに止まってしまうが，なめらかな氷の上に石を投げるとなかなか止まらないで長い距離を滑って行く．地面の上では摩擦が大きいので石はすぐ止まるが，氷の上では摩擦が小さいからなかなか止まらないというわけである．摩擦に限らず力が作用しなければ運動の様子は変わらないし，運動の変化があったときは何らかの力が作用している．こう考えると力という概念がはっきりしてくる．

2-1 慣性(運動の第1法則)

ニュートンは，3つの法則(運動の法則)から出発すれば，いろいろの運動が理解できることを示した．この3法則から出発すると力学の考え方が述べやすいし，具体的な問題を解くのにも便利なので，この巻でも，ニュートンが立てた運動の3法則をだいたいそのまま採用して，そこから力学をはじめることにしよう．

地球は太陽のまわりを公転し，また自転しているから地面も動いているのであるが，地面の近くにおいて落下運動や水平な机上で滑る物体の運動を調べるには，地面を静止した基準としてよいであろう．この基準に対して落体が下方へ加速されるのは，地球の引力(重力)がはたらいているからである．もしも重力がなかったら物体は下方へ加速されないだろう．摩擦がなかったら水平面上の物体はどこまでも滑っていくだろう．運動の変化が起こるのは，なんらかの力がはたらいている場合であると考えられる．

太陽系の中の惑星の運動を調べるときには，太陽が静止していると仮定する基準を選ぶのがよいだろう．この基準に対して惑星が楕円軌道をえがきながら太陽のまわりを回るのは，太陽の引力がはたらいているからである．もしもこのような力がはたらかなかったら，惑星は速度が変化しない運動(等速度運動)を続けるにちがいない．

ニュートンはおそらくこのように考えて，3つの運動の法則(laws of motion)を導いたものと思われる．まず第1法則を述べよう．

> **運動の第1法則**(the first law of motion)　物体は，力の作用を受けないかぎり，静止の状態，あるいは一直線上の一様な運動をそのまま続ける．

物体が運動状態をそのまま保持しようとする性質を**慣性**(inertia)といい，この法則も**慣性の法則**(law of inertia)とよばれることがある．

Coffee Break

ニュートン

(Sir Isaac Newton, 1643-1727)

イギリスのリンカンシアのウールスソープ村の農家で父の死後に生まれた．子供のころは工作好きで，風車の模型や水時計などを作ったが，特にすぐれたところはなかったらしい．18 歳でケンブリッジ大学に入学し，トリニティ・カレッジに入ったが，学資がたりなかったので雑用をして学資を得る給費生となった．1665 年に目立たない成績で学士の資格を得たが，そのころペストが流行したため大学は閉鎖され，ニュートンは生家に帰って大学が再開されるまでの約 2 年間をそこですごした．この 18 カ月の間にニュートンは万有引力を考えつき，力学の法則を考察し，微積分学と現在呼ばれる数学に到達したのであり，また光学の実験もこの間におこなった．大学に戻ったニュートンはバロウ(Isaac Barrow)教授の知遇を得て，1669 年にその教授職をつぐに到った．1696 年ロンドンに移って造幣局長となり，1703-1727 年の間は王立協会(Royal Society)の会長を勤めた．

慣性の法則は，ガリレイも気づいていたと思われる．また，ホイヘンス(Christiaan Huygens, オランダ，1629-1695)は弾性衝突を研究して，衝突の前後で 2 つの物体の運動量の和が保存されることを示したが，この研究は作用・反作用の法則の確立に役立っていると思われる．しかし運動量の変化の原因としての力の概念を明確に考え出したのはニュートンであった．ニュートンは運動の法則が地上における運動にも，天体の運動にもあてはまることを確信し，惑星の運動などを解明したのであり，これによってニュートンの力学はいっきに名声を得て，精密自然科学の軌範とされるようになった．ニュートンの力学における主著は Philosophiae naturalis Principia mathematica(1687)で『プリンキピア』と略称されている．

厳密には，宇宙には力が全くはたらかない場所などはどこにもあり得ないだろう．多くの星はたがいに遠いけれども，遠くにはそれだけ多くの星があり，それらによる万有引力の影響があるはずである．しかし，例えば太陽系内の惑星の運動については太陽による万有引力だけを主に考えればよいことがわかっている．したがって太陽系の外側のあたりでは力のはたらかない場所があると考えてよいのである．

問　題

1. 日常生活で見られる現象で，慣性の法則が現われている運動の例を挙げよ．

2-2 運動法則(運動の第2法則)

第1法則が成り立つような座標系をとったとき，これに対する物体の運動の変化は外から作用する力によって生じることになる(そのような座標系が選べるというのが第1法則の内容であった)．この座標系に対して運動の第2法則は次のように述べられる．

> **運動の第2法則**(the second law of motion)　運動量が時間によって変化する割り合い(変化速度)はその物体にはたらく力(force)に比例し，その力の向きに生じる．

第2法則を単に運動の法則ということがある．

ニュートンの時代には，運動量という概念は定着していなかったので，ニュートンは運動量の変化といわずに運動の変化と述べている．そして別のところで，運動の量は質量と速度の積で測られると付加している．(この最後の部分は後に相対論的力学で修正されたのであるが，上の述べ方で表わした第2法則は相対論的力学でも生き残った．)

とにかく，古典力学においては運動量(momentum)は質量と速度の積に等しい．ここで**質量**(mass)は物体固有のスカラー量と考えておけばよい．これは慣性の大きさともいえる量で，**慣性質量**ともよばれる(後に第3法則に関連し，力を用いないで質量を比べる方法について述べる)．

加速度(acceleration)は速度の時間的変化の割り合いである(これについては後にくわしく扱う)．速度はベクトル量であるから，その変化の割り合いを表わす加速度もベクトル量である．加速度を $\boldsymbol{a}(t)$ とし，速度を $\boldsymbol{v}(t)$ とすると

$$\boldsymbol{a}(t)=\frac{d\boldsymbol{v}}{dt} \tag{2.1}$$

また速度は(1.8)により $\boldsymbol{v}=d\boldsymbol{r}/dt$ と書けるから

$$\boldsymbol{a}(t)=\frac{d^2\boldsymbol{r}}{dt^2}$$

Coffee Break

質量

運動の法則 $m\alpha=F$(α は加速度，F は力)の質量 m は**慣性質量**とよばれ，万有引力の法則 $F=Gm_1m_2/r^2$ に現われる質量 m_1, m_2 は**重力質量**とよばれ，これらは一応区別される．落体の加速度が質量によらないことはこれらの質量がたがいに比例するものであることを示している．ニュートンは振り子の観測から 1/1000 程度の範囲内でこれらがたがいに比例することを確かめた．エートヴェッシュ(Roland von Eötvös)は地球の自転によって物体にはたらく遠心力を用いた巧妙な実験によって，慣性質量と重力質量が同等のものであることを 10^{-8} 程度の範囲で確かめた．このような実験はその後も繰り返され，精度は 10^{-12} 程度まで上げられている．アインシュタインは，加速度をもつエレベーター内の観測者には慣性力 $m\alpha$ と重力との区別がつかないという思考実験から出発して，慣性質量と重力質量が同等なものであることを一般相対論の基礎としている．

$$= \frac{d^2x}{dt^2}\boldsymbol{i} + \frac{d^2y}{dt^2}\boldsymbol{j} + \frac{d^2z}{dt^2}\boldsymbol{k} \tag{2.2}$$

と書ける．d^2x/dt^2, d^2y/dt^2, d^2z/dt^2 は加速度の成分である．

第2法則によれば，力 $\boldsymbol{F}$ は運動量の変化速度に比例するので，比例定数を1とすれば

$$\boxed{\frac{d\boldsymbol{p}}{dt} = \boldsymbol{F}} \tag{2.3}$$

が成り立つ．これが第2法則の数式的表現である．またこの式は力の大きさの尺度を定める式であり，これについてはすぐ後に述べることにする．運動量はベクトルであるので，その時間的変化もベクトルであり，したがって力もベクトルである．

質量はスカラーであって，これを m とすると，運動量 $\boldsymbol{p}$ は定義により

$$\boldsymbol{p} = m\boldsymbol{v} \tag{2.4}$$

と表わされる．

運動方程式　ふつうは物体全体の運動を考えるので，その質量は変わらない．したがって運動法則は，(2.1), (2.4)式を(2.3)に代入して

$$m\boldsymbol{\alpha} = \boldsymbol{F} \tag{2.5}$$

となる．これにより質量と加速度を測れば力が求められる．運動法則は，また

$$\boxed{m\frac{d\boldsymbol{v}}{dt} = \boldsymbol{F}} \tag{2.6}$$

あるいは

$$\boxed{m\frac{d^2\boldsymbol{r}}{dt^2} = \boldsymbol{F}} \tag{2.7}$$

という形にも書ける．

1つの物体の運動で，力 $\boldsymbol{F}$ が各位置，各時間で与えられたとしよう．つまり，力が位置と時間の関数として与えられた場合である．最初に時刻 $t=0$ で位置 $\boldsymbol{r}_0$ と速度 $\boldsymbol{v}_0$ とが与えられたとすると，微小時間 τ 後の位置は

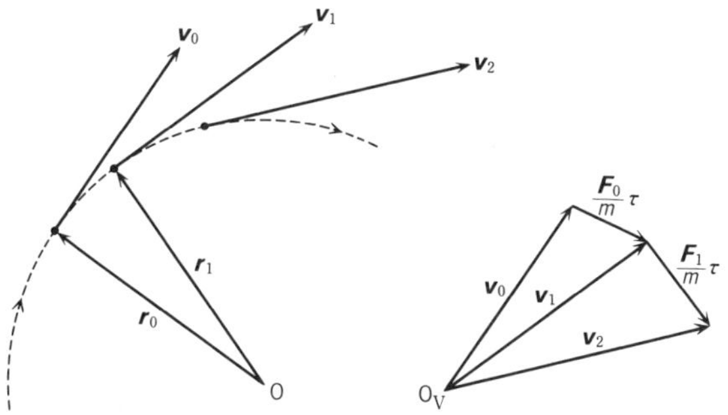

図 2-1　力 $\boldsymbol{F}$ が各位置，各時間で与えられれば，運動は決定される．

$$\boldsymbol{r}_1 = \boldsymbol{r}_0 + \boldsymbol{v}_0\tau$$

となる．これは，(1.8)，すなわち $d\boldsymbol{r}=\boldsymbol{v}dt$ において $d\boldsymbol{r}=\boldsymbol{r}_1-\boldsymbol{r}_0$, $\boldsymbol{v}=\boldsymbol{v}_0$, $dt=\tau$ として得ることもできる．微小時間 τ の間に速度が $\boldsymbol{v}_0$ から $\boldsymbol{v}_1$ になったとすれば，(2.6)，すなわち $d\boldsymbol{v}=\dfrac{\boldsymbol{F}}{m}dt$ において $d\boldsymbol{v}=\boldsymbol{v}_1-\boldsymbol{v}_0$, $dt=\tau$ として

$$\boldsymbol{v}_1 = \boldsymbol{v}_0 + \frac{\boldsymbol{F}_0}{m}\tau$$

を得る(τ を十分小さくとればこれらの式は厳密に正しい)．ここで $\boldsymbol{F}_0$ は $t=0$, $\boldsymbol{r}=\boldsymbol{r}_0$ における力である．さらに τ 時間だけすぎた $t=2\tau$ における位置と速度はそれぞれ

$$\boldsymbol{r}_2 = \boldsymbol{r}_1 + \boldsymbol{v}_1\tau$$

$$\boldsymbol{v}_2 = \boldsymbol{v}_1 + \frac{\boldsymbol{F}_1}{m}\tau$$

となる．ただし $\boldsymbol{F}_1$ は $t=\tau$, $\boldsymbol{r}=\boldsymbol{r}_1$ における力である．こうしてつぎつぎと位置と速度がきまるわけである．したがって $t=0$ における位置と速度が与えられれば運動は決定されることになる．

力 $\boldsymbol{F}$ が位置 $\boldsymbol{r}$ と時間 t の関数として与えられたとき，(2.6) あるいは (2.7) を**運動方程式**(equation of motion)という．はじめの時刻における位置と速度(初期条件という)を与えれば運動方程式により運動が決定される．

運動方程式は微分方程式であるから，運動を具体的に求めるにはこれを積分

することが必要である．

力の単位 長さはメートル(m)で測り，質量はキログラム(kg)を単位とし，時間は秒(s)を単位として測る．したがって速度の単位は m/s，加速度の単位は m/s^2 であり，運動量の単位は kg·m/s である．式(2.4)により，力の単位は kg·m/s^2 であるが，これを**ニュートン**(N)と呼ぶ．したがって力の単位は

$$\boxed{1\,\mathrm{N} = 1\,\mathrm{kg \cdot m/s^2}}$$

である．これは 1 kg の物体にはたらいて 1 m/s^2 の加速度を生じさせる力の大きさである．

地表の重力による落下の加速度は $g=9.8\,\mathrm{m/s^2}$ である．1 kg の物体に働く重力の大きさを **1 kg 重**という．これは

$$1\,\mathrm{kg}\,重 = 9.8\,\mathrm{N}$$

である．

m, kg, s を基本単位(fundamental units)とし，これらを用いていろいろの物理量の単位(誘導単位 derived units)を定めることができる．こうしてつくられる単位系を MKS 単位系といい，現在広く使われる．cm, g, s を基本単位とする CGS 単位系も便利なことがあるので，補助的に使われる場合があるが，本書ではほとんど MKS 単位系だけを用いることにする．なお力の単位として kg 重を用いるのを重力単位系ということがある．

次元解析 力学で現われる物理量は長さ L，質量 M，時間 T を基本量とする組み合わせ(代数式)によって表わされる(誘導量)．例えば速度は長さを時間で割った量である．このことを，速度の次元は $[L/T]$ あるいは $[LT^{-1}]$ であるという．加速度の次元は $[\alpha]=[LT^{-2}]$ であり，力は(質量)×(加速度)であるからその次元は $[F]=[MLT^{-2}]$ である．物理的な方程式の右辺と左辺は同じ次元をもたなければならない．このことを利用していくつかの量の間の関係を予想することができ，物理現象を解析することができる．この方法を**次元解析**(dimensional analysis)という．

慣性系 すでに述べたように，地表近くの運動を扱うには地面を基準にすれ

ばよく，いいかえれば地面に固定した座標系を用いればよい．力が加わらなければ物体はこの座標系に対し等速度運動をし，力が加われば加速度運動をする．地面に固定した座標系に対して運動の法則はそのままで成立するのである．

しかし，発車して加速中の電車や減速中の電車の中では，力がはたらかなくても物体は電車に対して動き出したり，倒れたりするから，加速度をもつ電車を基準にすると運動の法則はそのままでは成り立たないことになる．

そこで地表に固定した座標系のように，運動の法則がそのままで成り立つ座標系を**慣性系**(inertial system)と呼ぶ．加速されている座標系を用いるときは見かけの力(慣性力)を導入しなければならないが，これについては第8章でくわしく扱うことにする．

問　題

1.　60 kg の物体を $6g$ の加速度で持ち上げるのに必要な力は何 N か．

2-3　作用・反作用の法則(運動の第3法則)

2つの磁石が引き合うとき，あるいは2つの球が衝突するときはたがいに力を及ぼし合う．また，1つの物体でも，これを2つの部分に分けて考えてみると，2つの部分はたがいに力を及ぼし合っているので，まとまって1つの物体になっているわけである．このように，2つの物体(あるいは2つの部分)がたがいに力を及ぼし合っているが，他からは何の力も受けていない場合を考察する．物体の回転は考えなくていいとしよう．そうすると，2つの物体に対する運動方程式は

$$m_1\frac{d\boldsymbol{v}_1}{dt} = \boldsymbol{F}_{21}$$
$$m_2\frac{d\boldsymbol{v}_2}{dt} = \boldsymbol{F}_{12} \qquad (2.8)$$

と書ける．ここに m_1, m_2 と $\boldsymbol{v}_1, \boldsymbol{v}_2$ はそれぞれ2つの物体の質量と速度であり，$\boldsymbol{F}_{21}$ は物体2が物体1に及ぼす力，$\boldsymbol{F}_{12}$ は物体1が物体2に及ぼす力である．

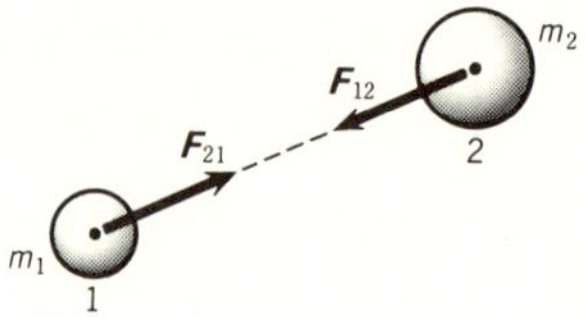

図 2-2　物体 1 は物体 2 に力 $\boldsymbol{F}_{12}$ を及ぼし，物体 2 は物体 1 に力 $\boldsymbol{F}_{21}$ を及ぼす．

もしも，かりに $\boldsymbol{F}_{21}$ は 0 であるが，$\boldsymbol{F}_{12}$ は 0 でないことが可能だとすると，$\boldsymbol{F}_{21}=0$, $\boldsymbol{F}_{12}\neq 0$ であるから，$\boldsymbol{v}_1$ は変化せず，$\boldsymbol{v}_2$ は変化する．したがって例えば，はじめに両方の物体が静止していたとすると，物体 1 はいつまでも静止しているのに，物体 2 は加速されて運動をはじめることになる．こんな奇妙なことは起こり得ないであろう．

実際，2 つの物体が衝突する場合，あるいは一般にたがいに力を及ぼし合う場合，他から何の力も受けないならば，2 つの物体の運動量の和は変わらないことが認められる．これを**運動量保存の法則**(law of conservation of momentum)という．力を及ぼし合う 2 つの物体の質量を m_1, m_2 とし，はじめの速度を $\boldsymbol{v}_1$, $\boldsymbol{v}_2$, 後の時刻の速度を $\boldsymbol{v}_1'$, $\boldsymbol{v}_2'$ とすると

$$m_1\boldsymbol{v}_1+m_2\boldsymbol{v}_2 = m_1\boldsymbol{v}_1'+m_2\boldsymbol{v}_2' = \text{一定(定ベクトル)} \tag{2.9}$$

と書かれる．したがって $m_1\boldsymbol{v}_1+m_2\boldsymbol{v}_2=$一定 である．この両辺を t で微分すれば

$$m_1\frac{d\boldsymbol{v}_1}{dt}+m_2\frac{d\boldsymbol{v}_2}{dt} = 0 \tag{2.10}$$

を得る．これを(2.8)と比べれば

$$\boxed{\boldsymbol{F}_{21} = -\boldsymbol{F}_{12}} \tag{2.11}$$

でなければならないことがわかる．ニュートンはこの事実を第 3 番目の法則として採用した．

運動の第 3 法則(the third law of motion)　物体 1 が物体 2 に力を及ぼすときは，物体 2 は必ず物体 1 に対し，大きさが同じで逆向きの力を及ぼす．

多数の物体間についてもこのことは成り立つ．

一方の力を作用(action)，他方の力を反作用(reaction)とよび，この法則を**作用・反作用の法則**というのが習慣である．‘作用’という言葉は別の意味をもつ用語として使われることもあるが，この本では特に注意する必要はない．

質点　ボールの落下運動を調べるときはボールの中心の位置を考える．この場合のように物体の大きさを問題にしないで，質量をもった点として扱うときこれを**質点**(material point, particle)という．地球や木星なども，太陽のまわりの公転だけを扱うときはこれらを質点とみなすことができる．また，たとえ小さい物体でも，斜面をころがる円板などは，質点とみなさずに回転まで考えなければならない．

重心(質量中心)　質量がそれぞれ m_1, m_2 の 2 つの質点が位置 $\boldsymbol{r}_1, \boldsymbol{r}_2$ にあるとき

$$\boldsymbol{r}_G = \frac{m_1\boldsymbol{r}_1 + m_2\boldsymbol{r}_2}{m_1+m_2} \tag{2.12}$$

で与えられる $\boldsymbol{r}_G$ を**重心**(center of mass)，あるいは**質量中心**という(一様でない重力の場合も考えてこれらを区別する本もある)．

$$\boldsymbol{v}_1 = \frac{d\boldsymbol{r}_1}{dt}, \qquad \boldsymbol{v}_2 = \frac{d\boldsymbol{r}_2}{dt} \tag{2.13}$$

であることを注意すれば，(2.9)は

$$\frac{d\boldsymbol{r}_G}{dt} = 一定 \tag{2.14}$$

と書ける．$d\boldsymbol{r}_G/dt$ は重心の速度である．したがって，運動量保存の法則は次のように述べることができる．

> 他から何の力も受けないならば，2 つの物体(たがいに力を及ぼし合っていてもよい)の重心は，はじめ静止していればいつまでも静止し，はじめ運動していればいつまでもその速度で運動しつづける．

このことは 2 つ以上の物体からなる体系(**質点系** system of particles)についても成り立つ．1 つの体系内の物体の相互作用を**内力**(internal force)といい，

体系外からの力(**外力** external force)と区別する．内力だけが存在し，外力がないとき，その体系の重心の運動状態は不変である．このような質点系の性質については後に第6章でくわしく扱うことにする．

質量の比較 2つの質量が相互作用をして加速度 $\boldsymbol{\alpha}_1, \boldsymbol{\alpha}_2$ を生じたとし，その大きさをそれぞれ α_1, α_2 とすれば(2.10)において

$$\alpha_1 = \left|\frac{d\boldsymbol{v}_1}{dt}\right|, \qquad \alpha_2 = \left|\frac{d\boldsymbol{v}_2}{dt}\right| \tag{2.15}$$

であるから

$$\frac{m_2}{m_1} = \frac{\alpha_1}{\alpha_2} \tag{2.16}$$

したがって加速度を比べて質量の比を知ることができる．これは力という未知のものを経ないで質量(慣性質量)を直接測る方法を与える．

こうして質量を求めておけば，この物体に力が加わったときに，加速度の大きさを測って，質量と加速度の積として力を知ることができることになる．

2-4 運動量と力積

運動方程式(2.6)は，運動量 $\boldsymbol{p}$ の変化として

$$d\boldsymbol{p} = \boldsymbol{F}dt \tag{2.17}$$

と書ける．これを積分すれば運動量の変化として

$$\boldsymbol{p}(t) - \boldsymbol{p}(t_0) = \int_{t_0}^{t} \boldsymbol{F}dt \tag{2.18}$$

を得る．この右辺，すなわち力を時間で積分したものを**力積**(impulse)という．上式は運動量の変化は力積に等しいと表現される．

これは運動方程式の書きかえであるが，ことに固い物体の衝突のように力が非常に短い時間だけ作用する場合は，力の効果は力積で表わすのが都合がよい．しかし力が持続する場合にも，もちろん力積を使うことができる．

例題1 自由落体について力積が運動量の変化に等しいことを確かめよ．

［解］ 落体は一定の加速度 g で運動する．鉛直下方に x 軸をとり，速度を v とすれば

$$\frac{dv}{dt} = g$$

積分すれば

$$v(t)-v(t_0) = g(t-t_0) \tag{1}$$

他方で，落体の質量を m とすると，一定の加速度で運動しているから，この物体にはたらいている重力の大きさは $F=mg$ である．力積が運動量の変化に等しいことは

$$mv(t)-mv(t_0) = \int_{t_0}^{t} F dt = mg(t-t_0)$$

で表わされるが，これは式(1)と同等である．▌

ボールの衝突 ボールが速さ v で飛んできて静止した壁に垂直にあたり，速さ v' ではねかえったとする．ボールの質量が m であれば，衝突後の運動量は $p'=mv'$ であり，衝突前の運動量は(方向が逆なので) $p=-mv$ である．この衝突で壁がボールに及ぼした力積 I は，ボールの運動量の変化に等しく

$$I = mv'-(-mv) = m(v+v') \tag{2.19}$$

である．作用と反作用の法則により，これは壁がボールから受けた力積でもある．衝突前後の速さの比

$$e = \frac{v'}{v} \tag{2.20}$$

を**はねかえりの係数**(coefficient of rebound)，あるいは**反発係数**という．もしも $v'>v$ ならば運動のエネルギー(くわしくは第3章で学ぶ)は増加してしまうので，そんなことはあり得ない．したがって $v'\leqq v$ でなければならないから

$$0 \leqq e \leqq 1 \tag{2.21}$$

である．$e=1$ の場合はボールの運動エネルギーは衝突の前後で変わらないので，**完全弾性衝突**(perfectly elastic collision)という．このときは $I=2mv$ である．また，ボールが粘土のボールならば，壁にあたって止まってしまうから $e=0$ で(完全非弾性衝突)，このときは $I=mv$ である．

例題 2 1 m の高さから 1 秒間に 1 kg の砂を床に落とす．砂が床にあたるために床が受ける余分の力を求めよ．

［解］ 砂が床にあたるときの速さは(h=1 m，g=9.8 m/s^2)

$$v = \sqrt{2gh} = 4.4 \text{ m/s}$$

砂は床で止まるので $e=0$ であり，力積は(t=1 秒，m=1 kg)

$$I = Ft = mv, \qquad \therefore \quad F = 4.4 \text{ N} = 0.45 \text{ kg 重}$$ ❙

例題 3 小さい粒子が一様な密度で浮かんでいる真空中で大きな物体を一定の速度で動かすのに必要な力を求めよ．ただし Δt 時間に物体に当たる粒子の全質量を Δm，物体の速度を v とする．(i) 物体に当たった粒子はこれに付着する場合，(ii) 物体に当たった粒子は物体の速度の方向に $2v$ の速度をもつようになる場合．

［解］ (i) 前の例題 2 の解により，物体を動かし続けるのに必要な力は

$$F = mv/t = \Delta m \cdot v/\Delta t$$

(ii) 一度付着して速度 v を得てから，さらに v の速度を加えられて $2v$ の速度になると考えれば，後の段階で Δt 時間に Δm の質量に速度 v を与えるのであるから，(i) と同じだけの力がさらに必要である．したがって (ii) の場合に必要な力は $2\Delta m \cdot v/\Delta t$ である． ❙

3

運動とエネルギー

前の章では力学の基礎となる運動の法則を述べた．この法則に現われる“力”に具体的な形を与えると問題が確定する．すなわち，ある運動を表わす方程式(運動方程式)が具体的に与えられる．運動方程式は微分方程式として表わされるから，これを積分すれば運動が求められる．まずいちばん簡単な運動として直線上(1 次元)の運動からはじめよう．ここでは運動方程式を積分する技術が強調されるが，運動を全体的に見ることも忘れないようにしたい．

3-1 直線上の運動

机の上を真直ぐ進む運動や鉛直線上を落下する運動のように，1つの直線の上の運動を考えることにする．放物体の運動は鉛直な面の中でおこなわれ，円運動は1つの面の中でおこなわれるので，これらは2次元の運動である．直線上の運動，すなわち1次元の運動は，もっと複雑な2次元や3次元の運動を考えるうえで基礎になるので，重要である．そこで，運動方程式(2.7)を1次元の運動にあてはめ，力が簡単な場合からはじめて，複雑な場合へ進むことにしよう．

質量 m の物体が一直線上を運動するとし，この直線にそって x 軸をとる．この物体に加えられる力を f とすると，運動方程式は

$$m\frac{d^2x}{dt^2} = f \tag{3.1}$$

となる．物体の速度を v とすると，$dx/dt=v$ だから，運動方程式は

$$m\frac{dv}{dt} = f \tag{3.2}$$

とも書ける．力 f については，自由落下のように力が一定であるとか，バネの力のように物体の位置できまるとか，いろいろの場合がある．力 f が位置 x，速度 v，あるいは時間 t の関数として与えられているとすると，はじめの時刻 $t=0$ における物体の位置と速度がきまると，次の瞬間の位置と速度の変化が運動方程式からきまる．このようにして，つぎつぎと運動がきまっていく．はじめの位置と速度を**初期条件**(initial condition)という．

力がはたらかない場合　$f=0$ の場合，運動方程式は

$$\frac{d^2x}{dt^2} = 0 \tag{3.3}$$

である．これはまた

$$\frac{dv}{dt} = 0 \tag{3.4}$$

とも書ける．この式はvがtによらないこと，すなわちv=一定であることを意味している．そこで$t=0$における速度をv_0，時刻tにおける速度をvとすれば

$$v = v_0\,(=\text{一定}) \tag{3.5}$$

である．したがって，この運動は**等速度運動**(uniform motion)である．さらに，$v=dx/dt$であるから，(3.5)は

$$\frac{dx}{dt} = v_0 \tag{3.6}$$

となる．これは(3.3)を積分した式である．(3.6)は$dx=v_0dt$と書けるので，これを積分すると$\int dx=v_0\int dt$，すなわち

$$x = v_0t+x_0 \tag{3.7}$$

となる．ここでx_0は任意の定数(積分定数)であるが，$t=0$とおけばわかるように，これは初めの位置，すなわち位置xの初期値である．(3.6)，(3.7)は初期条件(x_0, v_0)を満たす解である．

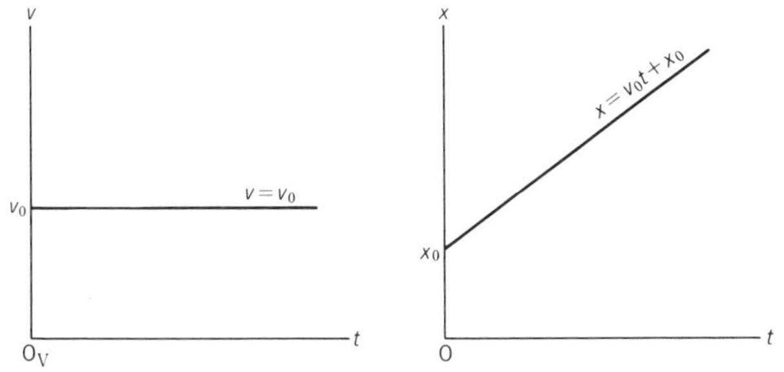

図 3-1 等速度運動における速度，距離と時間の関係．

力が一定の場合 $f=f_0$=一定とすると運動方程式から

$$\alpha = \frac{dv}{dt} = \frac{f_0}{m} \tag{3.8}$$

が得られる．ここで$\alpha=dv/dt$は速度の時間的変化の割り合い，すなわち加速度である．いまの場合，加速度は一定であるから，**等加速度運動**(uniformly accelerated motion)である．

(3.8)は

$$dv = \alpha dt$$
$$\alpha = \frac{f_0}{m} = 一定 \tag{3.9}$$

と書けるので，これを積分すると

$$v = \alpha t + v_0 \tag{3.10}$$

を得る．ここで v_0 は積分定数であるが，$t=0$ とおけばわかるように，v_0 は速度の初期値である．

さらに $v=dx/dt$ を用いて上式を書き直せば

$$dx = (\alpha t + v_0)dt \tag{3.11}$$

となるので，積分して

$$x = \frac{1}{2}\alpha t^2 + v_0 t + x_0 \tag{3.12}$$

を得る．ここで積分定数 x_0 は位置 x の初期値を意味する．(3.10), (3.12)はこの場合の解である．

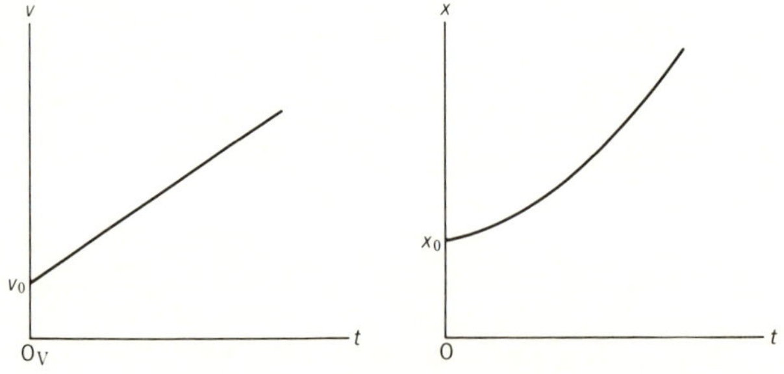

図 3-2 一直線上の等加速度運動.

自由落下(free fall) 自由に落下する物体の運動の加速度 g(**重力加速度** gravitational acceleration)は一定であるから，自由落下は(3.9)が成立する場合である．自由落下の物体にはたらいている力，すなわち重力を f_0 とすると(3.9)に加速度 $\alpha=g$ を代入して

$$f_0 = mg \tag{3.13}$$

を得る．したがって重力は物体の質量 m に比例する力である．

例えば初期条件を $x_0=0$, $v_0=0$ とし，自由落下した距離（高さ）を h とすると

$$v = gt, \qquad h = \frac{1}{2}gt^2 \tag{3.14}$$

この第２式から

$$t = \sqrt{\frac{2h}{g}} \tag{3.14'}$$

Coffee Break

ガリレイ

(Galileo Galilei, 1564–1642)

イタリアのピサで生まれた．大学生のころに寺院の吊りランプのゆれを見て振り子の等時性を発見したと伝えられる．当時の学者は古代ギリシア時代に考えられた運動学を信じて自然現象を見ようとしなかった．この考えによれば重い物体は軽い物体よりも速く落下するが，ガリレイはこれを疑い，落体の実験を始めた．自由落下は速すぎるので斜面での落下を調べ，落下距離が時間の２乗に比例することを知り，次いで数学を用いて，この運動が等加速度運動であることを明らかにした．このように経験的事実（実験）と数量的推論（理論）とを組み合わせて自然現象を明らかにする近代科学の方法はガリレイによって発見され，確立されたといってよい．

望遠鏡の発明を伝え聞いて独自の望遠鏡を作り，木星の衛星，土星の環，月面の凹凸，太陽の黒点などを発見し，惑星や月も地球に似た天体であることを知って，地動説を信じるようになった．1616 年に地動説の放棄を命ぜられたが，その後も『天文対話』を著わして，ついには 1633 年以後フィレンツェの近くに蟄居を命ぜられた．ここで力学に関する『新科学対話』を著わし，放物体の運動を数学的にもくわしく扱っている．この中では慣性の法則に近い命題を述べている．

となり，これを(3.14)の第1式に代入すれば，速度 v を落下の高さ h で表わす式として

$$v=\sqrt{2gh} \tag{3.15}$$

を得る．

問　　題

1.　空気中や液体中をゆっくり運動する物体には，粘性のために速度 v に比例する抵抗 bv (b は定数) がはたらく．この抵抗を受けながらゆっくり落下する物体に対する運動方程式は

$$m\frac{dv}{dt}=-mg-bv \qquad (b>0)$$

となることを確かめよ．このとき，鉛直上方へ向かう速度を正としているか，下方へ向かう速度を正としているか．また，最終的には重力と抵抗とが釣り合って物体は一定の速度で落下する．このときの速度(終りの速度) v_∞ を mg と b とで表わせ．

3-2　斜面に沿う運動

傾き θ のなめらかな斜面(摩擦のない斜面)をすべり下りる物体の加速度を求めよう．

物体の質量を m とすると，物体にはたらく重力の大きさは mg で，図3-3のように鉛直下方に向かうベクトル $\boldsymbol{F}$ で表わされる．このベクトルは斜面に沿うベクトル $\boldsymbol{f}$ と斜面に垂直なベクトル $\boldsymbol{f}'$ を加え合わせたものと見ることができる．すなわちベクトルとして

$$\boldsymbol{F}=\boldsymbol{f}+\boldsymbol{f}' \tag{3.16}$$

である．$\boldsymbol{f}$ は斜面に沿う分力，$\boldsymbol{f}'$ はこれに垂直な分力で，$\boldsymbol{F}$ は $\boldsymbol{f}$ と $\boldsymbol{f}'$ に分解されるという．

物体には斜面に垂直な力 $\boldsymbol{f}'$ がはたらいているが，物体が斜面にめりこまないのは，物体に斜面からの**抗力** $\boldsymbol{N}$ がはたらいているためで，この抗力はちょうど $\boldsymbol{f}'$ を打ち消すものでなければならない(作用・反作用の法則)．したがっ

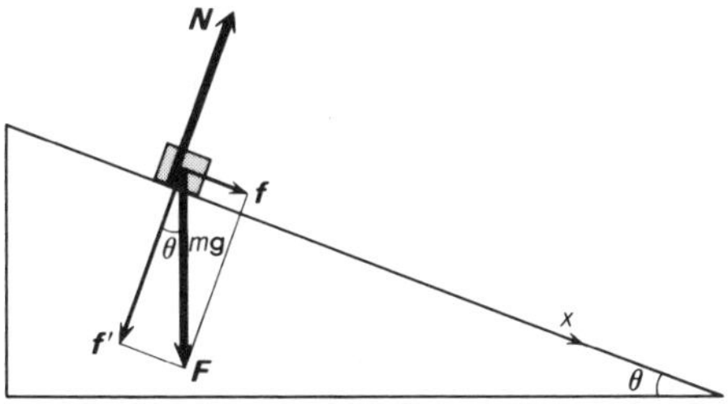

図 3-3　斜面上の物体にはたらく力.

て抗力 $\boldsymbol{N}$ は

$$\boldsymbol{N} = -\boldsymbol{f}' \tag{3.17}$$

である.

斜面がなめらかであるため，物体は分力 $\boldsymbol{f}$ によって斜面に沿って加速される．図 3-3 から分力 $\boldsymbol{f}$ の大きさ f は

$$f = mg\sin\theta \tag{3.18}$$

である．斜面に沿って下方へ x 軸をとり，速度を v とすれば，運動方程式は

$$m\frac{dv}{dt} = mg\sin\theta \tag{3.19}$$

したがって加速度 α は

$$\alpha = \frac{dv}{dt} = g\sin\theta \tag{3.20}$$

となる．斜面が急な極限では $\theta=\pi/2$ であり，$\alpha=g$ となる．また水平な面では $\theta=0$, $\alpha=0$ である.

摩擦(friction)　摩擦のある斜面では，物体をその上においても物体がそのまま静止していることがある．このときは斜面に沿う摩擦力 $\boldsymbol{f}_0$ が斜面に沿う重力の分力 $\boldsymbol{f}$ を打ち消しているわけである．これを静止摩擦力という．斜面の傾き θ を大きくしていくと斜面に沿う分力の大きさ f とともに静止摩擦力も大きくなっていく.

傾き θ がある値 θ_{m} になると物体はついに斜面に沿ってすべり出す．静止摩擦力には限界があるのである．これを**最大静止摩擦力**(maximum static frictional force) という．斜面と物体とがふれ合う面の性質を同じにしておいて，物体の重さを変えたときは，最大静止摩擦力は物体が斜面を押す力に比例することが知られている．物体が斜面を押す力の大きさは抗力の大きさに等しく，$\theta=\theta_{\mathrm{m}}$ のとき

$$N = mg\cos\theta_{\mathrm{m}} \tag{3.21}$$

である．そこで最大静止摩擦力の大きさを F_{m} とすれば

$$F_{\mathrm{m}} = \mu N = \mu mg\cos\theta_{\mathrm{m}} \tag{3.22}$$

となる．ここで係数 μ は物体の重さによらず，斜面と物体がふれあう面の性質だけできまる定数で，**静止摩擦係数** (friction coefficient) という．最大静止摩擦力 F_{m} は $\theta=\theta_{\mathrm{m}}$ のときに斜面に沿う重力の分力 $f=mg\sin\theta_{\mathrm{m}}$ をちょうど打ち消しているのであるから

$$F_{\mathrm{m}} = \mu mg\cos\theta_{\mathrm{m}} = mg\sin\theta_{\mathrm{m}} \tag{3.23}$$

したがってすべり出す限界の傾き θ_{m} を測れば，静止摩擦係数 μ は

$$\mu = \tan\theta_{\mathrm{m}} \tag{3.24}$$

によって与えられる．静止摩擦係数 μ が大きいほど，すべり出す限界の傾き θ_{m} も大きい．

斜面をすべり出した後に物体にはたらく摩擦力は**すべりの摩擦力**という．すべりの摩擦力は最大静止摩擦力よりも小さい．床の上を重い物体をすべらせて動かそうとするとき，いったん動き出すと，そのあとは比較的楽に動かせるのはそのためである．

例題 1　はじめ静止していた物体がなめらかな斜面に沿って距離 l だけすべり下りたときの速度を求めよ．高さ h だけ下りたときの速度はどれほどか．

［解］　斜面の傾きを θ とすると (3.20) により加速度は $\alpha=g\sin\theta$ である．この加速度で時間 t の間にすべり下りた距離 l は

$$l = \frac{1}{2}\alpha t^2, \qquad \alpha = g\sin\theta$$

である．したがって距離 l をすべり下りるのに要する時間は

$$t = \sqrt{\frac{2l}{\alpha}}$$

であり，この間に得る速度は

$$v = \alpha t = \sqrt{2\alpha l}$$

$$\therefore \quad v = \sqrt{2gl \sin\theta}$$

となる．斜面に沿う距離 l を高さに直すと

$$h = l \sin\theta$$

であるから，次式を得る．

$$v = \sqrt{2gh}$$

これは自由落下で高さ h を落ちたときに得る速度と大きさが等しい．▎

問　題

1. 一定のすべり摩擦力 f_0 を受けて傾き θ の斜面をすべり下りる質量 m の物体の斜面に沿う加速度を求めよ．

3-3 単振動

バネの一端を固定し，他端に物体をつけて水平な机上におく(図 3-4)．バネは押し縮めれば伸びようとし，引き伸ばせば縮もうとして物体に力をおよぼす．バネの伸び(縮み)が小さいときは，バネの力はバネの伸び(縮み)に比例することが確かめられる．これを**フックの法則**(Hooke's law)という．バネの力がちょうどなくなるときの物体の位置を原点とし，バネの伸びる向きに x 軸をとって物体の変位を x とすれば，バネの力の大きさは x に比例し，物体にはたらく力はつねに原点に向かって作用する．物体をすこし変位させて放すと，物体はバネの力を受けて振動的な運動をするだろう．このような運動をややくわしく調べよう．

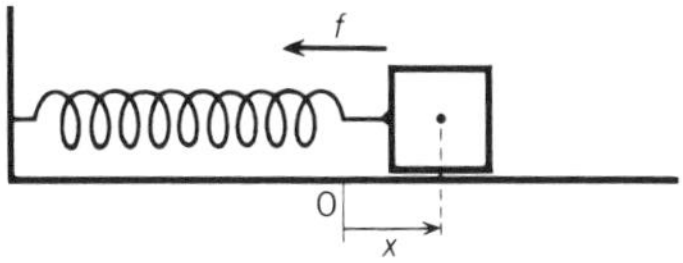

図 3-4 変位 x と バネの復元力 f.

x 軸上を運動する物体に，原点からの距離に比例し，かつ，つねに原点に向かう力がはたらく場合を仮定する．これは力 f が x に関係する場合としていちばん簡単なものである．$x>0$ のとき力は x の負の向きに作用し，$x<0$ のとき力は x の正の向きに作用するから，k を正の定数として

$$f = -kx \qquad (k>0) \tag{3.25}$$

と書ける．k は**力の定数**とよばれる．この力によって生じる運動を，**単振動**(simple oscillation)，あるいは**調和振動**(harmonic oscillation)という．このときの運動方程式は

$$m\frac{d^2x}{dt^2} = -kx \tag{3.26}$$

となる．力が x の関数として与えられたから，左辺は dv/dt でなく，x で表わして d^2x/dt^2 を用いた．こうすると運動方程式は x に関する微分方程式になる．1-2 節の問題 2 を参考にして考えると，(3.26)の解として

$$x = A\sin\left(\sqrt{\frac{k}{m}}t\right) \tag{3.27}$$

あるいは

$$x = B\cos\left(\sqrt{\frac{k}{m}}t\right) \tag{3.27'}$$

があることがわかる．ここで，A, B は定数である．

(3.27)と(3.27′)を重ね合わせたもの，すなわち

$$x = A\sin\left(\sqrt{\frac{k}{m}}t\right)+B\cos\left(\sqrt{\frac{k}{m}}t\right) \tag{3.28}$$

もまた(3.26)の解であることがわかる．これは

$$x = a\sin\left(\sqrt{\frac{k}{m}}t+\delta\right) \tag{3.29}$$

とも書ける(本節問題 2)．この式はこのような復元力を受ける物体は周期的な運動(振動)をすることを示している．(3.29)で a はこの振動の振幅(amplitude)を表わす定数である．

$$\theta = \left(\sqrt{\frac{k}{m}}t+\delta\right) \tag{3.30}$$

と書けば，(3.29)は

$$x = a\sin\theta \tag{3.31}$$

となる．いま図3-5のように，原点を中心とする半径aの円をえがき，円周上の1点Pの位置をθで表わし，x軸に垂直で原点を通る直線(図のt軸)とPを通りx軸に平行な直線の交点をQとすれば，正弦関数の性質により，$\overline{\mathrm{PQ}}=x$であって，これが変位を表わす．(3.30)を単振動(3.29)の**位相**(phase)という．δは**位相定数**であり，$t=0$における位相であるから**初期位相**ともいう．

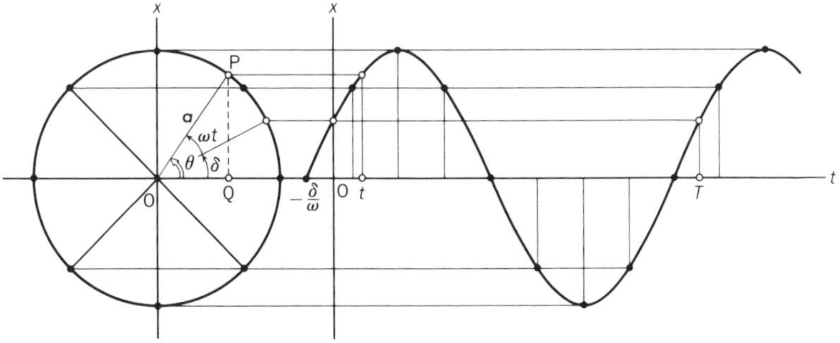

図3-5　単振動 $x=a\sin\theta$，$\theta=\omega t+\delta$.

(3.27)～(3.29)のように単振動の変位は時間の正弦関数，あるいは余弦関数で与えられる．なお単振動をする体系を**調和振動子**(harmonic oscillator)という．単振動における変位xと時間tの間の関係は図3-5のようになる．$\sqrt{\frac{k}{m}}t$が2πだけ進めば変位xはもとへもどる．すなわち時間

$$\boxed{T = 2\pi\sqrt{\frac{m}{k}}} \tag{3.32}$$

ごとに同じ変位が繰り返される．そこでTを単振動の**周期**(period)という．

$$\boxed{\nu = \frac{1}{T} = \frac{1}{2\pi}\sqrt{\frac{k}{m}}} \tag{3.33}$$

は単位時間の間に振動が繰り返される回数，すなわち**振動数**(**周波数** frequency)という．また

$$\omega = 2\pi\nu = \sqrt{\frac{k}{m}} \tag{3.34}$$

は**角振動数**(**角周波数** angular frequency)と呼ばれる．ω を使えば(3.29)は

$$\boxed{x = a\sin(\omega t+\delta)} \tag{3.35}$$

となる．この場合，単振動の速度は

$$v = \frac{dx}{dt} = a\omega\cos(\omega t+\delta) \tag{3.36}$$

であって，これも正弦的な時間変化をする．

(3.28)における2個の定数 A と B，あるいは(3.29)，(3.35)における2個の定数 a と δ は，例えば初期条件($t=0$ の変位 x_0 と速度 v_0)を与えれば定まる．

例題1　単振動の変位 x を初期条件(x_0, v_0)で表わせ．

［解］　(3.28)および(3.28)を時間で微分した式

$$v = \sqrt{\frac{k}{m}}\left\{A\cos\left(\sqrt{\frac{k}{m}}t\right)-B\sin\left(\sqrt{\frac{k}{m}}t\right)\right\} \tag{3.37}$$

において $t=0$ とおくと

$$\begin{aligned} x_0 &= B \\ v_0 &= \sqrt{\frac{k}{m}}A \end{aligned} \tag{3.38}$$

が得られる．したがって(3.28)から

$$x = \sqrt{\frac{m}{k}}v_0\sin\left(\sqrt{\frac{k}{m}}t\right)+x_0\cos\left(\sqrt{\frac{k}{m}}t\right) \tag{3.39}$$

となる．▎

単振り子　軽い棒(あるいはひも)の先端におもりをつけ，他端を固定して，鉛直面内で振らせる振り子を**単振り子**(simple pendulum)という．おもりは支点から一定の距離の円周上を運動するから，単振り子の運動は本質的には1次元の運動である．

図3-6のように，棒の長さを l とすると，おもりは半径 l の円周上を運動する．おもりにはたらく重力 $\boldsymbol{F}$ を円周の接線方向の成分 $\boldsymbol{f}$ と，棒の方向の成分 $\boldsymbol{f}'$ に分けると，接線成分 $\boldsymbol{f}$ だけが円周上のおもりの速度を変化させる．した

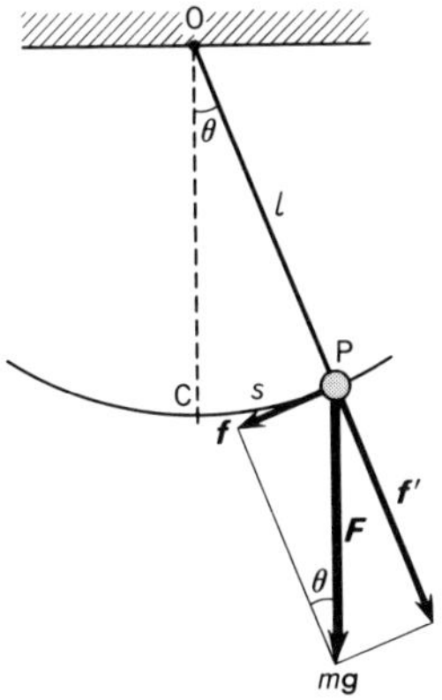

図 3-6　単振り子.

がって，円周に沿う力と運動を考えればよい.

支点をO，鉛直線が円周と交る点をC，円周の弧 $\widehat{\mathrm{CP}}$ の長さを s とする．図からわかるように

$$\theta = \frac{s}{l} \tag{3.40}$$

によって角 ∠COP を表わすことができる．このように弧と半径の比で表わした角は**ラジアン**(radian)と呼ばれる．書きかえると

$$s = l\theta \tag{3.40$'$}$$

であるから，角 θ が $d\theta$ だけ変わったときの弧の長さの変化 ds は

$$ds = l d\theta \tag{3.41}$$

である．おもりの位置が時間 dt の間に ds だけ変わったとすると，円周に沿う速度 v は

$$v = \frac{ds}{dt} = l\frac{d\theta}{dt} \tag{3.42}$$

であり，加速度は

$$\frac{dv}{dt} = l\frac{d^2\theta}{dt^2} \tag{3.43}$$

となる.

図 3-6 からわかるように，おもりにはたらく重力の接線成分 $\boldsymbol{f}$ の大きさは

$mg \sin\theta$ であり，この力はつねに θ の減る方向にはたらく．そのため，円周上でおもりを θ の増す方向に加速する力は

$$f = -mg\sin\theta \tag{3.44}$$

である．運動方程式 $mdv/dt=f$ は，したがって

$$ml\frac{d^2\theta}{dt^2} = -mg\sin\theta \tag{3.45}$$

あるいは

$$\frac{d^2\theta}{dt^2} = -\frac{g}{l}\sin\theta \tag{3.46}$$

となる．

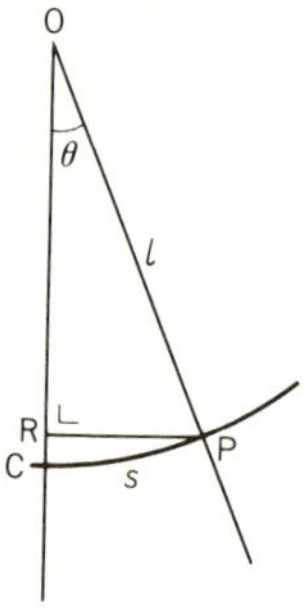

図 3-7 角 θ が小さいときは $\sin\theta \cong \theta$.

図 3-7 において，R は円周上の点 P から鉛直線 OC におろした垂線と OC の交点である．$\sin\theta$ の定義により

$$\sin\theta = \frac{\text{長さ}\ \overline{\mathrm{PR}}}{l} \tag{3.47}$$

であるが，角 θ が小さければ，長さ $\overline{\mathrm{PR}}$ はほとんど弧 $\widehat{\mathrm{CP}}$ の長さ s に等しく，θ が十分小さければ

$$\sin\theta \cong \frac{s}{l} = \theta \tag{3.48}$$

としてよい．したがって，振れが十分小さいとき，単振り子の運動方程式は

$$\boxed{\frac{d^2\theta}{dt^2} = -\frac{g}{l}\theta} \tag{3.49}$$

となる．この式はバネによる単振動の式(3.26)と同じ形であり，(3.26)の x を θ，k/m を g/l でおきかえたものになっている．ゆえに，単振り子の角振動数は(3.34)により

$$\boxed{\omega = \sqrt{\frac{g}{l}}} \tag{3.50}$$

であり，振動の周期は

$$\boxed{T = \frac{2\pi}{\omega} = 2\pi\sqrt{\frac{l}{g}}} \tag{3.51}$$

となる．これは棒の長さ l の平方根に比例する．

これからわかるように，単振り子の周期はおもりの質量によらず，振幅が小さいときは周期は振幅によらない．周期が振幅によらないことを単振り子の**等時性**(isochronism)という．

問　　題

1. 単振動の初期条件として $t=0$ で

$$x_0 \neq 0, \qquad v_0 = 0$$

の場合，変位 x を t に対して図示せよ．初期条件が

$$x_0 = 0, \qquad v_0 \neq 0$$

のときはどうか．

2. (3.28)と(3.29)が同じ運動を表わすとすれば，a と δ は A と B でどのように与えられるか．逆に A と B を a と δ で表わせばどうなるか．

3. (3.35)の代りに，定数 φ_0 を用いて

$$x = a\cos(\omega t + \varphi_0)$$

とすると，これはどのような運動か．

3-4 1次元の運動とエネルギー

一般に力 f が位置 x の関数として与えられた場合，運動方程式は

$$m\frac{d^2x}{dt^2} = f(x) \tag{3.52}$$

と書ける．これを積分する一般的な方法を調べよう．

まず(3.52)の両辺に dx/dt を掛けると

$$m\frac{dx}{dt}\frac{d^2x}{dt^2} = f(x)\frac{dx}{dt} \tag{3.53}$$

となる．ここで関係式

$$\frac{d}{dt}(v^2) = 2v\frac{dv}{dt} \tag{3.54}$$

に注意すれば，$v=dx/dt$，$dv/dt=d^2x/dt^2$ に対して

$$\frac{dx}{dt}\frac{d^2x}{dt^2} = v\frac{dv}{dt} = \frac{1}{2}\frac{d}{dt}(v^2) \tag{3.55}$$

となるので，これを用いると(3.53)は両辺に dt を掛けて

$$\frac{1}{2}m\frac{d}{dt}(v^2)dt = f(x)dx \tag{3.56}$$

を得る．こうすると左辺は v^2 の t に関する微分，右辺は x だけに関する微分であるから，それぞれ積分できる．その結果は

$$\frac{1}{2}mv^2 = \int^x f(x)dx+c \tag{3.57}$$

と書ける．ここで c は積分定数で任意である．右辺の積分の下限を x の初期値とすると，c は $mv^2/2$ の初期値である．そこで v の初期値を v_0 とすれば上式は

$$\frac{1}{2}mv^2 = \int_{x_0}^x f(x)dx+\frac{1}{2}mv_0{}^2 \tag{3.58}$$

となる．これは(3.52)を1回積分したものである．

エネルギー　(3.58)の右辺において力 $f(x)$ の積分の符号を変えて

$$\boxed{U(x) = -\int^x f(x)dx} \tag{3.59}$$

と書こう．積分の下限を初期値 x_0 とすれば(3.59)は

$$U(x)-U(x_0) = -\int_{x_0}^{x} f(x)dx$$

と書ける．また $U(x)$ は

$$\boxed{f(x) = -\frac{dU}{dx}} \tag{3.60}$$

になるような関数であるといってもよい．

$U(x)$ を用いると(3.58)は

$$\frac{1}{2}mv^2+U(x) = \frac{1}{2}mv_0{}^2+U(x_0) \tag{3.61}$$

となる．この式の右辺は初期条件できまるものであり，定数である．これに対し左辺の各項は運動につれて変化するが，$mv^2/2$ と $U(x)$ の和は一定である．

$$K = \frac{1}{2}mv^2 \tag{3.62}$$

を**運動エネルギー**(kinetic energy)といい，$U=U(x)$ を**位置エネルギー**(potential energy)，あるいは**ポテンシャル**という．また

$$E = K+U \tag{3.63}$$

は全エネルギー(力学的エネルギー mechanical energy)とよばれる．(3.61)は

$$\boxed{\frac{1}{2}mv^2+U = E(\text{一定})} \tag{3.64}$$

と書ける．これは運動方程式を積分して得られたので，**エネルギー積分**とよばれる．

この場合のように力が位置だけできまる1次元の運動では，力はポテンシャルから導かれ，全エネルギーは保存される．これを**エネルギー保存の法則**(law of conservation of energy)といい，力は**保存力**であるという(2次元，3次元の場合については3-8節で保存力を扱い，保存力のもっと厳密な定義を述べる)．1次元の運動ではエネルギー積分(3.63)を速度 $v=dx/dt$ について解いてもう一度積分すれば運動が完全にきまる．(しかし2次元，3次元では運動の決定はそう簡単ではない．)

重力の位置エネルギー　地表を基準($x=0$)にとり，鉛直上方へx軸をとると(重力は下方へ向かうため符号を変えて)，重力は

$$f = -mg \tag{3.65}$$

と書ける．したがって重力による位置エネルギーは

$$U(x) = mgx \tag{3.66}$$

である．したがってエネルギー保存の法則は

$$E = \frac{1}{2}mv^2 + mgx = 一定 \tag{3.67}$$

と書ける．例えば高さhで静止していた物体が自由落下したとすると，はじめのエネルギーは$E_0=mgh$であったから(図3-8参照)

$$\frac{1}{2}mv^2 + mgx = mgh \tag{3.68}$$

したがって高さxまで落下したときの速さvは

$$v = \sqrt{2g(h-x)} \tag{3.69}$$

で与えられる．

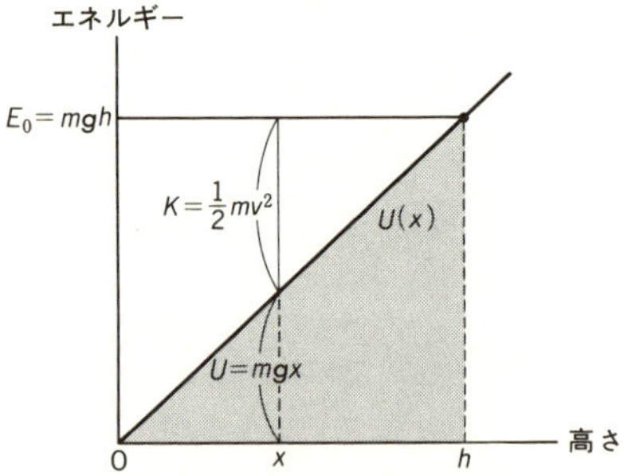

図3-8　落体のエネルギー．

バネの位置エネルギー　バネの力が伸びxに比例するとき，その力fは

$$f = -kx \tag{3.70}$$

と書ける．ここでkは定数(バネ定数)である．$\int xdx=\frac{1}{2}x^2$であるから，バネの力による位置エネルギーは

$$U(x) = \frac{1}{2}kx^2 \tag{3.71}$$

で与えられる．ただし $x=0$ を基準にとって $U(0)=0$ とした．

このときの運動は 3-3 節で考察した単振動であるから，変位と速度は

$$
\begin{aligned}
x &= a\sin\left(\sqrt{\frac{k}{m}}t+\delta\right) \\
v &= a\sqrt{\frac{k}{m}}\cos\left(\sqrt{\frac{k}{m}}t+\delta\right)
\end{aligned}
\tag{3.72}
$$

で与えられる．これから全エネルギーを求めると

$$
\frac{1}{2}mv^2+\frac{1}{2}kx^2 = E \tag{3.73}
$$

となり，これがこの場合のエネルギー積分である．ここで

$$
E = \frac{1}{2}ka^2 \tag{3.74}
$$

は全エネルギーである．a は振幅で，$x=a$ は振動の折り返し点であるから，その際は $v=0$ になる．したがって全エネルギーは折り返し点における位置エネルギーに等しいのである．

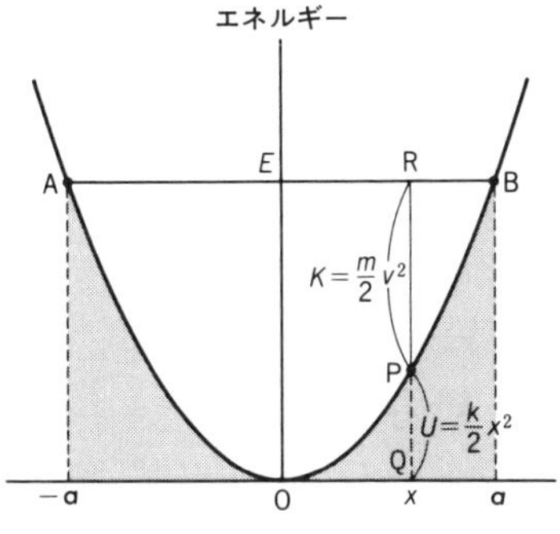

図 3-9 単振動のエネルギー

単振動の位置エネルギー $U(x)=kx^2/2$ を x に対して図示すると図 3-9 のように放物線になる．変位が x（図の Q）のとき，この点から縦軸に平行な直線を引く．この直線と $U(x)$ および全エネルギー E を表わす水平線との交点をそれぞれ P, R とすれば，PQ が位置エネルギーを，PR が運動エネルギーを表わす．そして $K+U=E$ となる．振動は U が全エネルギー E になる点 A と B の間でおこなわれる（A より左や B より右では K が負になり，このような変位は生

じ得ない). $x=0$ を通過するときは運動エネルギーはいちばん大きくなるから，この点を通るとき速度は最大になる.

例題 1 エネルギー積分から，単振動の位置と時間の関係を求めよ.

［解］ まず，エネルギー積分(3.73)を書き直せば

$$\frac{1}{2}mv^2 = E-\frac{1}{2}kx^2$$

あるいは

$$v^2 = \frac{2E}{m}-\frac{k}{m}x^2$$

となり，平方根をとれば

$$v = \frac{dx}{dt} = \pm\sqrt{\frac{k}{m}}\sqrt{\frac{2E}{k}-x^2} \tag{3.75}$$

となる．ここで右辺の符号は $v>0$ のとき正，$v<0$ のときは負をとらなければならない.

この単振動において，$v=0$ になる x の値が振幅 a である．したがって振幅 a は

$$a = \sqrt{\frac{2E}{k}} \tag{3.76}$$

で与えられる．ここで(3.31)と同じく(図 3-5 参照)

$$x = a\sin\theta \tag{3.77}$$

とおく．このとき単振動の速度 $v=dx/dt$ は

$$\frac{dx}{dt} = a\cos\theta\cdot\frac{d\theta}{dt} \tag{3.78}$$

となる．$t=0$ で $\theta=0$, $v>0$ とすると $d\theta/dt>0$ であり，その後 θ はつねに増大し，$d\theta/dt>0$ である．また $t=0$ で $\theta=0$, $v<0$ とすれば，つねに $d\theta/dt<0$ である.

(3.77), (3.78)を(3.75)に代入すれば

$$\cos\theta\frac{d\theta}{dt} = \pm\sqrt{\frac{k}{m}}\sqrt{1-\sin^2\theta} \tag{3.79}$$

となるが，$d\theta/dt>0$ の運動では

$$\frac{d\theta}{dt} = \sqrt{\frac{k}{m}} \tag{3.80}$$

$$\theta = \sqrt{\frac{k}{m}}t+\delta \tag{3.81}$$

となる．ここで δ は積分定数である．ゆえに(3.77)により

$$x = a\sin\left(\sqrt{\frac{k}{m}}t+\delta\right) \tag{3.82}$$

となり，これは(3.35)と同じ結果である．∎

相平面　単振動に対するエネルギーの式(3.73)は書き直すと

$$\frac{x^2}{\dfrac{2E}{k}}+\frac{v^2}{\dfrac{2E}{m}} = 1$$

と書ける．ここで，変位 x と速度 v は変化するが，分母の $2E/k$ と $2E/m$ は定数である．そこで x を横軸，v を縦軸の座標とすると上式は図3-10のような楕円を表わし，横軸に沿う半径は振幅 $a=\sqrt{2E/k}$ ((3.76)参照)，縦軸に沿う半径は $b=\sqrt{2E/m}=a\sqrt{k/m}$ ((3.72)参照)であることがわかる．そして $v>0$ のときは時間がたつにつれて x は増大し，$v<0$ のときは時間がたつにつれて x は減少するから，単振動を表わす点は図3-10に矢印で示したように楕円上を時計まわりに動く．

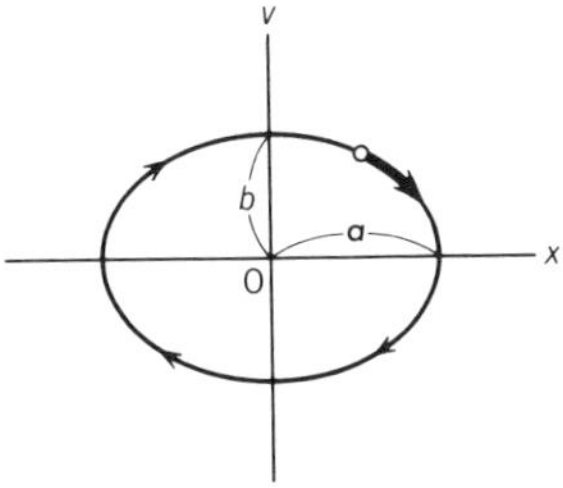

図3-10　単振動の変位と速度の関係．

単振動に限らず1次元の運動は位置 x を横軸とし，速度 v を縦軸として表わすことができる．これを**相平面**(phase plane)といい，相平面内で運動を表わす曲線を**軌道**(**トラジェクトリー** trajectory)という．

全エネルギー E を大きくすれば軌道楕円は大きくなり，E を0にすれば楕円

は縮まって原点に一致してしまう．

もしも少しずつエネルギーを増していくことができれば，軌道は少しずつ拡がって例えば図 3-11(a)のようになる．

摩擦や抵抗があると，エネルギーは少しずつ減るから，振動は時間がたつにつれて減衰する．この場合の運動を相平面で表わすと，例えば図 3-11(b)のようになる．

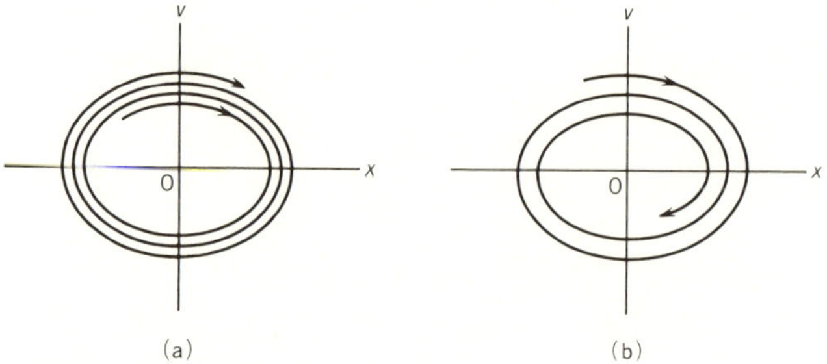

図 3-11　単振動のエネルギーを増していくと軌道楕円は拡がり(a)，逆に摩擦などによってエネルギーが減ると軌道は縮まる(b)．

1 次元の一般の運動　バネは伸ばしすぎるともとへ戻らなくなる場合もあるが，もとに戻るバネであっても，大きな変形に対しては力が変形に比例しない場合がある．このようにフックの法則が成立しないバネでも，それに物体をつけて振動をさせることはできる．

このような振動は単振動ではないから，簡単に運動方程式の解を見出すことはできない．しかしエネルギー保存の法則から，運動をある程度想像することはできる．具体的に解を書くことができない場合でも運動の様子を知ることができれば，それは大変重要なことである．

単振動では位置エネルギー $U(x)$ は放物線 $U(x)=\dfrac{k}{2}x^2$ であったが，位置エネルギーがもっと複雑で，図 3-12 のような形をしていたとしよう．エネルギー保存の法則は成り立つとしているから

$$\frac{1}{2}mv^2+U(x)=E \tag{3.83}$$

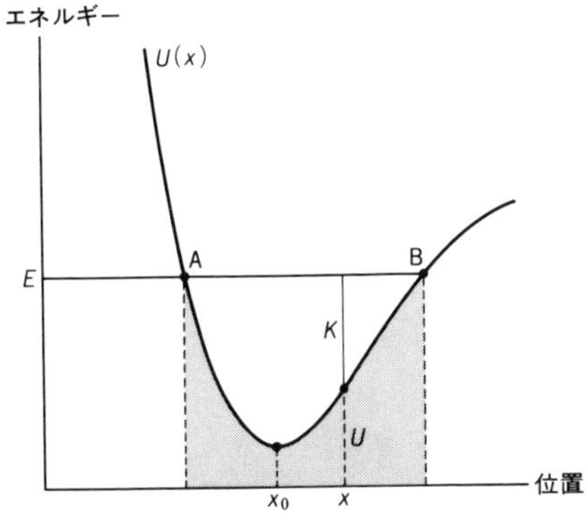

図 3-12　1 次元の振動は AB 間の往復運動である.

と書ける. したがって図に示したように全エネルギー E を表わす水平線を引けばこれと $U(x)$ の曲線の交点 A と B の間では運動のエネルギーは K で与えられる. A と B とでは $K=0$ となり, ここで運動は一時止まって折り返し, 振動は A と B の間でおこなわれる. $U(x)$ の谷の位置 x_0 では質点の速さはいちばん大きくなる(A の左や B の右では K が負になるので, 質点がそのような変位をすることはあり得ない). AB の間隔はこの場合の運動領域である. 全エネルギー E を大きくすれば振幅は大きくなり, E を小さくすれば振幅は小さくなる. AB 間を往復するのに要する時間が周期であり, これは $U(x)$ の形と E の値に関係する.

振幅が小さいときは運動は位置エネルギー $U(x)$ の谷の付近でおこなわれる. この付近では $U(x)$ は放物線とほとんど同じ形をしている. したがって振幅が十分小さい振動に対しては

$$U(x) \cong \frac{1}{2}k(x-x_0)^2 \tag{3.84}$$

としてよく, このような微小振動は単振動と見ていいことになる. このように位置エネルギーはなめらかな極小をもつことが多いから, 一般に微小な振動は単振動と見なされる.

問　題

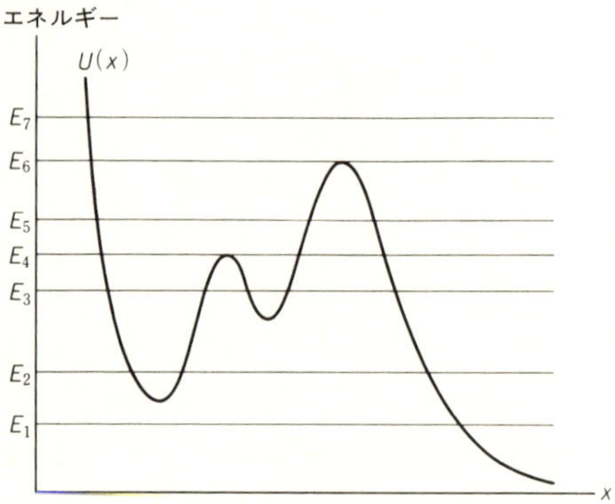

問題 1

1.　位置エネルギーが図のように与えられるとき，全エネルギーの値が $E_1, E_2, \cdots, E_7$ のとき，どのような運動がおこなわれるか説明せよ．

2.　単振動が

$$v=\frac{dx}{dt}, \qquad \frac{dv}{dt}=-x$$

で与えられるとき，関係式

$$vdv+xdx=0$$

が成り立つことを示せ．また，この式は相平面の軌道のどのような性質を表わしているか．

3.　単振動の運動方程式 $md^2x/dt^2+kx=0$ を直接積分して，エネルギー積分を求めよ．

3-5　2次元の運動

1次元の運動を扱って，等速度運動や鉛直な運動を理解することができた．これらを組み合わせると放物体の運動を明らかにすることができる．また前章では単振動も扱ったが，直交する2つの方向の単振動を組み合わせれば2次元の運動が生じる．

太陽をまわる地球の運動は1つの平面の中でおこなわれる．月は地球の中心を通り，宇宙の中で一定の向きを向いた平面の中で運動している．人工衛星についても同じである．ニュートンは惑星や月の運動を解明することによってはじめて力学と万有引力の法則を確立したのであった．

2次元の運動にはこのように重要な問題が含まれている．

2次元平面内の運動を扱うため，この平面内に直交する x 軸と y 軸をとれば，これらのそれぞれの方向の運動方程式は

$$m\frac{d^2x}{dt^2}=F_x,\qquad m\frac{d^2y}{dt^2}=F_y \tag{3.85}$$

である．x 方向の力 F_x と y 方向の力 F_y とが別々に与えられている場合には，これらの運動方程式を別々に解けば，その組み合わせとして運動がただちに与えられる．例えば空間に放り投げられた物体(放物体)に，空気などの抵抗がはたらかない場合，この放物体には下方に重力がはたらき，水平方向には力がはたらかないから，2つの方向を別々に扱って全体の運動を知ることができる．2次元の運動を扱う手はじめとして，簡単な場合をいくつか調べることにしよう．

放物体の運動　水平方向に x 軸，鉛直上方に y 軸をとる．水平方向には力ははたらかず，鉛直下方に向かう重力 mg のみがはたらくので，x, y 方向の速度成分をそれぞれ v_x, v_y とすれば，放物体(projectile)の運動方程式は

$$\begin{aligned} m\frac{dv_x}{dt}&=m\frac{d^2x}{dt^2}=0\\ m\frac{dv_y}{dt}&=m\frac{d^2y}{dt^2}=-mg \end{aligned} \tag{3.86}$$

となる．したがって x 方向には速度の x 成分 v_x が一定の等速運動であり

$$v_x=v_{x0}\qquad (v_{x0}=\text{定数})$$

$$x=x_0+v_{x0}t\qquad (x_0=\text{定数})$$

となる．また y 方向には等加速度運動であり

$$v_y=v_{y0}-gt\qquad (v_{y0}=\text{定数})$$

$$y=y_0+v_{y0}t-\frac{1}{2}gt^2\qquad (y_0=\text{定数})$$

となる．

v_{x0} と v_{y0} は初速度の x 成分と y 成分であるから，初速度は

$$v_0=\sqrt{{v_{x0}}^2+{v_{y0}}^2}$$

であって，初速度が水平方向となす角(仰角)を θ_0 とすれば

$$v_{x0}=v_0\cos\theta_0,\qquad v_{y0}=v_0\sin\theta_0 \tag{3.87}$$

である．

簡単のためはじめに投げ出されたところを原点に選べば

$$x_0 = y_0 = 0$$

である．このとき $x=v_{x0}t$ なので，これを $y=v_{y0}t-\frac{1}{2}gt^2$ に代入すれば，放物体の軌道は

$$y = \frac{v_{y0}}{v_{x0}}x - \frac{1}{2}g\frac{x^2}{{v_{x0}}^2} \tag{3.88}$$

となる．これは y が x の 2 次式なので放物線である．もうすこしわかりやすく書き直すと，放物線の方程式(3.88)は

$$y - y_{\mathrm{m}} = -\frac{g}{2{v_{x0}}^2}(x - x_{\mathrm{m}})^2 \tag{3.89}$$

となる．ただし

$$\left.\begin{aligned} x_{\mathrm{m}} &= \frac{v_{x0}v_{y0}}{g} \\ y_{\mathrm{m}} &= \frac{{v_{y0}}^2}{2g} \end{aligned}\right. \tag{3.90}$$

は最大水平到達距離の半分と最高点の高さを表わす．ここで最後の式は y 方向の運動に関するエネルギー保存の式になっている．この場合は力が y 方向だけなので，エネルギーも x 方向と y 方向に分けて考えることができるのである．

例題 1 放物体の水平到達距離 X は図 3-13 からわかるように

$$X = 2x_{\mathrm{m}} \tag{3.91}$$

である．初速度の大きさ v_0 を一定にしたとき，水平到達距離が最大になるよ

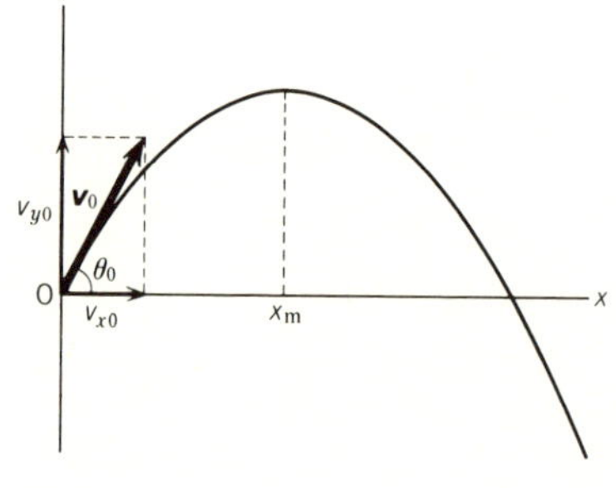

図 3-13 放物体の運動．

うな仰角は何度か.

［解］ (3.90)により $X=2v_{x0}v_{y0}/g$ であるから，これに(3.87)を代入し，三角関数の倍角公式(問題2)

$$2\sin\theta_0\cos\theta_0 = \sin 2\theta_0$$

を用いれば

$$X = \frac{{v_0}^2}{g}\sin 2\theta_0 \tag{3.92}$$

を得る．初速度の大きさ v_0 を一定とするとき，水平到達距離 X が最大になるのは $2\theta_0=\pi/2$ のとき，すなわち仰角が $\theta_0=45°$ のときであり，最大到達距離は $X={v_0}^2/g$ で，初速度の2乗に比例する．▍

速度に比例する抵抗のある放物体　放物体にはたらく抵抗は，速度が小さいときは速度に比例する．このときは抵抗力の x 成分は v_x に比例し，y 成分は v_y に比例するので，運動は x 方向と y 方向とが分離されて別々に積分できる．β を比例係数とし，抵抗力を $-\beta m v$ とすれば，運動方程式は

$$\begin{aligned} m\frac{dv_x}{dt} &= -\beta m v_x \\ m\frac{dv_y}{dt} &= -\beta m v_y - mg \end{aligned} \tag{3.93}$$

と書ける．この場合も運動は x 方向と y 方向が独立であるので，別々に解くことができる．まず x 方向の運動方程式は

$$\frac{dv_x}{v_x} = -\beta dt$$

と書き直せる．これを積分すれば

$$v_x = \frac{dx}{dt} = v_{x0}e^{-\beta t}$$

さらに積分して，簡単のため $t=0$ で $x=0$ とすれば

$$x = \frac{v_{x0}}{\beta}(1-e^{-\beta t}) \tag{3.94}$$

また y 方向の運動方程式を書き直すと

$$\frac{dv_y}{v_y+g/\beta} = -\beta dt$$

ゆえに

$$v_y = \frac{dy}{dt} = \left(v_{y0}+\frac{g}{\beta}\right)e^{-\beta t}-\frac{g}{\beta} \tag{3.95}$$

さらに積分して，$t=0$ で $y=0$ とすれば

$$y = -\frac{g}{\beta}t+\frac{1}{\beta}\left(v_{y0}+\frac{g}{\beta}\right)(1-e^{-\beta t}) \tag{3.96}$$

を得る．軌道は(3.94)と(3.96)から t をパラメタとしてきまる．

十分時間がたつと水平速度 v_x は0になり，鉛直方向の速度は終端速度

$$v_{y\infty} = -\frac{g}{\beta} \tag{3.97}$$

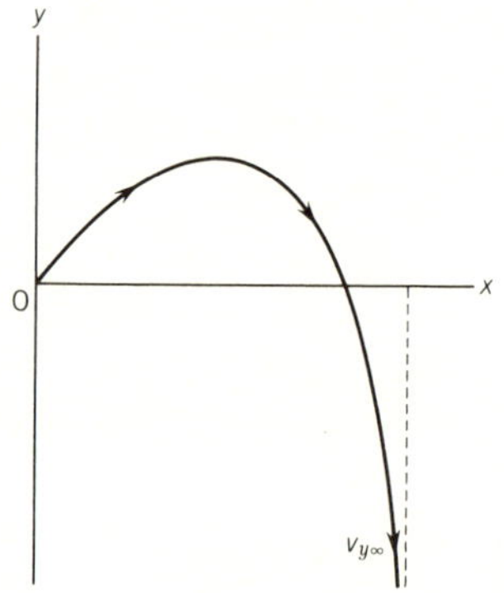

図 3-14 抵抗のある放物体の運動.

問　題

1. 初速度 v_0，仰角 θ_0 で投げ上げた放物体の最高点における速度を求めよ．

2. $\sin\theta=(e^{i\theta}-e^{-i\theta})/2i$, $\cos\theta=(e^{i\theta}+e^{-i\theta})/2$ を用いて，公式

$$2\sin\theta\cos\theta = \sin 2\theta$$

を証明せよ．

3-6 円運動

円周上を一定の速さで運動する質点を考え，質点にこのような運動をさせる力を求めよう．円の中心を原点にとり，円周の面内に x 軸，y 軸をとり，質点の位置 (x, y) を図 3-15 のように半径 r と角 φ で表わせば

$$\begin{gathered} x = r\cos\varphi, \qquad y = r\sin\varphi \\ x^2+y^2 = r^2 \end{gathered} \tag{3.98}$$

となる．角 φ（ラジアン）の時間変化の割り合い

$$\frac{d\varphi}{dt} = \omega \tag{3.99}$$

を**角速度**(angular velocity)という．**等速円運動**(uniform circular motion)では ω が一定なので

$$\varphi = \omega t+\varphi_0 \tag{3.100}$$

となる．これは円運動の位相であり，φ_0 は位相定数である．位相定数は $t=0$ における位相である．円運動の周期 T は 1 周の角 2π をまわる時間なので

$$T = \frac{2\pi}{\omega} \tag{3.101}$$

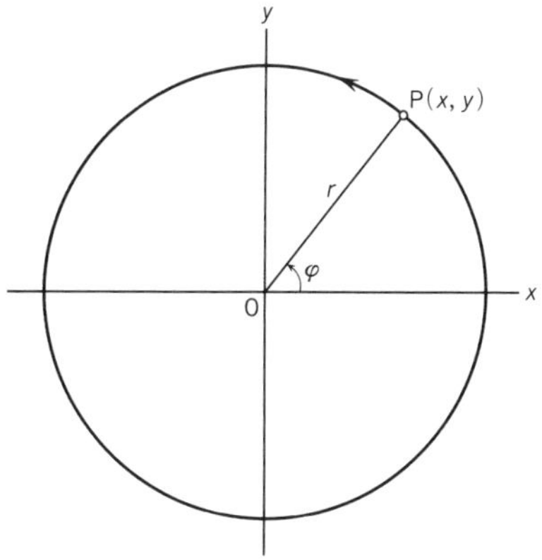

図 3-15　2 次元の極座標と円運動.

で与えられる．

等速円運動では(3.98)，(3.100)により

$$x = r\cos(\omega t+\varphi_0), \qquad y = r\sin(\omega t+\varphi_0) \tag{3.102}$$

である．yはまた

$$y = r\cos\left(\omega t+\varphi_0-\frac{\pi}{2}\right) \tag{3.102'}$$

と書けるから，x方向の運動に対してy方向の運動は位相が$\pi/2$だけおくれている．(3.102)を2回微分すると

$$\frac{d^2x}{dt^2} = -\omega^2 x, \qquad \frac{d^2y}{dt^2} = -\omega^2 y \tag{3.103}$$

が得られる．これはそれぞれ単振動の式であるから，振動数も振幅も等しいx方向とy方向の2つの単振動に位相差$\pi/2$をもたせて，(3.102)のように組み合わせれば，等速円運動になることがわかる(3-7節参照)．

質点の質量をmとすれば，単振動(3.102)をさせる力は，x方向とy方向にそれぞれ

$$f_x = m\frac{d^2x}{dt^2} = -m\omega^2 x$$

$$f_y = m\frac{d^2y}{dt^2} = -m\omega^2 y$$

である．あるいは(図3-16参照)

$$f_x = f\cos\varphi, \qquad f_y = f\sin\varphi \tag{3.104}$$

ただし

$$f = -m\omega^2 r \tag{3.105}$$

と書ける．これを見ると，円運動をさせる力は円の中心Oに向き，その大きさが

$$|\boldsymbol{f}| = m\omega^2 r$$

の力であり，f_x, f_yはその‘x成分’と‘y成分’であることがわかる．この力を**向心力**(centripetal force)という．

一様に円運動しているときはr方向の変化はない．これはr方向にはある種

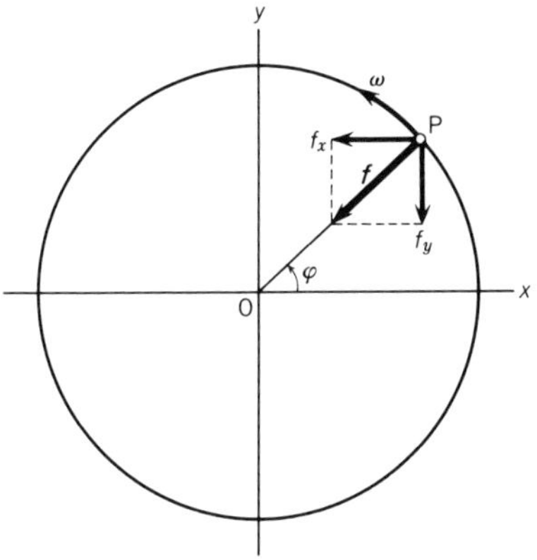

図 3-16　円運動をさせる力は向心力 $\boldsymbol{f}$ である.

の力がはたらいて，向心力との釣り合いが成り立っているためと考えることができる．このように考えたとき，向心力と釣り合う仮想的な力を**遠心力**(centrifugal force)という．もし，一定の速さで回る大きな円板があったとすると，これに乗った人は円板上の物体が外向きの力を受けるように思うだろう(図 3-17)．遠心力は回転する座標系に乗って見たときに現われる**見掛けの力**である.

向心力と同じように，円運動の加速度(3.103)も，中心に向かう加速度 α の x 成分 α_x と y 成分 α_y は

$$\alpha_x = \frac{d^2x}{dt^2} = \alpha\cos\varphi$$
$$\alpha_y = \frac{d^2y}{dt^2} = \alpha\sin\varphi \qquad (3.106)$$

ただし

$$\alpha = -\omega^2 r \qquad (3.107)$$

と見ることができる．α を**向心加速度**という.

質点は 1 周の長さ $2\pi r$ を周期 T でまわるので，その速さは

$$v = \frac{2\pi r}{T} = \omega r \qquad (3.108)$$

である．これを用いると，向心加速度と向心力は

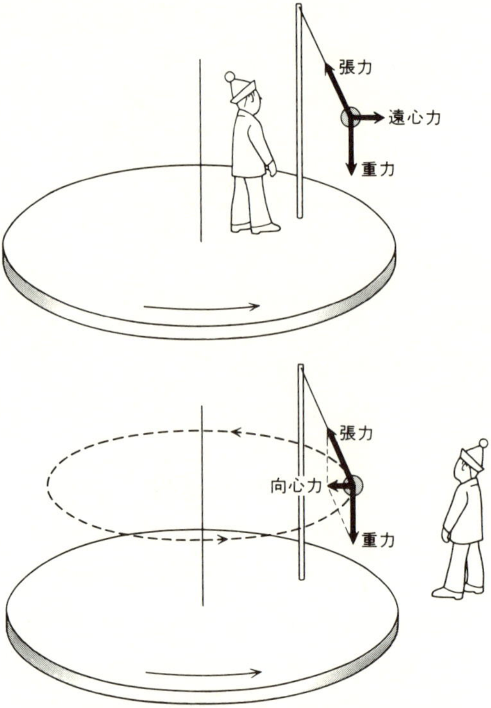

図 3-17　回転する円板に乗った人には，遠心力が張力，重力と釣り合っているようにみえる．

$$\alpha = -\frac{v^2}{r}, \qquad f = -\frac{mv^2}{r} \tag{3.109}$$

となる．

円錐振り子　一端を固定したひもの下端におもりをつけ，おもりに水平面内で円をえがかせるとき，これを**円錐振り子**(conical pendulum)という(図 3-18)．

ひもが鉛直線となす角を θ とし，円の半径を r としよう．おもり(質量 m)には重力 mg とひもの張力 S とがはたらいている．その合力 f が円運動の面内にあって，向心力になっていなければならない．図 3-18 からわかるようにこの関係から

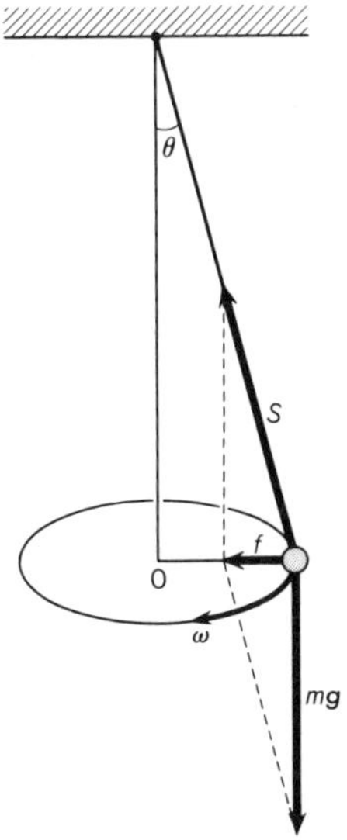

図 3-18　円錐振り子.

$$f = -mg \tan\theta \tag{3.110}$$

である．したがってこの円錐振り子の角速度を ω とすると $f=-m\omega^2 r$ から

$$\omega^2 r = g \tan\theta \tag{3.111}$$

他方でひもの長さを l とすれば

$$r = l \sin\theta \tag{3.112}$$

であるから

$$\omega^2 = \frac{g}{l\cos\theta} \tag{3.113}$$

したがって，この円錐振り子の周期は

$$T = 2\pi\sqrt{\frac{l\cos\theta}{g}} \tag{3.114}$$

となる．この式を見ると，円錐振り子の周期は，ひもの長さと傾きだけできまり，質点の質量に関係しないことがわかる．

例題 1　円錐振り子におけるひもの張力を求めよ．またこれを用いて向心力を求めよ．

［解］ ひもの張力を S とすれば，鉛直方向の力の釣り合い(図 3-18 参照)から

$$S\cos\theta - mg = 0 \tag{3.115}$$

したがって，ひもの張力は

$$S = \frac{mg}{\cos\theta} \tag{3.116}$$

となる．ひもの張力を鉛直方向と水平方向に分解したとき，水平成分が向心力となるから，向心力 f は

$$f = -S\sin\theta = -mg\tan\theta \tag{3.117}$$

となる．これは(3.110)を確かめたことになる．❙

問　　題

1. 質点の位置ベクトル $\boldsymbol{r}=(x, y)$ の時間変化が

$$x = r\cos\omega t, \qquad y = r\sin\omega t$$

(r, ω はともに正の定数)で与えられるとき，これはどのような運動か．

2. 前問において質点の速度 $\boldsymbol{v}=d\boldsymbol{r}/dt$ と加速度 $\boldsymbol{a}=d^2\boldsymbol{r}/dt^2$ の成分を求めよ．

3-7 2つの単振動の組み合わせ

同じ振動数で振動する x 方向の単振動と y 方向の単振動を組み合わせると，振幅や位相差によって，一般には楕円をえがく運動になる．これを調べよう．

いま，質点が xy 面上で運動しており，その x 方向と y 方向の運動方程式がそれぞれ

$$m\frac{d^2x}{dt^2} = -m\omega^2 x, \qquad m\frac{d^2y}{dt^2} = -m\omega^2 y \tag{3.118}$$

と書ける場合を考える．これらは単振動の式で，解は

$$x = a\cos(\omega t+\varphi_1), \qquad y = b\cos(\omega t+\varphi_2) \tag{3.119}$$

と書ける(3-3 節参照)．振幅 a, b と位相定数 φ_1, φ_2 をきめておけば，各時刻 t における座標 x, y が求められるから，質点の運動の軌跡を図示することがで

きる．

図3-19にいくつかの場合を示した．

(a)　$\varphi_1=0,\ \varphi_2=0$ とすると $ay=bx$．これは図の直線(a)で示される運動である．

(a′)　$\varphi_1=0,\ \varphi_2=\pi$ とすると $x=a\cos\omega t,\ y=-b\cos\omega t$ となるから，$ay=-bx$．これは図の破線の直線(a′)で示される運動である．

(b)　$\varphi_1=0,\ \varphi_2=-\pi/2$ とすると $x=a\cos\omega t,\ y=b\sin\omega t$ となるから

$$\frac{x^2}{a^2}+\frac{y^2}{b^2}=1 \tag{3.120}$$

これは図の楕円(b)で示される運動で，左回りである．

(b′)　$\varphi_1=0,\ \varphi_2=\pi/2$ とすると $x=a\cos\omega t,\ y=-b\sin\omega t$ となるから軌跡はやはり楕円であるが，右回りで，図の(b′)で示される運動である．

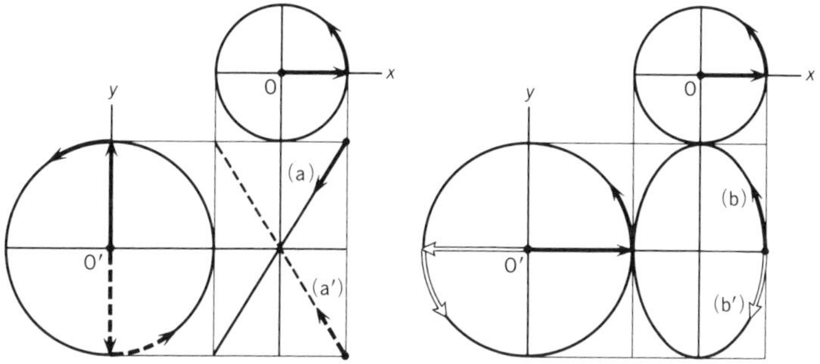

図3-19　周期が等しい2つの単振動を組み合わせると，一般には楕円運動になる．

リサジュー図形　直交する2つの単振動の周期が異なるとき，これらの振動を組み合わせた運動の軌跡は楕円にならず，複雑な曲線になる．一般に2つの単振動を組み合わせたときに得られる図形は，**リサジュー図形**(Lissajous' figure)と呼ばれる．2つの単振動の周期の比が簡単な整数の比(有理数)ならば，リサジュー図形は簡単な閉曲線になることが確かめられる．図3-20にその一例を示した．

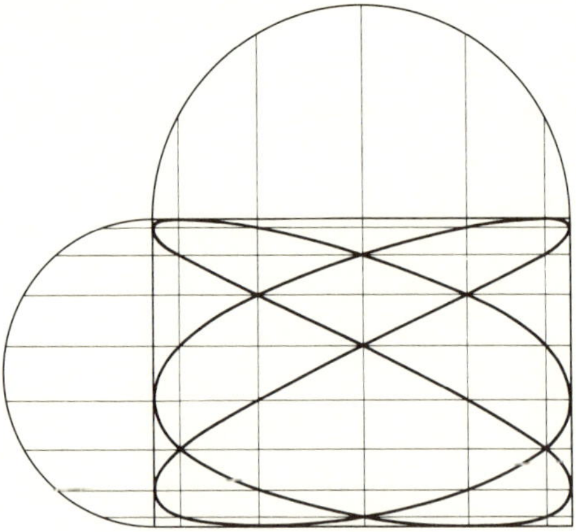

図 3-20　リサジュー図形.

問　題

1.　(3.119)において(i) $\varphi_1=0$, $\varphi_2=\pi/4$ とするとどのような運動になるか. また(ii) $\varphi_1=0$, $\varphi_2=-\pi/4$ のときはどうか.

3-8　仕事と運動エネルギー

直線上の運動を扱ったときにエネルギーの概念を導入し，これが運動を理解するのに大変役立つことを知った. この事情は平面内の運動(2次元)や空間内の運動(3次元)でも同様である. 質点に力を加え，運動を加速してその運動エネルギーを増加させたり，あるいは減速して運動エネルギーを減少させたりすることができる. 加えた力と，それによって変化するエネルギーの間の関係について考えよう. わかりやすい平面内の運動からはじめる.

仕事　質点が一定の力 $\boldsymbol{F}$ を受けながら一直線上を s だけ動いたとする(図 3-21). 力の大きさを F とし，力と運動方向のなす角を θ とすれば，運動方向の力の成分は $F\cos\theta$ である. このとき動いた方向の力の成分と動いた距離の積

$$W = F\cos\theta\cdot s \tag{3.121}$$

を力 $\boldsymbol{F}$ のした**仕事**(work)という．つまり，(距離)×(その方向の力)=(仕事)と定義される．$s\cos\theta$ は力の方向に動いた距離であるから，(力)×(その方向に動いた距離)=(仕事)といってもよい．

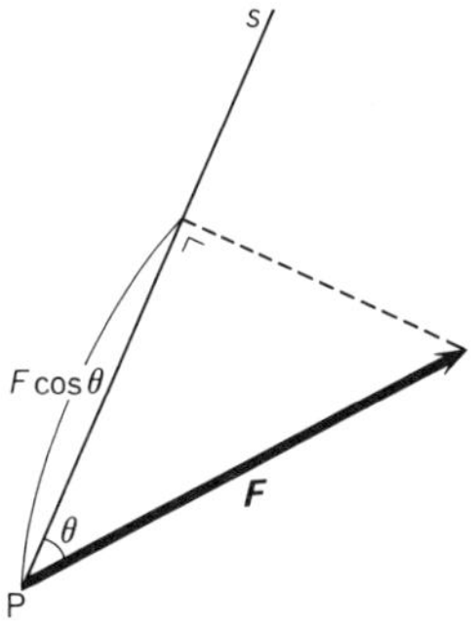

図 3-21　力と運動方向のなす角を θ とする．

質点の移動は変位ベクトル $\boldsymbol{s}$ で表わされる．変位ベクトルの長さは移動距離 s であり，(3.121)の右辺はベクトル $\boldsymbol{F}$ と $\boldsymbol{s}$ によって定まる量である．

一般に2つのベクトル $\boldsymbol{A}$ と $\boldsymbol{B}$(大きさはそれぞれ A と B)の間の角を θ とするとき，$AB\cos\theta$ を $\boldsymbol{A}\cdot\boldsymbol{B}$ で表わし，これを $\boldsymbol{A}$ と $\boldsymbol{B}$ の**スカラー積**，あるいは**内積**という．すなわち

$$\boxed{\boldsymbol{A}\cdot\boldsymbol{B} = AB\cos\theta} \tag{3.122}$$

である．

この記号を用いれば，仕事は力 $\boldsymbol{F}$ と質点の変位 $\boldsymbol{s}$ のスカラー積であるから

$$W = \boldsymbol{F}\cdot\boldsymbol{s} \tag{3.123}$$

と書ける．

スカラー積の性質　容易にわかるように，スカラー積は次の性質をもつ．

$$\left.\begin{aligned} \boldsymbol{A}\cdot\boldsymbol{B} &= \boldsymbol{B}\cdot\boldsymbol{A} && \text{(交換則)} \\ \boldsymbol{A}\cdot(\boldsymbol{B}+\boldsymbol{C}) &= \boldsymbol{A}\cdot\boldsymbol{B}+\boldsymbol{A}\cdot\boldsymbol{C} && \text{(配分則)} \end{aligned}\right\} \tag{3.124}$$

a をただの数とするとき

$$(a\boldsymbol{A})\cdot\boldsymbol{B} = a(\boldsymbol{A}\cdot\boldsymbol{B}) = \boldsymbol{A}\cdot(a\boldsymbol{B})$$

$\boldsymbol{A}$ と $\boldsymbol{B}$ が直交するときは $\boldsymbol{A}\cdot\boldsymbol{B}=0$．また $\boldsymbol{A}\cdot\boldsymbol{B}=0$ のときは $\boldsymbol{A}$ と $\boldsymbol{B}$ は直交す

るか，$\boldsymbol{A}$ あるいは $\boldsymbol{B}$ の長さが 0 の場合である．ベクトル $\boldsymbol{A}$ の長さを A と書くと

$$\boldsymbol{A}\cdot\boldsymbol{A} = A^2$$

基本ベクトル(x, y, z 方向の単位ベクトル)を $\boldsymbol{i}, \boldsymbol{j}, \boldsymbol{k}$ とすれば

Coffee Break

仕事とエネルギーの単位

1 N の力が 1 m はたらいたときの仕事を 1 ジュール(joule, 記号 J)といい，仕事およびエネルギーの単位として用いられる．すなわち

$$1\ \text{ジュール(J)} = 1\ \text{N}\cdot\text{m}$$

である．例えば 1 kg の物体を保持するのに要する力は 9.8 N であるから，この物体を静かに 1 m 持ち上げる仕事は 9.8 ジュールである．

仕事はどれだけの速さでするかが重要な場合が多い．単位時間にする仕事の割り合いを**仕事率**(power)といい，1 秒間に 1 ジュールの仕事をするときの仕事率を 1 ワット(watt, 記号 W)という．

$$1\ \text{ワット(W)} = 1\ \text{ジュール/秒}$$

である．電力を表わすのに使われるワットはこの単位で，その 1000 倍を 1 キロワット(kW)という．1 kW の割り合いで 1 時間にした仕事は 1 kW·h $=3.6\times10^6$ J である．

熱量の単位として 1 g の水の温度を 1°C 上げるのに必要なエネルギーが用いられ，これを 1 カロリー(cal)という．1 cal=4.18 J である．例えば 1 l の水の温度を 100°C だけ上げるのに必要な熱量は 10^5 cal$=4.18\times10^5$ J である．

仕事率の単位として馬力(HP)が用いられることもある．これは鉱山で水を汲み出すのに馬を使った名残りである．1(仏)馬力=735.5 W．例えば 50 kg の人が毎秒 1.5 m の割り合いで階段を昇るときの仕事率は約 1 馬力である．

$$\boldsymbol{i}\cdot\boldsymbol{i} = \boldsymbol{j}\cdot\boldsymbol{j} = \boldsymbol{k}\cdot\boldsymbol{k} = 1 \tag{3.125}$$

$$\boldsymbol{i}\cdot\boldsymbol{j} = \boldsymbol{j}\cdot\boldsymbol{k} = \boldsymbol{k}\cdot\boldsymbol{i} = 0 \tag{3.125'}$$

である.

ベクトル $\boldsymbol{A}, \boldsymbol{B}$ をそれぞれの成分で書けば

$$\boldsymbol{A} = A_x\boldsymbol{i}+A_y\boldsymbol{j}+A_z\boldsymbol{k}$$

$$\boldsymbol{B} = B_x\boldsymbol{i}+B_y\boldsymbol{j}+B_z\boldsymbol{k}$$

であるから，$\boldsymbol{A}$ と $\boldsymbol{B}$ のスカラー積は

$$\begin{aligned}\boldsymbol{A}\cdot\boldsymbol{B} = &A_xB_x\boldsymbol{i}\cdot\boldsymbol{i}+A_xB_y\boldsymbol{i}\cdot\boldsymbol{j}+A_xB_z\boldsymbol{i}\cdot\boldsymbol{k}\\ &+A_yB_x\boldsymbol{j}\cdot\boldsymbol{i}+A_yB_y\boldsymbol{j}\cdot\boldsymbol{j}+A_yB_z\boldsymbol{j}\cdot\boldsymbol{k}\\ &+A_zB_x\boldsymbol{k}\cdot\boldsymbol{i}+A_zB_y\boldsymbol{k}\cdot\boldsymbol{j}+A_zB_z\boldsymbol{k}\cdot\boldsymbol{k}\end{aligned}$$

したがって(3.125), (3.125′)により

$$\boxed{\boldsymbol{A}\cdot\boldsymbol{B} = A_xB_x+A_yB_y+A_zB_z} \tag{3.126}$$

となる.

曲線運動　一般の曲線運動において力と運動方向のなす角 θ が変わるときは，運動を図 3-22 のように微小部分に分けて，各部分で力のした仕事を加え合わせる．各部分の長さを $\Delta s_1, \Delta s_2, \cdots, \Delta s_n$，各部分で作用する力の大きさを F_1, $F_2, \cdots, F_n$ とし，力 $\boldsymbol{F}_i$ が線分 Δs_i となす角を運動方向から測って θ_i とすると，仕事は全体として

$$W = F_1\cos\theta_1\Delta s_1+F_2\cos\theta_2\Delta s_2+\cdots+F_n\cos\theta_n\Delta s_n \tag{3.127}$$

となる．この和において，各線分の長さを無限に小さくした極限を ds と書き，仕事(3.127)を積分の形で

$$W = \int_{\mathrm{A}}^{\mathrm{B}} F\cos\theta ds \tag{3.128}$$

と書く．これを**線積分**という．ここで，A と B は出発点と終点とを意味し，この間で曲線に沿って(3.127)の和をとったものがこの線積分である．これについてさらにすこし詳しく考察しておこう.

変位ベクトルを $d\boldsymbol{r}$ とすると，その長さは移動距離 ds であり，この変位の間

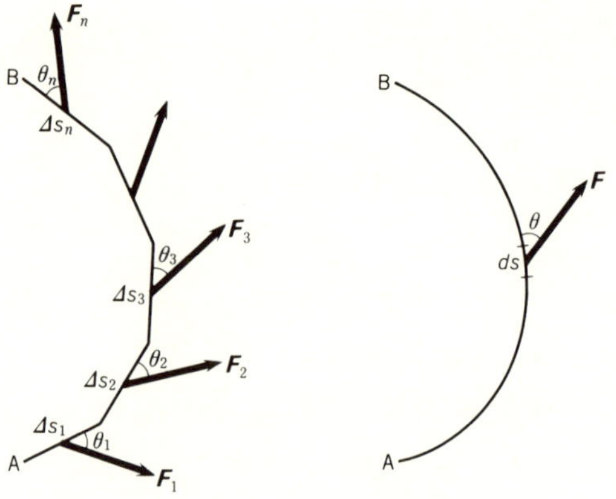

図 3-22　経路に沿う積分を線積分という.

に力 $\boldsymbol{F}$ のした仕事は

$$dW = F\cos\theta ds = \boldsymbol{F}\cdot d\boldsymbol{r} \tag{3.129}$$

と書ける．したがって仕事(3.128)は

$$\boxed{W = \int_{\mathrm{A}}^{\mathrm{B}} \boldsymbol{F}\cdot d\boldsymbol{r}} \tag{3.130}$$

となる．

変位 $d\boldsymbol{r}$ の x, y, z 成分を dx, dy, dz とし，力 $\boldsymbol{F}$ の成分を F_x, F_y, F_z とすれば，(3.126)によりスカラー積は

$$dW = \boldsymbol{F}\cdot d\boldsymbol{r} = F_x dx + F_y dy + F_z dz \tag{3.131}$$

となる．したがって(3.130)は

$$W = \int_{\mathrm{A}}^{\mathrm{B}} (F_x dx + F_y dy + F_z dz) \tag{3.132}$$

と書くこともできる．

運動の経路上の線分を ds として，(3.132)を

$$W = \int_{\mathrm{A}}^{\mathrm{B}} \left(F_x \frac{dx}{ds} + F_y \frac{dy}{ds} + F_z \frac{dz}{ds} \right) ds \tag{3.133}$$

とした方が経路に沿う線積分という意味がはっきりするかも知れない．これは経路上の各点で $dx/ds, dy/ds, dz/ds$ を求め，これにそれぞれ F_x, F_y, F_z を掛け

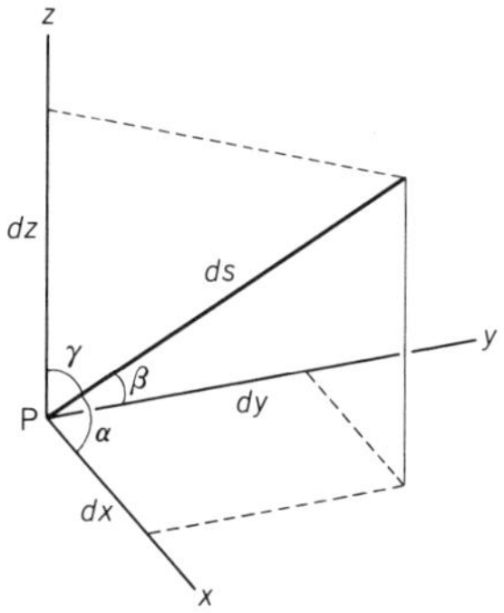

図 3-23　$\cos\alpha, \cos\beta, \cos\gamma$ を方向余弦という．

たものを経路に沿って積分したものである．

なお，経路上の線分 ds が軸 x, y, z となす角をそれぞれ α, β, γ とすると，図 3-23 からわかるように

$$\frac{dx}{ds} = \cos\alpha, \qquad \frac{dy}{ds} = \cos\beta, \qquad \frac{dz}{ds} = \cos\gamma \tag{3.134}$$

となる．

$$l = \cos\alpha, \qquad m = \cos\beta, \qquad n = \cos\gamma$$

を線分 ds の**方向余弦**という．$(ds)^2=(dx)^2+(dy)^2+(dz)^2$ であるから

$$l^2+m^2+n^2 = 1$$

となる．

運動エネルギー　平面内の運動方程式は

$$m\frac{d^2x}{dt^2} = F_x, \qquad m\frac{d^2y}{dt^2} = F_y \tag{3.135}$$

である．これらの式の両辺にそれぞれ $\dfrac{dx}{dt}dt=dx$, $\dfrac{dy}{dt}dt=dy$ を掛けて加えると

$$m\left(\frac{dx}{dt}\frac{d^2x}{dt^2}+\frac{dy}{dt}\frac{d^2y}{dt^2}\right)dt = F_xdx+F_ydy \tag{3.136}$$

となる．速度の大きさを v とすると

$$v^2 = \left(\frac{dx}{dt}\right)^2+\left(\frac{dy}{dt}\right)^2 \tag{3.137}$$

であり，その微係数は

$$\frac{d(v^2)}{dt} = 2\left(\frac{dx}{dt}\frac{d^2x}{dt^2}+\frac{dy}{dt}\frac{d^2y}{dt^2}\right) \tag{3.138}$$

であるから(3.136)は

$$\frac{d}{dt}\left(\frac{1}{2}mv^2\right)dt = F_x dx+F_y dy \tag{3.139}$$

となる．これをある点AからBまで積分すると，右辺は力のした仕事 W を与え

$$\frac{1}{2}m{v_{\mathrm{B}}}^2-\frac{1}{2}m{v_{\mathrm{A}}}^2 = W \tag{3.140}$$

となる．ただし，ここで $v_{\mathrm{A}}, v_{\mathrm{B}}$ はそれぞれA, Bにおける速度の大きさである．したがって運動エネルギー $mv^2/2$ の増加は，力のした仕事(質点がなされた仕事) W に等しい．この結果は3次元の運動でも成り立つ．

例題1 2次元の極座標 (r, φ) を用いると，運動エネルギーは

$$\frac{m}{2}v^2 = \frac{m}{2}(\dot{r}^2+r^2\dot{\varphi}^2) \tag{3.141}$$

と表わされることを示せ．ただし $\dot{r}=dr/dt$, $\dot{\varphi}=d\varphi/dt$.

［解］ 質点の位置Pを図3-24のように極座標 (r, φ) で表わす．微小時間たった後の質点の位置をQとし，その極座標を $(r+dr, \varphi+d\varphi)$ とする．図においてRはOR=OPとなるようなOQ上の点である．$d\varphi$ が十分小さければ長さ $\overline{\mathrm{PR}}$ は弧 $\widehat{\mathrm{PR}}$ の長さ $rd\varphi$ と見てよいから

$$\overline{\mathrm{PR}} = rd\varphi$$

また，このとき $\overline{\mathrm{RQ}}=dr$ としてよく，角 ∠PRQは直角と見てよい．したがってピタゴラスの定理により，

$$\overline{\mathrm{PQ}}^2 = (dr)^2+(rd\varphi)^2 \tag{3.142}$$

となる．他方で，Pにおける質点の速度を v とすると

$$\overline{\mathrm{PQ}} = vdt$$

であるから

$$v^2 = \left(\frac{\overline{\mathrm{PQ}}}{dt}\right)^2 = \left(\frac{dr}{dt}\right)^2+r^2\left(\frac{d\varphi}{dt}\right)^2$$

ゆえに

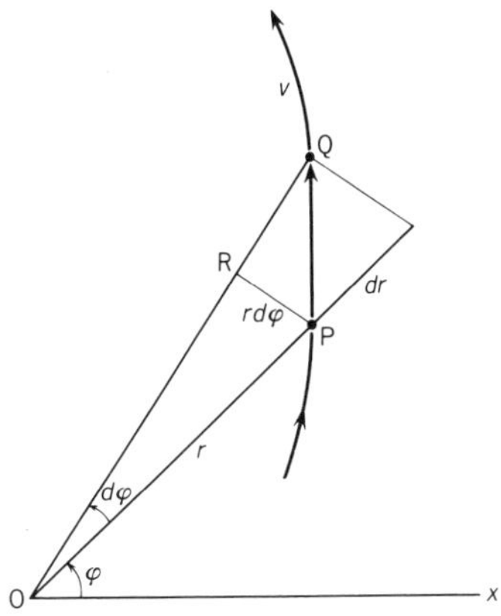

図 3-24　質点の位置を極座標で表わす.

$$v^2 = \dot{r}^2 + r^2\dot{\varphi}^2 \tag{3.143}$$

したがって，運動エネルギーは(3.141)で与えられる. ▎

3-9　力のポテンシャルとエネルギーの保存

一例として，原点からの距離 r の 2 乗に反比例する力が質点にはたらく場合を考えよう. 太陽のまわりをまわる惑星は，このような力を受けて運動する質点と見なせる. 力は原点と質点を結ぶ直線の方向にはたらく力(中心力 central force)で，その大きさは

$$F = \frac{\mu}{r^2} \tag{3.144}$$

であるとする. この力が引力なら $\mu<0$，斥力なら $\mu>0$ である.

簡単のため平面内で考えると，図 3-25 からわかるように

$$\cos\varphi = \frac{x}{r}, \qquad \sin\varphi = \frac{y}{r}$$

であるから，力の成分は

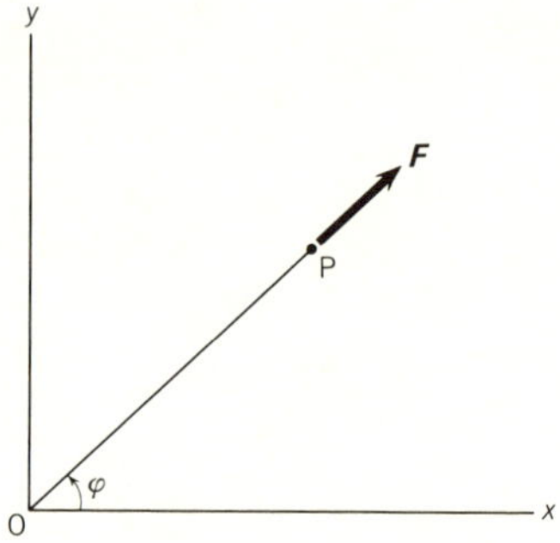

図 3-25　中心力.

$$F_x = F\cos\varphi = \mu\frac{x}{r^3}$$
$$F_y = F\sin\varphi = \mu\frac{y}{r^3} \qquad (3.145)$$

ここで

$$\frac{1}{r} = \frac{1}{(x^2+y^2)^{1/2}}$$

は x と y の関数であるが，まず y を固定して x で微分する(x について**偏微分**するという)と

$$\frac{\partial}{\partial x}\left(\frac{1}{r}\right) = \frac{-x}{(x^2+y^2)^{3/2}} = \frac{-x}{r^3} \qquad (3.146)$$

を得る．同様に y について偏微分すると

$$\frac{\partial}{\partial y}\left(\frac{1}{r}\right) = -\frac{y}{r^3} \qquad (3.146')$$

となる．したがって

$$U = \frac{\mu}{r} \qquad (3.147)$$

とおくと，力の成分は U から

$$F_x = -\frac{\partial U}{\partial x}, \qquad F_y = -\frac{\partial U}{\partial y} \qquad (3.148)$$

によって導かれる．

r^2 に反比例する力ばかりでなく，力の成分 F_x, F_y がある関数 U の微係数と

して(3.148)によって与えられるとき，U をこの力のポテンシャル(位置エネルギー)という．

力がポテンシャル U から導かれるとき，力のする仕事は

$$W = \int_{\mathrm{A}}^{\mathrm{B}} \boldsymbol{F}\cdot d\boldsymbol{r} = -\int_{\mathrm{A}}^{\mathrm{B}} \left(\frac{\partial U}{\partial x}dx + \frac{\partial U}{\partial y}dy\right) \qquad (3.149)$$

となるが，

$$dU = \frac{\partial U}{\partial x}dx + \frac{\partial U}{\partial y}dy \qquad (3.150)$$

と書くと，図3-26からわかるように，dU は x が dx，y が dy だけ増えたときの U の増分である．したがって

$$\int_{\mathrm{A}}^{\mathrm{B}} \left(\frac{\partial U}{\partial x}dx + \frac{\partial U}{\partial y}dy\right) = U_{\mathrm{B}} - U_{\mathrm{A}} \qquad (3.151)$$

はBにおける U の値 U_{B} とAにおける U の値 U_{A} の差である．したがって

$$W = \int_{\mathrm{A}}^{\mathrm{B}} \boldsymbol{F}\cdot d\boldsymbol{r} = -(U_{\mathrm{B}} - U_{\mathrm{A}}) \qquad (3.152)$$

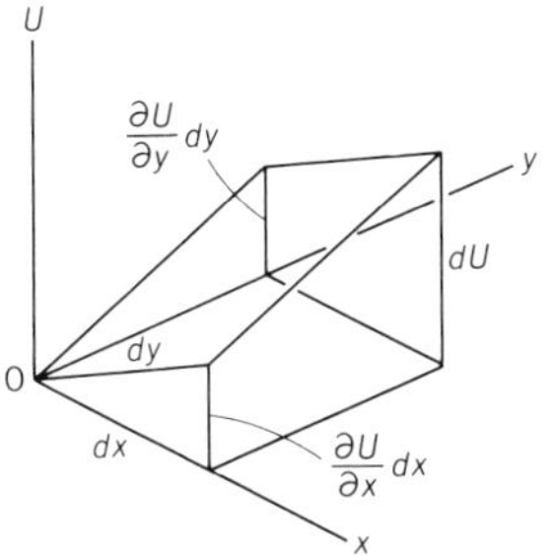

図3-26　U の増分 dU は，x が dx 増えたときの増分 $\frac{\partial U}{\partial x}dx$ と，y が dy 増えたときの増分 $\frac{\partial U}{\partial y}dy$ の和になる．

3次元の場合でも，力 $\boldsymbol{F}$ の成分が

$$F_x = -\frac{\partial U}{\partial x}, \qquad F_y = -\frac{\partial U}{\partial y}, \qquad F_z = -\frac{\partial U}{\partial z} \qquad (3.153)$$

によって1つの関数 $U(x, y, z)$ から導かれるとき，この力は**保存力**(conservative force)であるという．この場合も保存力 $\boldsymbol{F}$ に対して位置Aから位置Bまで積分した値に対して(3.152)が成り立ち，これは位置AとBを結ぶ経路に関係なく，位置AとBだけできまる．逆に，このことを用いて保存力を定義す

ることができる．すなわち，積分 $\int \boldsymbol{F}\cdot d\boldsymbol{r}$ の値が出発点と終点の位置だけできまり，AとBを結ぶ経路によらないならば，この力 $\boldsymbol{F}$ は保存力である．

例題 1 積分 $\int \boldsymbol{F}\cdot d\boldsymbol{r}$ が始点と終点できまり，途中の経路によらないときは，力 $\boldsymbol{F}$ は保存力であることを示せ．

［解］ 基準の点Oを定めると任意の点Pまでの積分はPのみで定まる．このことを $\int_{\mathrm{O}}^{\mathrm{P}} \boldsymbol{F}\cdot d\boldsymbol{r} = -U_{\mathrm{P}}$ と書くと $\int_{\mathrm{A}}^{\mathrm{B}} \boldsymbol{F}\cdot d\boldsymbol{r} = \int_{0}^{\mathrm{B}} \boldsymbol{F}\cdot d\boldsymbol{r} - \int_{0}^{\mathrm{A}} \boldsymbol{F}\cdot d\boldsymbol{r}$ により

$$\int_{\mathrm{A}}^{\mathrm{B}} \boldsymbol{F}\cdot d\boldsymbol{r} = -(U_{\mathrm{B}} - U_{\mathrm{A}})$$

BをAに十分近くとり，$\boldsymbol{r}_{\mathrm{B}} - \boldsymbol{r}_{\mathrm{A}} = \Delta\boldsymbol{r} = (\Delta x, \Delta y, \Delta z)$ と書くと(図3-27参照)

$$\int_{\mathrm{A}}^{\mathrm{B}} \boldsymbol{F}\cdot d\boldsymbol{r} = \boldsymbol{F}\cdot\Delta\boldsymbol{r} = F_x\Delta x + F_y\Delta y + F_z\Delta z$$

他方で

$$U_{\mathrm{B}} - U_{\mathrm{A}} = \frac{\partial U}{\partial x}\Delta x + \frac{\partial U}{\partial y}\Delta y + \frac{\partial U}{\partial z}\Delta z$$

これらは任意の $\Delta x, \Delta y, \Delta z$ について成り立つから，(3.153)が導かれる．▎

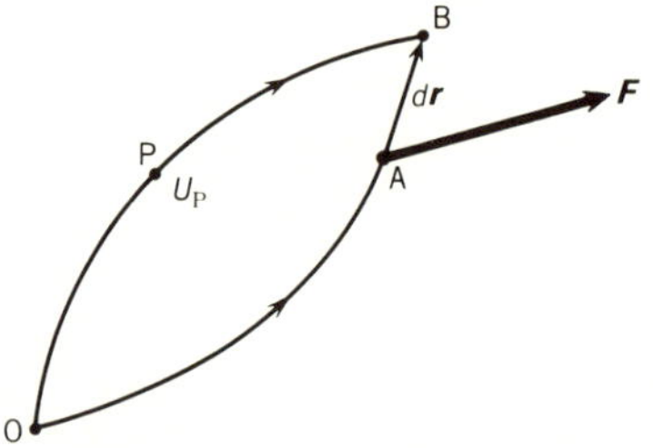

図 3-27
$U_{\mathrm{B}} - U_{\mathrm{A}} = \boldsymbol{F}\cdot d\boldsymbol{r}$.

偏微分の順序 x, y の関数 $U(x, y)$ を x に関して微分したものは $\partial U/\partial x$ であるが，これをさらに y に関して微分したものは

$$\frac{\partial}{\partial y}\left(\frac{\partial U}{\partial x}\right) = \frac{\partial^2 U}{\partial y \partial x}$$

と書く．また，さきに y で微分したものをさらに x で微分したものは

$$\frac{\partial}{\partial x}\left(\frac{\partial U}{\partial y}\right) = \frac{\partial^2 U}{\partial x \partial y}$$

となる．これらが連続ならば

$$\frac{\partial^2 U}{\partial y \partial x} = \frac{\partial^2 U}{\partial x \partial y}$$

であることが証明される．すなわち，微分の順序は交換してもよい．

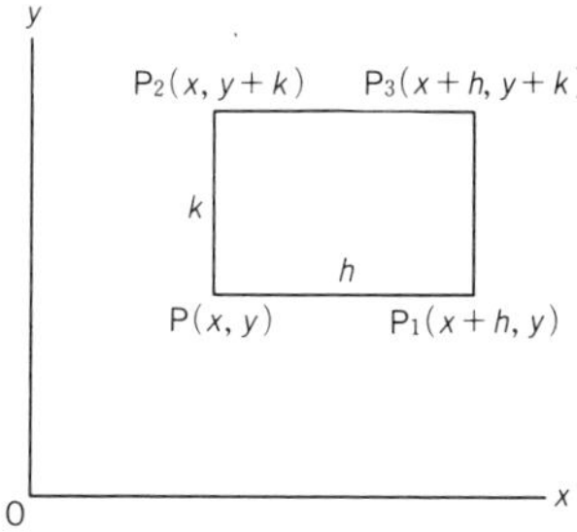

図 3-28 矩形を考える．

これを示すため，xy 面で点 $\mathrm{P}(x, y)$ の近くに図 3-28 のような矩形を考えよう．これらの点は $\mathrm{P}_1(x+h, y)$，$\mathrm{P}_2(x, y+k)$，$\mathrm{P}_3(x+h, y+k)$ であり，h, k はともに十分小さいとしておく．P における U を $U(\mathrm{P})$，$\mathrm{P}_i\,(i=1, 2, 3)$ における U を $U(\mathrm{P}_i)$ と書くと

$$U(\mathrm{P}_1) - U(\mathrm{P}) = h \times \left(\frac{\partial U}{\partial x} \text{の P における値}\right)$$

$$U(\mathrm{P}_3) - U(\mathrm{P}_2) = h \times \left(\frac{\partial U}{\partial x} \text{の } \mathrm{P}_2 \text{ における値}\right)$$

である．P_2 と P とは x が同じで y が k だけ異なるから

$$\left(\frac{\partial U}{\partial x} \text{の } \mathrm{P}_2 \text{ における値}\right) - \left(\frac{\partial U}{\partial x} \text{の P における値}\right) = k \frac{\partial}{\partial y}\left(\frac{\partial U}{\partial x}\right)$$

したがって

$$U(\mathrm{P}_3) - U(\mathrm{P}_2) - \{U(\mathrm{P}_1) - U(\mathrm{P})\} = hk \frac{\partial}{\partial y}\left(\frac{\partial U}{\partial x}\right) \qquad (3.154)$$

である．

他方で

$$U(\mathrm{P}_2) - U(\mathrm{P}) = k \times \left(\frac{\partial U}{\partial y} \text{の P における値}\right)$$

$$U(\mathrm{P}_3) - U(\mathrm{P}_1) = k \times \left(\frac{\partial U}{\partial y} \text{の } \mathrm{P}_1 \text{ における値}\right)$$

であり，P_1 と P とは y が同じで x が h だけ異なるから

$$\left(\frac{\partial U}{\partial y}\text{の } \mathrm{P}_1 \text{ における値}\right)-\left(\frac{\partial U}{\partial y}\text{の P における値}\right) = h\frac{\partial}{\partial x}\left(\frac{\partial U}{\partial y}\right)$$

となる．したがって

$$U(\mathrm{P}_3)-U(\mathrm{P}_1)-\{U(\mathrm{P}_2)-U(\mathrm{P})\} = hk\frac{\partial}{\partial x}\left(\frac{\partial U}{\partial y}\right) \qquad (3.155)$$

(3.154)の左辺と(3.155)の左辺を比べると，これらは同じものであることがわかる．したがって

$$\frac{\partial}{\partial y}\left(\frac{\partial U}{\partial x}\right) = \frac{\partial}{\partial x}\left(\frac{\partial U}{\partial y}\right)$$

が成り立つことがわかる．

エネルギー保存の法則　(3.152)を(3.140)に代入すると

$$\frac{1}{2}mv_{\mathrm{B}}{}^2-\frac{1}{2}mv_{\mathrm{A}}{}^2 = -(U_{\mathrm{B}}-U_{\mathrm{A}})$$

あるいは

$$\frac{1}{2}mv_{\mathrm{B}}{}^2+U_{\mathrm{B}} = \frac{1}{2}mv_{\mathrm{A}}{}^2+U_{\mathrm{A}} \qquad (3.156)$$

を得る．すなわちはじめ A 点で $mv^2/2+U$ の値が与えられると，この値は時間がたっても変わらない．

3 次元でも力が保存力であるときは

$$\boxed{\frac{1}{2}mv^2+U = E} \qquad (3.157)$$

は一定に保たれる．ここで，$mv^2/2$ は運動エネルギー，U は位置エネルギー(ポテンシャル)，E は全エネルギーである．(3.157)は**力学的エネルギー保存の法則**(law of conservation of mechanical energy)である．

力はベクトルであるから，3 成分を与えなければきまらないが，力のポテンシャルはスカラーであるので扱いやすい．また，2 つの保存力のポテンシャルを $U^{(1)}, U^{(2)}$ とし，力の成分を $F_x{}^{(1)}, F_x{}^{(2)}$ などとすると

$$F_x{}^{(1)} = -\frac{\partial U^{(1)}}{\partial x}, \qquad F_x{}^{(2)} = -\frac{\partial U^{(2)}}{\partial x}$$

したがってポテンシャルの和を

$$U = U^{(1)} + U^{(2)}$$

とすると，力を合成したものは

$$F_x{}^{(1)} + F_x{}^{(2)} = -\frac{\partial U}{\partial x}$$

などで与えられる．このように保存力が多数あるときは，それらのポテンシャル $U^{(1)}, U^{(2)}, \cdots, U^{(n)}$ を単に加え合わせれば，全体のポテンシャル

$$U = \sum_{j=1}^{n} U^{(j)}$$

が導かれる．この性質は例えば地球のように広がった物体の各部分が万有引力の原因になるとき，全体がつくる力を求めたりするのに大変都合がよい．

問　　題

1.　平面内ではたらく力 $\boldsymbol{F}=(F_x, F_y)$ が保存力ならば

$$\frac{\partial F_x}{\partial y} = \frac{\partial F_y}{\partial x}$$

が成り立つことを示せ．

2.　平面内ではたらく力

(i)　$$F_x = axy, \qquad F_y = \frac{1}{2}ax^2$$

(ii)　$$F_x = axy, \qquad F_y = by^2$$

はそれぞれ保存力か．もしも保存力ならばそのポテンシャルを求めよ．

4

惑星の運動と中心力

太陽をめぐる惑星の運動を理解しようとする試みが，ケプラーを経てニュートンにいたって実を結んだとき，力学の基礎も築かれたのである．この歴史上の偉大な成果について学ぶことは，ニュートンから約300年を経た現代でも学習の大切な一段階である．また最近は宇宙への関心が再び高まってきている．

4-1 ケプラーの法則

地球などの惑星が太陽のまわりを回る運動はケプラー(Johannes Kepler)によって3つの法則にまとめられた(1609-1619). いわゆる**ケプラーの法則**である.

> **第1法則** 惑星は太陽を焦点の1つとする楕円軌道をえがく.
>
> **第2法則** 太陽と惑星を結ぶ直線が単位時間に掃過する面積(面積速度)は一定である(面積の定理).
>
> **第3法則** 惑星が太陽のまわりをまわる周期の2乗は楕円軌道の長半径の3乗に比例する.

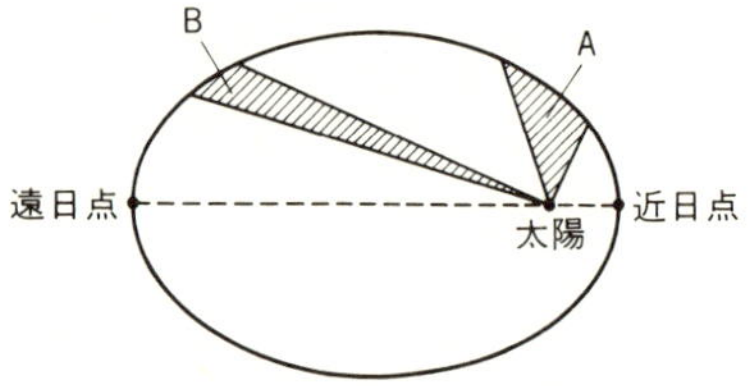

図 4-1 面積速度は一定である.

ニュートンは運動の法則と万有引力の法則を考え，まず地上の落体の運動と地球をめぐる月の運動の関係を明らかにし，ついでケプラーの法則のすべてを導き出すのに成功した．このように地上の運動と宇宙の中の運動とを統一的に考えることができたので，力学のすばらしさは広く認められたのであった.

万有引力はすべての物体がたがいに引き合う力で，磁石や静電気の間の力に比べると非常に弱いものであるが，一方が太陽や地球のように大きい質量の場合は顕著に現われる．そのため地球はすべての物体を地球の中心に向けて引きつける．この力が落体を加速させる重力である．地球表面の物体には地球の各部分による力を合わせた合力がはたらくわけであるが，この合力は地球の全質量が地球中心に集まったと仮定した場合に，この物体にはたらく力と同じになる．これは簡単な結果であるが，直接に合力を計算して証明するのは少しめんどうであるので，あとにのばし，一応これを仮定してニュートンとともにりんごを引く重力が月まで及んでいると考えてみよう．

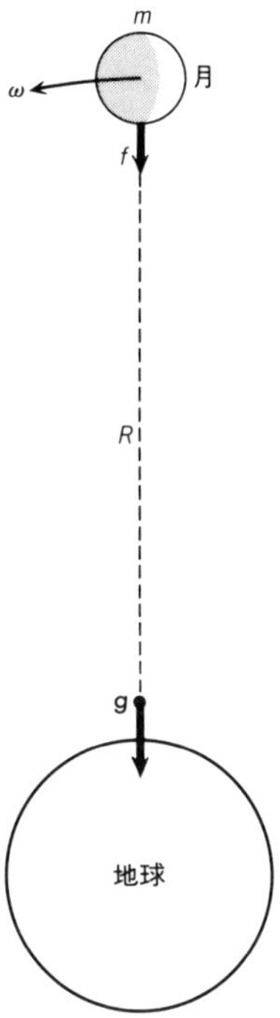

図 4-2　月にはたらく地球の引力.

地球の表面で 1 kg の質量にはたらく地球の引力は g N であるが，地球の中心から，月の中心までの距離は地球の半径の約 60 倍であるから，地球の引力が距離の 2 乗に反比例すると仮定し，月の質量を m kg とすれば地球が月を引く引力は

$$f = \frac{mg}{60^2}$$

となる．月はこの引力をうけて，地球上に落ちてこずに，一定の角速度 ω で地球のまわりをまわっている．したがって，月を軌道にとめている向心力がこの引力に等しくなければならない．R を地球の中心から月の中心までの距離とすると

$$f = mR\omega^2$$

したがって $\omega^2 = g/60^2R$ となり，月が地球を1周する時間は

$$T = \frac{2\pi}{\omega} = 2\pi\sqrt{\frac{60^2R}{g}} = 120\pi\sqrt{\frac{R}{g}} \tag{4.1}$$

となる．ここで月までの距離 $R = 3.84\times10^8$ m，$g = 9.8$ m/s^2 を代入すれば

$$\frac{2\pi}{\omega} = 2.36\times10^6\ \mathrm{s} = 27.3\ \text{日}$$

となり，地球をまわる月の公転周期の観測値 27.32 日とよく一致する（地球自身が太陽のまわりを円軌道をえがいて動くため，満月の周期は約2日長く 29.5 日となる）．

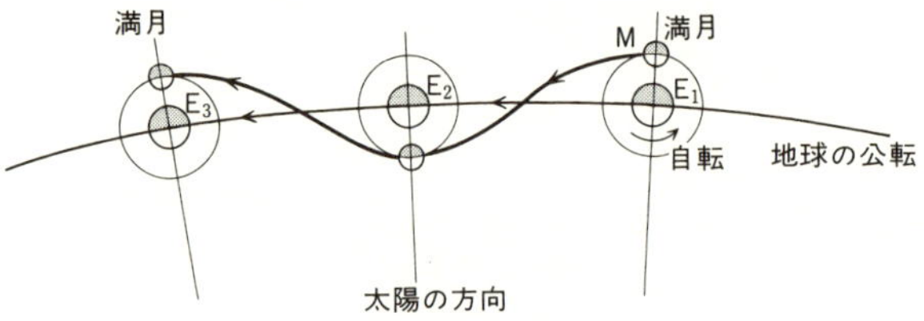

図 4-3　地球 E と月 M の運動（距離などの比は実際とちがう．太陽が月を引く力の方が地球の引力より大きいので，正しく描けば月の軌道は太陽に対して常に凹である）．

ニュートンをなやましたのは，はじめ月までの距離が正しく測定されていなかったことと，地球の引力は全質量がその中心に集まったと考えて計算してよいことの数学的証明だったといわれている．この2つが解決されて，ニュートンは運動の法則と万有引力の法則とに自信をもって惑星の運動の解明に進むことができた．

いまでは多数の人工衛星が地球をまわっている．人工衛星の多くは地表から 200 km ぐらいの高さであるから，地球の大きさに比べれば，これは地表すれすれにまわっているといってもよいくらいである．したがって月に比べればその軌道半径は約 1/60 であるから，ケプラーの第3法則によれば，このような人工衛星の公転周期を T とするとき $(T/27.3\ \text{日})^2 \cong (1/60)^3$ となるので，観測される公転周期が約 1.5 時間であることがこれからも理解できる．

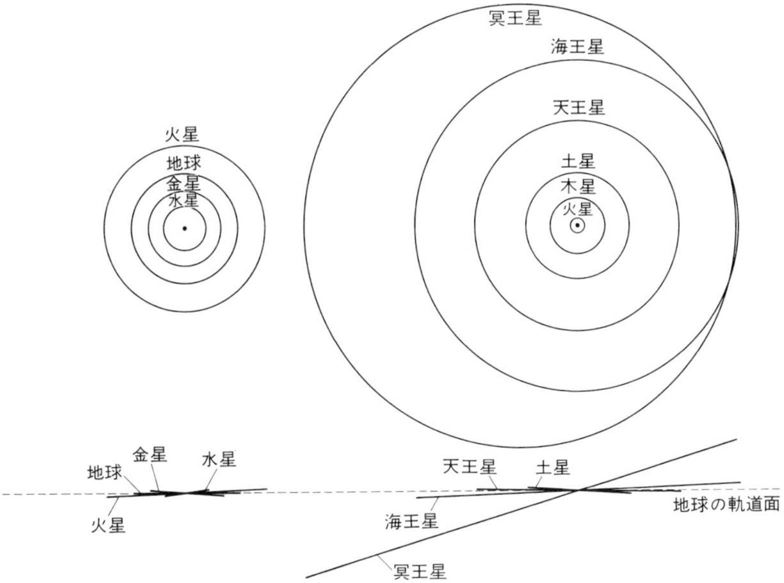

図 4-4　惑星の軌道の相対的な大きさと各惑星の軌道面の傾きを示す．

表 4-1　惑星の諸性質

† 冥王星は 2006 年以降，準惑星に分類されるようになった．

	水星	金星	地球	火星	木星	土星	天王星	海王星	冥王星†
軌道の長半径 (AU)* a	0.39	0.72	1.00	1.52	5.2	9.6	19.2	30.1	39.6
軌道の離心率 ε	0.206	0.007	0.017	0.093	0.049	0.055	0.046	0.009	0.252
公転周期 T(年)	0.24	0.62	1.00	1.9	11.9	29.5	84.0	164.8	248.0
赤道半径 (地球＝1)**	0.38	0.95	1.00	0.53	11.2	9.4	4.0	3.9	0.19
質量 (地球＝1)***	0.055	0.815	1.00	0.107	317.8	95.2	14.5	17.2	0.0020
平均密度 (g/cm^3)	5.4	5.2	5.51	3.9	1.33	0.69	1.27	1.64	1.8

*　AU=天文単位(地球を 1 とする単位)．地球の軌道の長半径は 1.496×10^8 km．

**　地球の赤道半径は 6378 km．

***　地球の質量は 5.972×10^{24} kg．

(付)　太陽の質量は 1.988×10^{30} kg，月の質量は 7.35×10^{22} kg$\left(地球質量の\dfrac{1}{81.3}\right)$，月の半径は 1737 km$\left(地球半径の\dfrac{1}{3.7}\right)$，月の軌道半径(地球からの平均距離)は 384399 km(地球赤道半径の約 60 倍)．

Coffee Break

コペルニクスとケプラー

恒星の規則正しく見える運動は何千年も昔から古代人の心をとらえたにちがいない．古代ギリシア人は地球は宇宙の中心で，天体は完全であるから地球のまわりを円軌道を描いて運行するとし，さらに惑星は地球を中心とする円の上を動く小さな円周上を運動すると考えた．このような地球中心の天動説は中世にも信じられたが，16 世紀はじめにコペルニクス(Nicolaus Copernicus)は太陽が中心で地球も惑星もそのまわりを回っていると考えた方が天体のみかけの運動を理解しやすいのに気づいた．この説は地動説として当時の社会に非常に大きな衝撃を与えた．思考の劇的な転換をコペルニクス転換というのはこのためである．しかしコペルニクスは円運動の組み合わせで惑星の運動を表わそうとしたので，やはり複雑な周転円を仮定しなければならなかった．彼は周囲の人の理解を得られず，牧師として淋しい晩年を送り，彼の著書も死の直前(1543)にようやく出版されたのであった．

中世の不安定な政治情勢のもとで王や諸侯は重大な政策決定をする際に占星術にたよるのが常で，彼らはそのために占星術師をかかえていた．デンマークの貴族で占星家であったティコ・ブラーエ(Tycho Brahe)は精密な観測に熱中し，肉眼で達し得る最高の惑星運行表をつくり上げた．しかし王室と衝突してデンマークを去り，占星術を非常に愛した神聖ローマ帝国のルドルフII世の占星術研究所(プラハ)へ移った．はじめ星占いで生活していたケプラー(Johannes Kepler)はティコの名声を聞いてティコの弟子になり，当時もっとも説明がむつかしく思われた火星の動きの問題にとり組んだ．やがてティコが残した莫大な観測データをもらって，惑星の運動をくわしく研究したのであるが，その際にケプラーが用いた幾何学は当時のものとしては全くすばらしいものであった．彼は地球の公転面と火星の公転面が交わった直線上に太陽があることを発見し，これから惑星に運動をさせるものが太陽であることを確信した．そして近日点と遠日点における地球の速さの関係を一般化して面積速度の原理を発見，ついで火星の軌道が楕円であることをくわしい計算の結果つきとめたのである．そしてさらに10年たった1618-1619年にいわゆるケプラーの第3法則を発見した．ケプラーによれば「もし正確な日付を必要とするならば1618年3月8日，その考えは私の脳中に浮かび上がったのである．しかしながらその計算をしたときに，私は幸運にめぐまれなかった．そしてそれを誤りとして却下してしまったのである．結局それは5月15日にふたたびやってきた．そして1つの新しいスタートによって私の精神の暗黒を克服してくれたのである．その際，ティコの行なった観測についての私の17年間の研究と私の考察との間に非常にすぐれた一致があらわれたので，私は最初に，自分が夢を見ている，と信じたのであった．」

問　題

1. 表4-1は惑星の軌道，公転周期などのデータを示す．これからケプラーの第3法則が成り立っていることを示せ．

2. 地球の引力は，地球の全質量がその中心に集まったと考えたときに衛星にはたらく力と同じであるとして，高度200 km，500 kmの人工衛星の周期を求めよ．また周期が2時間，24時間(静止衛星)の高度を求めよ．

3. 高度の極めて低い人工衛星の軌道を円としてその速度(秒速)を求めよ．

4-2　円・楕円・放物線・双曲線

円錐を平面で切ると，図4-5のように切り方によって円・楕円・放物線・双曲線などの曲線が切り口に現われるので，これらは**円錐曲線**と呼ばれる．後に示すようにx, y座標で表わすとこれらはx, yの2次方程式になるので，2次曲線ともよばれる．

アポロニウス(Appollonius, 前262-前200 ?)は著作『円錐曲線論』のなかで，「2定点からの距離の和が一定の曲線は楕円であり，差が一定の曲線は双曲線で

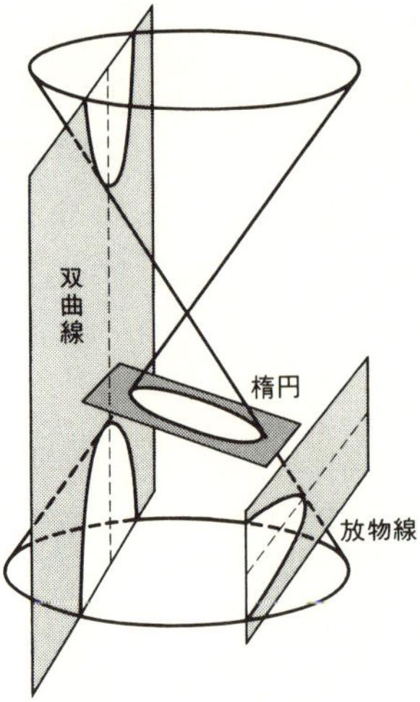

図 4-5　円錐と円錐曲線.

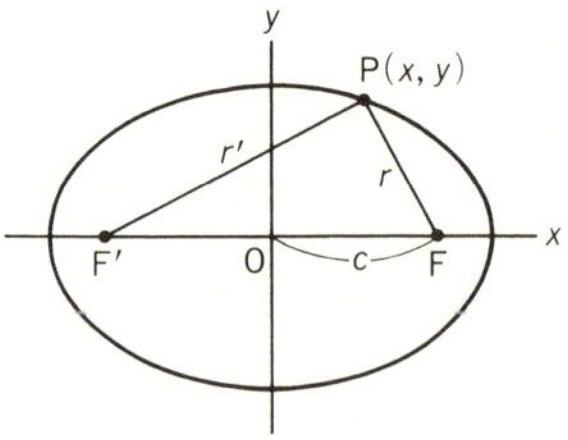

図 4-6　楕円.

ある」ことを導いている．この性質から出発して円錐曲線を表わす方程式を調べておこう．この 2 つの定点を**焦点**と呼ぶ.

この節では 2 つの焦点 F と F′ の中央に原点をとり，x 軸は F と F′ を結ぶ直線とする．原点から焦点までの距離を c とすれば，2 つの焦点から 1 点 P(x, y) にいたる距離はそれぞれ

$$r = \sqrt{(x-c)^2+y^2}, \qquad r' = \sqrt{(x+c)^2+y^2}$$

で与えられる.

楕円は $r+r'=$一定，あるいは条件

$$r+r' = 2a \tag{4.2}$$

で与えられる．楕円の形は定数 a によって定まる．焦点間の距離を $2c$ とすれば，当然

$$a > c > 0$$

である．上の条件式

$$\sqrt{(x-c)^2+y^2}+\sqrt{(x+c)^2+y^2} = 2a$$

の両辺を 2 乗して整理すれば

$$x^2+y^2-(2a^2-c^2) = -\sqrt{\{(x-c)^2+y^2\}\{(x+c)^2+y^2\}}$$

となり，さらに2乗すると

$$\{x^2+y^2-(2a^2-c^2)\}^2 = (x^2+y^2+c^2)^2-4c^2x^2$$

となるが，両辺で x^4, y^4 などが打ち消しあって，結局

$$(a^2-c^2)x^2+a^2y^2 = a^2(a^2-c^2)$$

を得る．これを書き直すと

$$\boxed{\frac{x^2}{a^2}+\frac{y^2}{b^2}=1} \tag{4.3}$$

となる．ただし

$$b^2 = a^2-c^2 \qquad (a\geqq b) \tag{4.4}$$

である．したがって楕円は x 軸上の点 $(a,0),(-a,0)$ を通り，y 軸上の点 $(0,b)$, $(0,-b)$ を通る図4-7のような曲線である．$a\geqq b$ なので a を**長軸半径**，b を**短軸半径**という．

また

$$\varepsilon = \frac{c}{a} = \frac{\sqrt{a^2-b^2}}{a} \qquad (1\geqq\varepsilon\geqq 0) \tag{4.5}$$

は焦点がどれくらい離れているかを表わすので，**離心率**とよばれている．

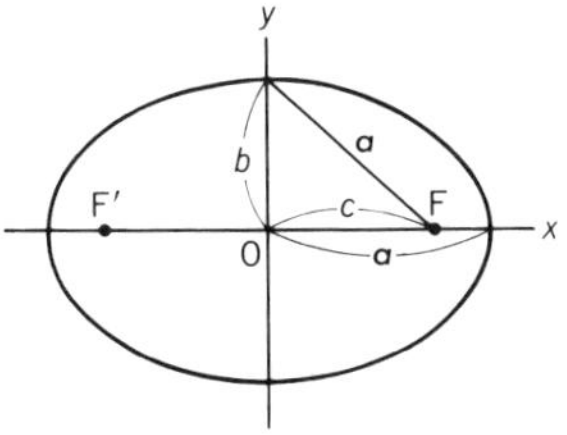

図4-7　楕円の離心率
$\varepsilon=c/a$.

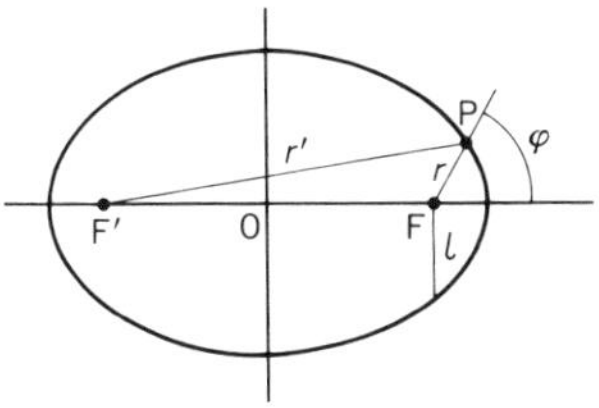

図4-8　楕円の極座標表示
$r=l/(1+\varepsilon\cos\varphi)$.

一方の焦点Fからの距離 r と，x 軸からの角 φ を用いた極座標 (r,φ) を用いると

$$r' = \sqrt{r^2+(2c)^2+4cr\cos\varphi}$$

である(図4.8)．楕円を与える式を $r'=2a-r$ と書いて上式左辺に代入し，両辺を2乗して整理すると，$b^2=a^2-c^2$ を用い

$$r(a+c\cos\varphi) = b^2$$

を得る．ここで

$$l = \frac{b^2}{a} \tag{4.6}$$

とおけば，楕円の方程式として

$$\boxed{r = \frac{l}{1+\varepsilon\cos\varphi}} \tag{4.7}$$

が得られる．$\varepsilon = c/a = \sqrt{a^2-b^2}/a$ なので，a と b を ε と l で表わせば

$$a = \frac{l}{1-\varepsilon^2}, \qquad b = \frac{l}{\sqrt{1-\varepsilon^2}} \tag{4.8}$$

となる．l を**半直弦**という(図 4-8 参照)．

楕円の方程式(4.3)は書き直すと

$$x^2 + \frac{a^2}{b^2}y^2 = a^2$$

となるので，$x=\xi$, $(a/b)y=\eta$ とおくと $\xi^2+\eta^2=a^2$ となる．これは ξ と η に関する円の方程式である．したがって，楕円は円を y 方向に b/a の割り合いで長さを変えたものと見ることができる．$b<a$ とすると y 方向に b/a の割りで縮めると円は楕円になるといってもよい(図 4-9 のように円の射影と考えることもできる)

半径 a の円と長半径 a の楕円との関係は図 4-10 のように表わされる．P は楕円上の点，Q はこれに相当する円周上の点であり，楕円は y 方向に b/a の割

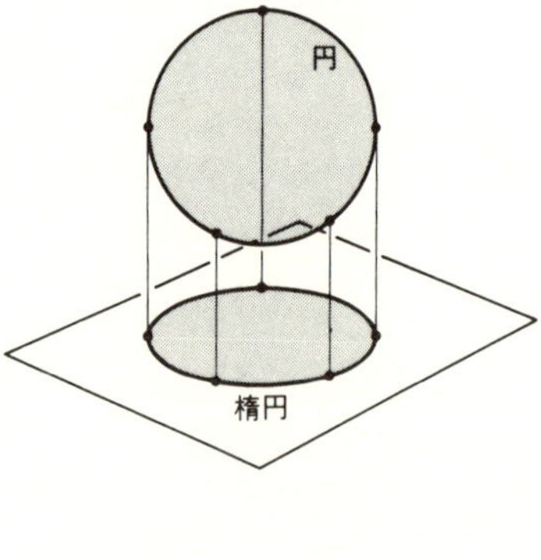

図 4-9　円の射影は楕円である．

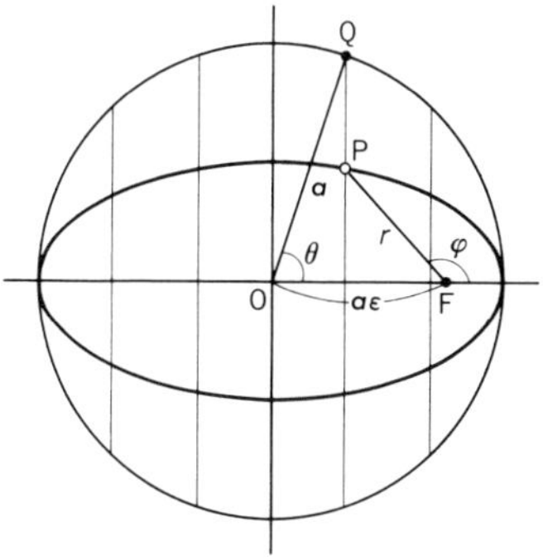

図 4-10　円を縮めると楕円になる．θ を媒介とする楕円の方程式は $r=a(1-\varepsilon\cos\theta)$ と表わされる．

り合いで円を縮めたものである．

$$\angle\mathrm{FOQ} = \theta \tag{4.9}$$

とおけば，P の座標は

$$\begin{aligned} x &= a\cos\theta \\ y &= a\sin\theta\times\frac{b}{a} = b\sin\theta \end{aligned} \tag{4.10}$$

ここで $\overline{\mathrm{OF}}=c=\sqrt{a^2-b^2}=a\varepsilon$ を考慮すれば

$$\begin{aligned} r^2 &= (c-x)^2+y^2 \\ &= a^2(1-2\varepsilon\cos\theta+\varepsilon^2\cos^2\theta) \end{aligned}$$

したがって楕円の方程式は θ を媒介として

$$\boxed{r = a(1-\varepsilon\cos\theta)} \tag{4.11}$$

と書くことができる．

また書き直すと

$$r = a-\varepsilon x \tag{4.12}$$

となる．座標系を平行移動して焦点 F を原点にとれば

$$r = r_0-\varepsilon x \qquad (r_0=a-\varepsilon c) \tag{4.13}$$

これも楕円を表わす方程式である．

双曲線は $r'-r=$一定，あるいは

$$r'-r = 2a \qquad (c>a) \tag{4.14}$$

で与えられる．楕円の場合と同様に計算すれば，双曲線の方程式として(図4-11参照)

$$\boxed{\frac{x^2}{a^2}-\frac{y^2}{b^2}=1} \tag{4.15}$$

あるいは(図4-12参照)OF$=c=\varepsilon a$，$l=b^2/a$として

$$\boxed{r=\frac{l}{1-\varepsilon\cos\varphi}} \tag{4.16}$$

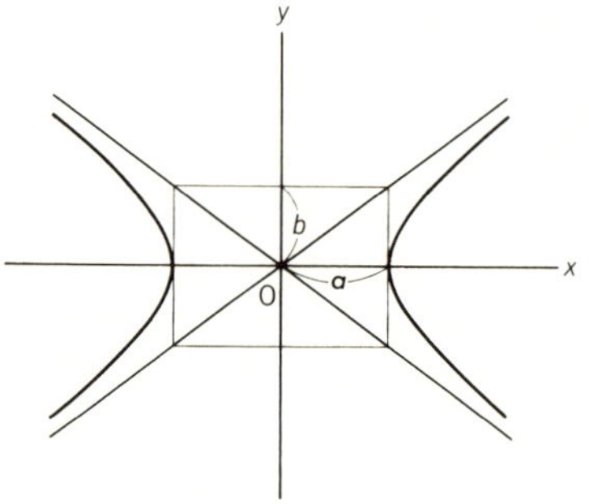

図4-11　双曲線．

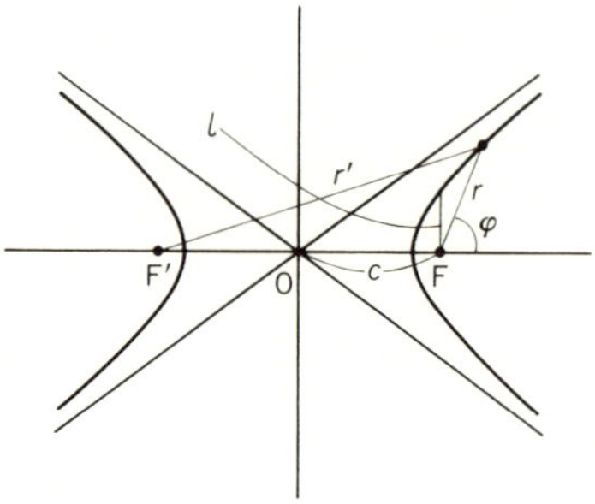

図4-12　双曲線の方程式 $r=l/(1-\varepsilon\cos\varphi)$．

放物線は楕円と双曲線のある極限の場合と見ることができる．図4-5で円錐を切る平面が円錐の接平面に平行な場合，その切り口が放物線なのである．平面の傾きがこれよりも小さければ切り口は楕円となり，傾きが大きければ双曲線となる．したがって放物線は楕円や双曲線のある極限であるということもできる．

このことを式で表わすために例えば楕円を考えよう．まず，原点を近日点$(a,0)$に移す(図4-13参照)と，楕円の方程式(4.3)は

$$\frac{(x+a)^2}{a^2}+\frac{y^2}{b^2}=1 \tag{4.17}$$

となる．書き直すと

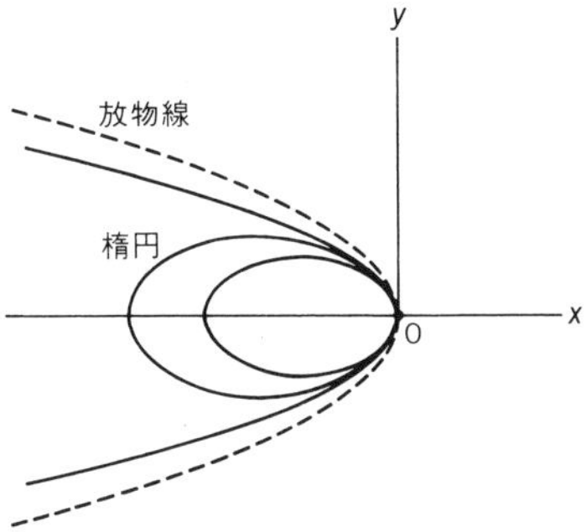

図 4-13 放物線は楕円の極限としてみることができる.

$$\frac{x^2}{a}+2x+\frac{a}{b^2}y^2=0 \tag{4.17'}$$

と書けるので，ここで $a/b^2=2/k$ とおき，これを有限に止めて a を(b も)無限に大きくすれば，上式の第2，第3項が残って

$$\boxed{y^2=-kx} \tag{4.18}$$

となる．つまり，楕円の長軸半径の先端(近日点)に着目しながら，楕円を無限に細長くすれば，楕円は放物線になる．同様に，双曲線の近日点に着目しながら，これを無限に細長くすれば，双曲線は放物線になる．ハレーすい星などの軌道は非常に細長い楕円軌道なので，太陽を通るときの様子はほとんど放物線に近い．

問　　題

1. 惑星は楕円軌道をえがくのに，地表で投げた物体が放物線をえがくのはなぜか.
2. 双曲線はある極限で放物線になることを確かめよ．円錐の切り方を考えて図形的に調べ，また双曲線の方程式を用いて調べよ.

4-3 中心力と平面極座標

太陽は，個々の惑星はもちろん，惑星全体に比べてもはるかに質量が大きいので，惑星の運動を考察するときに太陽は不動と考えてよい．惑星間の万有引

力による相互作用は太陽の引力にくらべるとはるかに小さいのでこれを無視すれば，惑星にはたらく力は太陽の引力だけである．この力のように，力が空間内の一定点へ向き，その点からの距離の関数であるとき，これを**中心力**といい，この定点を**力の中心**という．

1つの中心力だけを受けて運動する質点のえがく曲線(軌道)の特徴の1つは，それが力の中心を含む1つの平面内にあることである．例えば火星も地球もそれぞれ太陽を含む平面内で運動する．ケプラーは観測データを整理してこのことを発見し，これから太陽が力の中心であることを信じるようになって，間もなく惑星の運動の法則を発見したのであった．

中心力を受けて運動する質点の軌道が1平面内に限られることは次のように考えれば明らかになる．最初 $t=0$ で質点Pがある方向に速度 v をもっていたとしよう(図4-14参照)．すると極めて短い時間 Δt の間に質点がえがく軌道は線分 $\boldsymbol{v}\Delta t$ である．力の中心とこの線分によって1つの平面 S がつくられる．この間に質点の速度は $\boldsymbol{v}'=\boldsymbol{v}+(\boldsymbol{F}/m)\Delta t$ になるが，中心力 $\boldsymbol{F}$ は平面 S の上にあるから後の時刻 $t=\Delta t$ における速度 $\boldsymbol{v}'$ も同じ平面の上にあり，さらに Δt 経過

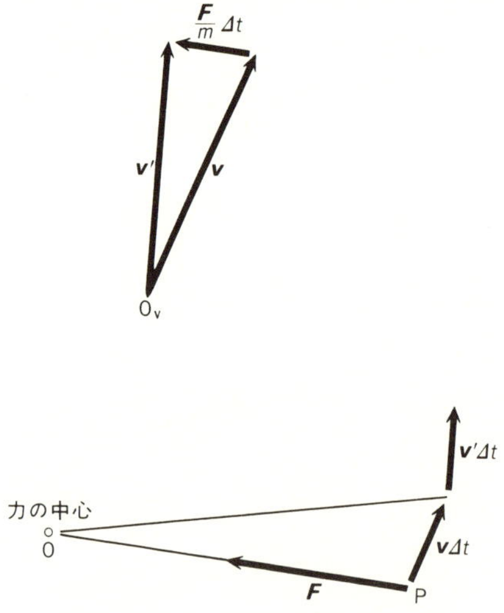

図4-14　中心力による運動.

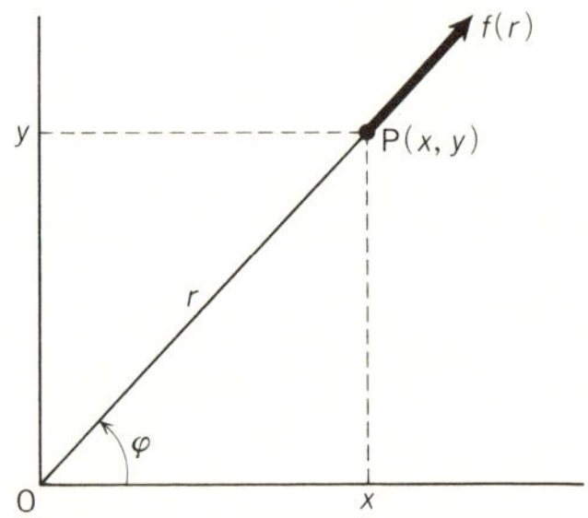

図4-15　中心力と極座標.

する間の軌道も同じ平面内にある．こうして速度は変化するが軌道は常に1つの平面内にあることがわかる．

さて，運動は1つの平面内にあるから，力の中心を原点とする座標軸(x, y)をとる．さらに2次元の極座標すなわち平面極座標(r, φ)を用いると(図4-15参照)

$$x = r\cos\varphi, \qquad y = r\sin\varphi \tag{4.19}$$

の関係がある．rの増す(φ＝一定)の方向を動径方向(r方向)といい，これに直角にφの増す向きを方位角方向(φ方向)という．速度$\boldsymbol{v}$のx, y成分v_x, v_yは，(4.19)の時間微分であり

$$\begin{aligned} \frac{dx}{dt} &= v_x = \dot{r}\cos\varphi - \dot{\varphi}r\sin\varphi \\ \frac{dy}{dt} &= v_y = \dot{r}\sin\varphi + \dot{\varphi}r\cos\varphi \end{aligned} \tag{4.20}$$

となる．ここで˙は時間微分を表わす($\dot{r}=dr/dt$, $\dot{\varphi}=d\varphi/dt$)．さらに加速度の$x, y$成分は

$$\begin{aligned} \frac{dv_x}{dt} &= \ddot{r}\cos\varphi - 2\dot{r}\dot{\varphi}\sin\varphi - r\dot{\varphi}^2\cos\varphi - r\ddot{\varphi}\sin\varphi \\ \frac{dv_y}{dt} &= \ddot{r}\sin\varphi + 2\dot{r}\dot{\varphi}\cos\varphi - r\dot{\varphi}^2\sin\varphi + r\ddot{\varphi}\cos\varphi \end{aligned} \tag{4.21}$$

となる($\ddot{r}=d^2r/dt^2$, $\ddot{\varphi}=d^2\varphi/dt^2$)．

他方で動径方向に働く中心力の大きさを$f(r)$とすると，そのx, y成分は

$$\begin{aligned} m\frac{dv_x}{dt} &= f_x = f(r)\cos\varphi \\ m\frac{dv_y}{dt} &= f_y = f(r)\sin\varphi \end{aligned} \tag{4.22}$$

である．したがって，この2つの式から

$$\begin{aligned} m\left(\frac{dv_x}{dt}\cos\varphi + \frac{dv_y}{dt}\sin\varphi\right) &= f(r) \\ m\left(\frac{dv_x}{dt}\sin\varphi - \frac{dv_y}{dt}\cos\varphi\right) &= 0 \end{aligned} \tag{4.23}$$

が得られる．これらの式の左辺を(4.21)によって書き直せば

$$m(\ddot{r}-r\dot{\varphi}^2) = f(r) \tag{4.24}$$

$$m(2\dot{r}\dot{\varphi}+r\ddot{\varphi}) = 0 \tag{4.25}$$

となる．第1式は動径方向の運動方程式であり，左辺第2項の $mr\dot{\varphi}^2$ は‘遠心力’を表わしている．第2式は方位角方向の運動方程式と考えられるが，これは m で割って r を掛ければ

$$\frac{d}{dt}(r^2\dot{\varphi}) = 0 \tag{4.26}$$

と書き直せる．これを時間について積分すれば

$$\boxed{r^2\dot{\varphi} = h(\text{一定})} \tag{4.27}$$

となり，$r^2\dot{\varphi}$ は時間によらない．図4-16で，ある時刻に質点がPにあるとし，dt だけ時間がたったときこれがP′にくるとしよう．力の中心OからP, P′へ引いた動径は $r, r+dr$ であり，これらの間の角 $d\varphi$ が小さいとき，PからOP′へ下ろした垂線の長さPP″は $rd\varphi$ と見てよい．したがってPOP′を三角形と見なすと

$$\text{面積 POP}' = \frac{1}{2}(r+dr)rd\varphi$$
$$= \frac{1}{2}r^2d\varphi+\frac{1}{2}rdrd\varphi$$

となるから dr と $d\varphi$ が十分小さいとき第2項は無視できて

$$\text{面積 POP}' = \frac{1}{2}r^2d\varphi \tag{4.28}$$

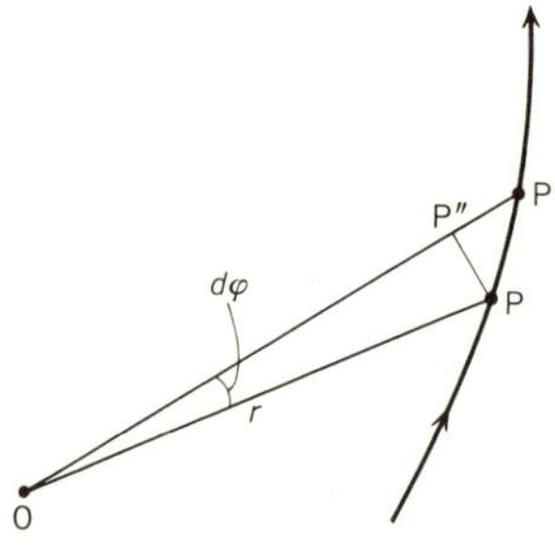

図4-16　面積速度$=r^2\dot{\varphi}/2$.

となる．これを質点がPからP′へ移る時間 dt で割れば

$$\frac{1}{2}r^2\frac{d\varphi}{dt} = \frac{1}{2}h \tag{4.29}$$

は動径OPが単位時間に掃過する面積であり，**面積速度**(areal velocity)とよばれる．これが一定であることは**面積の定理**とよばれる．すなわち

> 1つの質点が固定点から中心力の作用を受けて運動するとき，力の中心のまわりの面積速度は一定である．

これはケプラーの第2法則でもあるが，中心力の種類，軌道が楕円であるか，放物線あるいは双曲線であるかに関係なく成立し，中心力の著しい特徴の1つである．

r に関する運動方程式　(4.24)から r の時間変化を表わす式を得るため，これに(4.27)を代入すると

$$m\left(\ddot{r} - \frac{h^2}{r^3}\right) = f(r) \tag{4.30}$$

となる．これは動径 r に対する運動方程式であり，中心力 $f(r)$ が与えられれば，この微分方程式を解いて r を時間の関数として求めることができる．これは後に4-6節において扱うことにする．

(4.30)を書き直すと，r に関する運動方程式は

$$m\ddot{r} = f(r) + \frac{mh^2}{r^3} \tag{4.31}$$

となる．もしも軌道が半径 $r=r_0$ の円であれば，等速円運動の速さを v_0 とするとき(4.27)は

$$r_0v_0 = h \tag{4.32}$$

となるので，(4.31)の右辺第2項は

$$\frac{mh^2}{{r_0}^3} = \frac{m{v_0}^2}{r_0} \qquad (r=r_0) \tag{4.33}$$

となる．これはこの場合の遠心力である．これからもわかるように，r の変化に着目した(4.24)や(4.30)の左辺の第2項は遠心力の効果を表わすものである．

運動エネルギー　極座標(r, φ)を使って運動エネルギーを表わそう．速度vの2乗は$v^2 = {v_x}^2 + {v_y}^2$であるから，運動エネルギーKは

$$K = \frac{1}{2}mv^2 = \frac{1}{2}m({v_x}^2 + {v_y}^2) \tag{4.34}$$

である．(4.20)を用いて，この式の右辺を計算すれば，

$$K = \frac{1}{2}m(\dot{r}^2 + r^2\dot{\varphi}^2) \tag{4.35}$$

となる．

図4-16において，質点は微小時間dtの間にPからP′に変位している．このとき，質点はrを一定にしてφの増す方向(φ方向)へPP″$= rd\varphi$だけ変位し，φを一定にしてrの増す方向(r方向)へP″P′$= dr$だけ変位している．したがって，質点はφ方向の速度$rd\varphi/dt$をもち，r方向の速度dr/dtをもつ．そこで，φ方向の速度成分をv_φと書き，r方向の速度成分をv_rと書けば，図4-17に示したように

$$v_\varphi = r\frac{d\varphi}{dt} = r\dot{\varphi}, \qquad v_r = \frac{dr}{dt} = \dot{r} \tag{4.36}$$

となる．

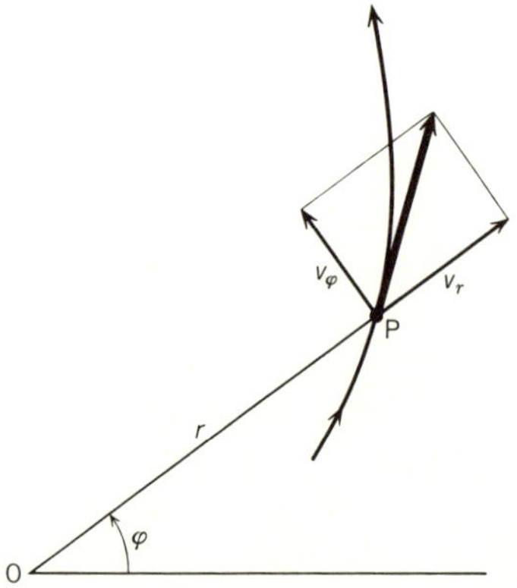

図4-17　極座標による速度成分．

したがって，運動エネルギー(4.35)の右辺第1項はr方向の運動，第2項はφ方向の運動による運動エネルギーであり，

$$K = \frac{1}{2}m({v_r}^2+{v_\varphi}^2) \tag{4.37}$$

と書ける.

中心力の位置エネルギー　中心力 $f(r)$ がある関数 $U(r)$ から

$$f(r) = -\frac{dU(r)}{dr} \tag{4.38}$$

によって導かれるとき，$U(r)$ をこの中心力の**ポテンシャル**，あるいは**位置エネルギー**という.

問　　題

1.　力の中心を原点とする2次元の極座標を (r, φ) とすれば，質点にはたらく中心力の x, y 成分は

$$f_x = f(r)\cos\varphi, \qquad f_y = f(r)\sin\varphi$$

と書けることを示せ．また，質点の位置ベクトルを $\boldsymbol{r}=(x, y)$ とするとき，中心力は

$$\boldsymbol{f} = f(r)\frac{\boldsymbol{r}}{r}$$

と書くことができ，運動方程式(4.22)はまとめて

$$m\frac{d^2\boldsymbol{r}}{dt^2} = f(r)\frac{\boldsymbol{r}}{r}$$

となることを示せ.

4-4　ケプラーの法則から太陽の引力を導くこと

まず，ケプラーの第1法則によれば，惑星の軌道は楕円である．楕円軌道を極座標で書き

$$\frac{l}{r} = 1+\varepsilon\cos\varphi \tag{4.39}$$

とする．これを時間で微分すると

$$l\frac{\dot{r}}{r^2} = \varepsilon\sin\varphi\cdot\dot{\varphi}$$

第2法則により面積速度は $r^2\dot{\varphi}/2=h/2=$一定 であることを用いて書き直せば

$$\dot{r} = \frac{h}{l}\varepsilon\sin\varphi$$

さらに微分すれば

$$\ddot{r} = \frac{h}{l}\varepsilon\cos\varphi\cdot\dot{\varphi} = \frac{h^2}{l}\frac{\varepsilon\cos\varphi}{r^2}$$

ここで $1+\varepsilon\cos\varphi=l/r$ を用いれば

$$\ddot{r} = \frac{h^2}{r^3}-\frac{h^2}{lr^2} \tag{4.40}$$

これを運動方程式(4.30)に代入すれば

$$f(r) = -\frac{mh^2}{lr^2} \tag{4.41}$$

となる．したがって，ケプラーの第1法則(楕円軌道)と第2法則(面積速度一定)にしたがう惑星は，(4.41)により太陽からの距離 r の2乗に反比例する引力を受けていることがわかる．

しかし，(4.41)の右辺の比例定数 mh^2/l において，惑星の質量 m，面積速度 $h/2$，軌道の形(4.39)に関係する定数 l はすべて惑星ごとにちがう．ゆえに(4.41)では太陽が惑星に及ぼす引力は，惑星によってちがうように見える．太陽の引力が普遍的な力であることは，つぎに示すように，ケプラーの第3法則によって明らかにされるのである．

ケプラーの第3法則は，すべての惑星の周期と軌道の長軸半径 a の間に成り立つ普遍的な関係である．周期 T は，楕円軌道が囲む面積 A を面積速度 $h/2$ で割れば得られる．楕円の長軸半径 a，短軸半径 b を用いれば，楕円の面積は $A=\pi ab$ である．したがって，惑星の周期 T は，

$$T = \frac{A}{h/2} = \frac{2\pi ab}{h} \tag{4.42}$$

となる．第3法則によれば，周期 T の2乗は軌道半径 a の3乗に比例する．すなわち

$$\frac{T^2}{a^3} = c\,(\text{一定}) \tag{4.43}$$

は，惑星のすべてに共通な定数である．

そこで(4.8)を用いて a, b を書き直すと

$$ab = \frac{l^2}{(1-\varepsilon^2)^{3/2}} \tag{4.44}$$

となるから,

$$T = \frac{2\pi l^2}{(1-\varepsilon^2)^{3/2}h} \tag{4.45}$$

となる. ゆえに(4.43)は

$$\frac{4\pi^2 l^4}{(1-\varepsilon^2)^3 h^2} = ca^3$$

となるが, (4.8)により $a=l/(1-\varepsilon^2)$ なので

$$4\pi^2 \frac{l}{h^2} = c \tag{4.46}$$

となる. したがって, (4.41)の係数 h^2/l は惑星によらない定数 $4\pi^2/c$ であることがわかる.

こうして, 惑星が太陽から受ける力(4.41)は

$$f(r) = -\frac{4\pi^2 m}{cr^2} \tag{4.47}$$

となり, これは惑星の軌道の大きさや面積速度などによらず, 惑星の質量 m に比例し, 太陽からの距離 r の 2 乗に反比例する力である.

太陽が惑星を引けば, 作用・反作用の法則により, 惑星も太陽を引く. そして, この力が惑星の質量に比例するということは, これが質量による力であることを意味する. したがって, この力は惑星の質量だけでなく, 太陽の質量にも比例していると考えられる. G を比例定数, M を太陽の質量とすれば, 太陽と惑星が引き合う力は,

$$f(r) = -G\frac{mM}{r^2} \tag{4.48}$$

となる.

ニュートンは, 質量に原因するこのような引力が, すべての物体の間にはたらいていると考えた. これを**万有引力**(universal gravitation)といい, (4.48)によって表わされる法則を**万有引力の法則**という.

万有引力の法則　これは次のように述べられる．

すべての物体の間には質量による引力が働いている．2 個の質点の間の引力の大きさはそれらの質量の積に比例し，距離の 2 乗に反比例し，これらの質点を結ぶ方向にはたらく(図 4–18 参照)．

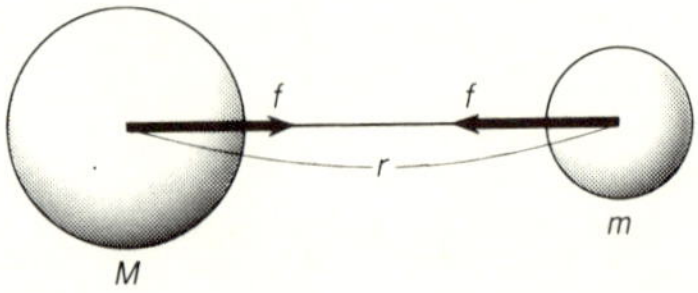

図 4–18　万有引力．

質量 m, M の質点の間にはたらく万有引力を f とし，これらの質点間の距離を r とすれば(図 4–18 参照)

$$\boxed{f(r) = -G\frac{mM}{r^2}} \tag{4.49}$$

である．ここで比例定数 G は万有引力の定数(gravitational constant)とよばれ，実験によって直接求められている．その値は

$$G = 6.672\times10^{-11}\ \mathrm{N\cdot m^2/kg^2}$$

である．

ここで

$$U(r) = -G\frac{mM}{r} \tag{4.50}$$

とすれば，万有引力は $f(r) = -dU/dr$ で与えられる．したがって(4.38)により，(4.50)は万有引力のポテンシャルである．単位質量に対する値 $-GM/r$ をポテンシャルと呼ぶこともある．

万有引力の法則(4.49)は，質点間にはたらく力について述べているので，大きさをもつ 2 つの物体の間にはたらく万有引力を求めるには，物体を質点と考えられるような小さな部分に分けて，2 物体相互の間の万有引力の合力を求めるか，相互間のポテンシャルの総和を求めなければならない．密度が一様，あるいは球の中心からの距離の関数であるような球形の物体どうしの万有引力は，各球の質量がそれぞれの球の中心に集まったと考えて計算すればよいことがわかっている(4-7 節参照).

ふつうの物体では万有引力は非常に小さい. 例えば, 一様な密度をもつ 1 kg の球形の物体 2 個が中心間距離で 10 cm 離れているとき, これらの間にはたらいている万有引力の大きさを f とすると, (4.49) に $m=M=1$ kg, $r=0.1$ m を代入して

$$f=\frac{6.672\times10^{-11}}{(0.1)^2}\,\mathrm{N}=6.672\times10^{-9}\,\mathrm{N}$$

万有引力はふつうの物体間ではこのように小さくて, 測定が大変むつかしいくらいである. m, M のどちらかが, 地球のように大きければ, 万有引力は重力程度になるわけである. しかし, 微小な重力のちがいを測定して地下の様子をくわしく知る技術も進歩している.

問　題

1.　地球をまわる月の公転周期は 27.3 日である. 地球から月までの距離 r と地球の半径 R_{E} との比 $r/R_{\mathrm{E}}=60$ を用いて地球の平均密度を推定せよ. ただし万有引力定数は $G=6.672\times10^{-11}\,\mathrm{N\cdot m^2/kg^2}$ である.

2.　前問のデータを用いて, 地球の半径を求めよ.

4-5　太陽の引力から惑星の運動を導くこと

太陽をまわる惑星の軌道とその周期を計算し, ケプラーの法則を証明しよう.

惑星の軌道面上で, 太陽を原点とする極座標をとり, 惑星の位置を (r, φ) で表わす. 太陽の質量を M, 惑星の質量を m とすれば, 惑星にはたらく太陽の引力は原点に向かう中心力であって, その大きさは

$$f(r)=-G\frac{Mm}{r^2} \tag{4.51}$$

である. 惑星の運動方程式は (4.24) と (4.27) により

$$\ddot{r}-r\dot{\varphi}^2=-G\frac{M}{r^2} \tag{4.52}$$

$$r^2\dot{\varphi}=h \qquad (\text{面積速度一定}) \tag{4.53}$$

と書ける．(4.53)はすでに述べたようにケプラーの第2法則である．

上の2式から惑星の運動を求める筋道は次のように考えればよい．もしも，(4.52)と(4.53)を積分すれば，r と φ は時間の関数

$$r=r(t), \qquad \varphi=\varphi(t) \tag{4.54}$$

として求められるはずであり，さらにこれらから時間 t を消去すれば軌道が

$$r=r(\varphi)$$

の形で得られるわけである．しかし軌道を知るにはしばしば次のような方法がとられる．

軌道 軌道だけを求めようとするときは，次のようにすればよい．まず，r は φ を通して時間の関数であると考えて，例えば

$$\frac{dr}{dt}=\frac{dr}{d\varphi}\dot{\varphi}=\frac{h}{r^2}\frac{dr}{d\varphi}$$

$$=-h\frac{du}{d\varphi} \tag{4.55}$$

と書きなおす．ただし，ここで

$$u=\frac{1}{r} \tag{4.56}$$

とおいた．さらに時間で微分すると

$$\frac{d^2r}{dt^2}=-h\frac{d^2u}{d\varphi^2}\dot{\varphi}=-\frac{h^2}{r^2}\frac{d^2u}{d\varphi^2} \tag{4.57}$$

となるから運動方程式(4.52)は

$$-\frac{h^2}{r^2}\frac{d^2u}{d\varphi^2}-\frac{h^2}{r^3}=-G\frac{M}{r^2}$$

あるいは

$$\boxed{\frac{d^2u}{d\varphi^2}+u=\frac{GM}{h^2}} \tag{4.58}$$

となる．

$u=u(\varphi)$ に対する微分方程式(4.58)は右辺が0ならば，一般解 $u=A\cos$

$(\varphi-\varphi_0)$ をもつ(A と φ_0 は定数). また $u=GM/h^2$(定数)とおくと(4.58)は満足される. このことからもわかるように, (4.58)の一般解は

$$u = A\cos(\varphi-\varphi_0)+\frac{GM}{h^2} \qquad (A \geqq 0) \tag{4.59}$$

となる. (4.58)は非斉次線形微分方程式であり, その一般解は斉次方程式(右辺を0とおいた式)の一般解 $A\cos(\varphi-\varphi_0)$ と非斉次方程式の特解(例えば GM/h^2)の和で与えられるのである.

$u=1/r$ であるから, (4.59)は

$$r = \frac{1}{GM/h^2+A\cos(\varphi-\varphi_0)} \tag{4.60}$$

となる. ここで

$$l = \frac{h^2}{GM}, \qquad \varepsilon = \frac{h^2}{GM}A \tag{4.61}$$

とおけば, 軌道の方程式は

$$\boxed{r = \frac{l}{1+\varepsilon\cos(\varphi-\varphi_0)}} \tag{4.62}$$

となる. これは原点を焦点とする楕円($\varepsilon<1$), 放物線($\varepsilon=1$), 双曲線($\varepsilon>1$)を極座標で表わした方程式である(4-2節参照). これらは円錐曲線(2次曲線)とよばれる. ε は離心率で, $\varepsilon=0$ のときは円である.

惑星の軌道は太陽を一方の焦点とする楕円であるというケプラーの第1法則は, これによって導かれた. なお(4.62)の定数 φ_0 は楕円軌道の長軸の方向を表わすので, この方向を $\varphi=0$ にとれば $\varphi_0=0$ となる. そこで楕円軌道は $\varphi_0=0$ として表わされる場合が多い.

周期 惑星が楕円軌道をえがくときは楕円の面積 πab を面積速度 $h/2$ で割れば周期 T が求められる. ここで

$$b = a\sqrt{1-\varepsilon^2} = \sqrt{al}, \qquad h = \sqrt{GMl} \tag{4.63}$$

の関係に注意すれば

$$T = \frac{\pi ab}{h/2} = 2\pi\sqrt{\frac{a^3}{GM}} \tag{4.64}$$

が得られる．したがって

$$T^2 \propto a^3 \tag{4.65}$$

であり，これはケプラーの第3法則を表わしている．

エネルギー積分　r に対する運動方程式は，(4.52)により

$$m\ddot{r} = mr\dot{\varphi}^2 - G\frac{mM}{r^2} \tag{4.66}$$

となる．すでに4-3節で知ったように，右辺第1項は遠心力である．$r^2\dot{\varphi}=h$ を上式に代入して $\dot{\varphi}$ を消去すれば

$$m\ddot{r} = \frac{mh^2}{r^3} - G\frac{mM}{r^2} \tag{4.67}$$

となる．この式は r だけに関する式である．そこで

$$\dot{r}\ddot{r} = \frac{1}{2}\frac{d}{dt}(\dot{r}^2)$$

であることに注意し，(4.67)の両辺に $\dot{r}$ を掛ければ，

$$\frac{m}{2}\frac{d}{dt}(\dot{r}^2) = \left(\frac{mh^2}{r^3} - G\frac{mM}{r^2}\right)\frac{dr}{dt}$$

したがって

$$\frac{m}{2}d(\dot{r}^2) = \left(\frac{mh^2}{r^3} - G\frac{mM}{r^2}\right)dr \tag{4.68}$$

を得る．これを積分して積分定数を E とおけば

$$\frac{m}{2}\dot{r}^2 = -\frac{mh^2}{2r^2} + G\frac{mM}{r} + E$$

あるいは

$$\frac{m}{2}\left(\dot{r}^2 + \frac{h^2}{r^2}\right) - G\frac{mM}{r} = E \tag{4.69}$$

となる．

ここで $r^2\dot{\varphi}=h$ を用いて $\dot{\varphi}$ を復活させれば，$h^2/r^2=(r\dot{\varphi})^2$ となる．したがって(4.69)の左辺第1項はすでに知った運動エネルギー((4.35)参照)

$$K = \frac{m}{2}(\dot{r}^2 + r^2\dot{\varphi}^2) \tag{4.70}$$

第2項も，すでに知った万有引力の位置エネルギー((4.50)参照)

$$U = -G\frac{mM}{r} \tag{4.71}$$

である．したがって(4.69)は

$$K+U = E \tag{4.72}$$

となる．これはエネルギー保存の法則であるから，(4.69)は万有引力に対するエネルギー保存の法則を表わしていることがわかる．

円軌道　特に円軌道の場合は $\dot{r}=\ddot{r}=0$ であり，その半径を $r=r_0$ とすると，(4.66)は $mr_0\dot{\varphi}^2=GmM/r_0{}^2$，したがって円運動の速度を v_0 とすると

$$v_0{}^2 = (r_0\dot{\varphi})^2 = G\frac{M}{r_0} \tag{4.73}$$

となり，運動エネルギーは

$$K = \frac{1}{2}mv_0{}^2 = \frac{1}{2}G\frac{mM}{r_0} \tag{4.74}$$

となる．これに対して位置エネルギーは

$$U = -G\frac{mM}{r_0} \tag{4.75}$$

であり，したがって全エネルギー $E=K+U$ は

$$E = -\frac{1}{2}G\frac{mM}{r_0} \tag{4.76}$$

となる．これは位置エネルギー U のちょうど半分にあたる．E が負になるのは万有引力のポテンシャルが負であるためである．

(4.74)からわかるように，円軌道の場合は，軌道半径 r_0 が小さいほど速度 v_0 は大きく，軌道半径が大きいほど速度は小さい．したがって，太陽系では太陽に近い水星，金星の速度は大きく，太陽から遠い土星や海王星などは比較的ゆっくり動いていることになる．

惑星の運動を表わす模型　太陽による万有引力のポテンシャル $U=-GmM/r$ を r の関数として見れば，r の小さなところで，急激に下がっているから，このポテンシャルは図 4-19 のような模型で表わすことができる．これは $U(r)$ の値を縦軸にとり，(r, φ) 面におけるポテンシャルの形を図示したもので，朝顔

の花，あるいは漏斗(じょうご)の形である．この中で小さな玉をころがせば，玉の運動から惑星の運動を想像することができるだろう．この類似はもちろん厳密ではないが，小さな玉の運動のさせ方によって円軌道や楕円軌道に似た運動が実現でき，条件によって惑星や人工衛星がいろいろの楕円軌道をえがくことを理解する助けになるであろう．

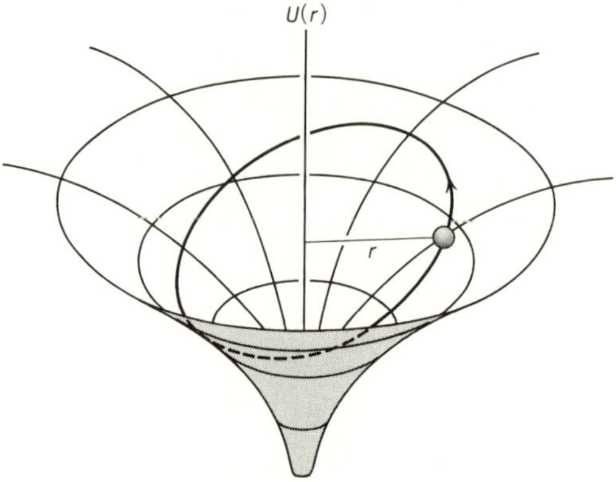

図 4-19　引力ポテンシャルによる運動の模型.

軌道の形とエネルギーと面積速度の関係　エネルギーが等しくても，円軌道も楕円軌道もありうる．同じエネルギーの運動でも面積速度がちがえば，異なる楕円軌道をえがくだろう．これを調べてみよう．

エネルギーと面積速度の関係は，軌道上の1点で調べればわかるはずであるから，考えやすい点として近日点について調べよう．近日点では $\dot{r}=0$ であるので，近日点の r を r_{m} とすれば，エネルギーの式(4.69)により

$$E = \frac{mh^2}{2{r_{\mathrm{m}}}^2} - G\frac{mM}{r_{\mathrm{m}}} = \frac{mh^2}{2r_{\mathrm{m}}}\left(\frac{1}{r_{\mathrm{m}}} - 2\frac{GM}{h^2}\right) \tag{4.77}$$

と書ける．軌道の式(4.62)によれば，r_{m} は軌道を定める係数である半直弦 l および離心率 ε と

$$r_{\mathrm{m}} = \frac{l}{1+\varepsilon} \tag{4.78}$$

で関係づけられる．そこで(4.61)，すなわち

$$\frac{GM}{h^2} = \frac{1}{l} \tag{4.79}$$

と(4.78)を(4.77)に代入すれば

$$E = \frac{mh^2}{2lr_{\mathrm{m}}}(\varepsilon-1) = \frac{mh^2}{2l^2}(\varepsilon^2-1)$$

$$= \frac{mG^2M^2}{2h^2}(\varepsilon^2-1)$$

を得る．ここで最後に(4.79)をふたたび用いた．

したがって軌道の形をきめる離心率 ε の 2 乗は

$$\varepsilon^2 = 1 + \frac{2h^2E}{mG^2M^2} \tag{4.80}$$

となり，面積速度 $h/2$ およびエネルギー E によって，離心率がきまることがわかる．

例題 1　面積速度一定の法則とエネルギー保存の法則とから，運動方程式(4.24)を導け．

［解］　中心力のポテンシャルを $U(r)$ とすれば，極座標を用いて，エネルギー保存の法則は

$$\frac{m}{2}v^2 + U = \frac{m}{2}(\dot{r}^2 + r^2\dot{\varphi}^2) + U(r) = E\,(一定)$$

となる．ここで面積速度 $r^2\dot{\varphi} = h =$ 一定 を用いて書き直せば

$$\frac{m}{2}\left(\dot{r}^2 + \frac{h^2}{r^2}\right) + U(r) = E\,(一定)$$

となる．これを時間で微分し $dU/dt = (dU/dr)\dot{r}$ に注意すれば

$$m\left(\dot{r}\ddot{r} - \frac{h^2}{r^3}\dot{r}\right) + \frac{dU}{dr}\dot{r} = 0$$

を得る．楕円運動では楕円の軸上の点を除き $\dot{r} \neq 0$ であるから

$$m\left(\ddot{r} - \frac{h^2}{r^3}\right) = -\frac{dU}{dr}$$

$$= f(r)$$

ここで左辺第 2 項は $-h^2/r^3 = -r\dot{\varphi}^2$ と書き直せる．▌

Coffee Break

人工衛星

ニュートンは主著『プリンキピア』とは別に『世界の体系について』という小冊子を書き残している．そのなかに，はじめての人工衛星の理論ともいえる次のような話がある．高い山から水平に物体を投げたとすると，投げる速さが速ければ速いほど遠くへ落下する．十分速く投げれば(空気の抵抗はないとしたとき)，物体は地上に落下することなく，地球を一周して再び山頂へ戻ってくるであろう．もしも山よりも高いところから水平に物体を投げれば月と同じように地球のまわりを回るにちがいない．

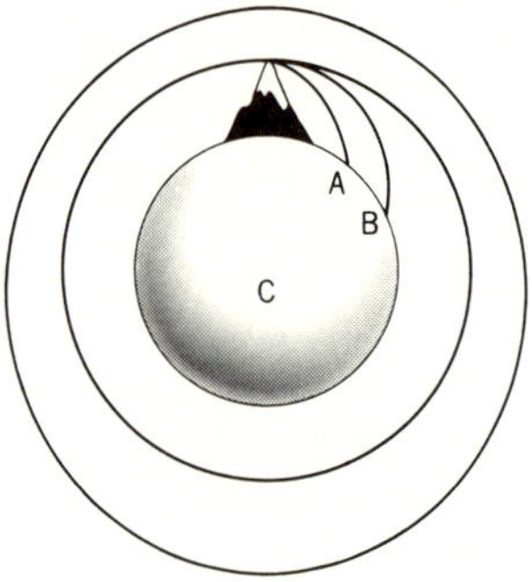

(a)

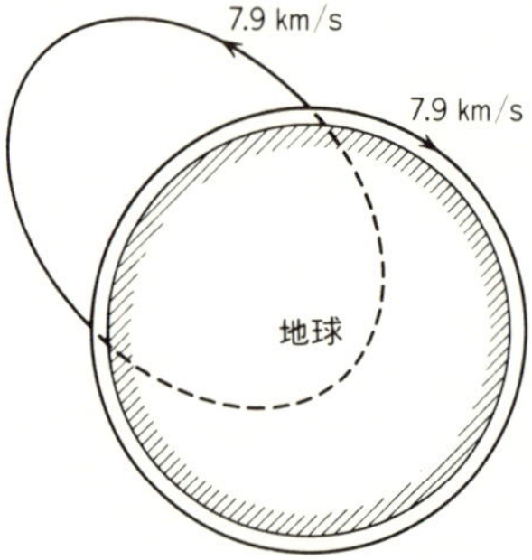

(b)

地球の引力は地球中心からの距離の2乗に反比例し，地表では単位質量につき g(重力加速度)である．人工衛星が地球を中心として半径 R の円軌道を描いているとし，その速度を v とすると，遠心力と重力の釣り合いから(R_0 は地球の半径)

$$\frac{v^2}{R} = \left(\frac{R_0}{R}\right)^2 g$$

したがって

$$v = \sqrt{\frac{{R_0}^2 g}{R}}$$

となり，周期 T は

$$T = \frac{2\pi R}{v} = 2\pi\sqrt{\frac{R^3}{R_0{}^2 g}}$$

となる．例えば $h=300$ km とすると，これは地球半径 $R_0=6.37\times10^3$ km に比べてはるかに小さいから，この高度の人工衛星はほとんど地表すれすれに回っていることになる．地表をすれすれに回る場合($h=0$)は，

$$v_0 = 約\,7.9\ \mathrm{km/s}, \qquad T_0 = 5066\ \mathrm{s} = 約\,1.4\,時間$$

となる．もしもこの速さで地表から 45° の方向にミサイルを打ち上げれば図(b)のような楕円軌道をえがいて大陸間を飛ぶだろう．

地表に対して静止する人工衛星を静止衛星という．これは赤道上空にあり，周期は1日である．人工衛星の周期は軌道半径の 3/2 乗に比例するから，静止衛星の軌道半径を R_1 とすると

$$\frac{R_1}{R_0} = \left(\frac{24\,時間}{1.4\,時間}\right)^{2/3} = 6.65$$

したがって静止衛星の地表からの高度は地球の半径の 5.65 倍である．

問　　題

1.　エネルギー保存を表わす式(4.69)で，左辺第1項中の $mh^2/2r^2$ は遠心力のポテンシャルと見なすことができる．その理由を述べよ．

4-6　惑星の位置の時間変化

太陽の引力を

$$f(r) = -\frac{mk}{r^2} \qquad (k=GM) \tag{4.81}$$

と書くと，動径 r に対するエネルギー積分(4.69)は

$$\frac{m}{2}\dot{r}^2 - \frac{mk}{r} + \frac{mh^2}{2r^2} = E \tag{4.82}$$

となる．ここで積分定数 E はエネルギーの意味をもつ．第1項は r 方向の運

動エネルギー，第2項は太陽の引力の位置エネルギーであり，第3項は遠心力の位置エネルギーと解釈できる(4-5節の問題参照).

上式の遠心力を含めた位置エネルギーの部分，すなわち

$$W(r) = -\frac{mk}{r} + \frac{mh^2}{2r^2} \tag{4.83}$$

は図4-20のように1つの谷をもつ．エネルギーの式は

$$\frac{1}{2}\dot{r}^2 = \frac{E-W(r)}{m} \tag{4.84}$$

であり，これを速度 $\dot{r}=dr/dt$ について解くと次式のようになる.

$$\frac{dr}{dt} = \pm\sqrt{\frac{2}{m}\{E-W(r)\}} \tag{4.85}$$

この式の右辺は $E-W(r)<0$ では虚数になってしまうから，実際に運動がおこなわれるのは $E-W(r)\geqq 0$ の領域だけである．そして図4-20からわかるように $E<0$ のときは $E-W(r)=0$ の2根 r_1 と r_2 の間で往復運動がおこなわれる．したがって楕円軌道は $E<0$ のときに実現され($E>0$ のときは双曲線運動となる)，r_1 と r_2 は楕円軌道の方程式(4.62)における r の極値である．ゆえに

$$\begin{aligned} r_1 &= \frac{l}{1+\varepsilon} = a(1-\varepsilon) \\ r_2 &= \frac{l}{1-\varepsilon} = a(1+\varepsilon) \end{aligned} \tag{4.86}$$

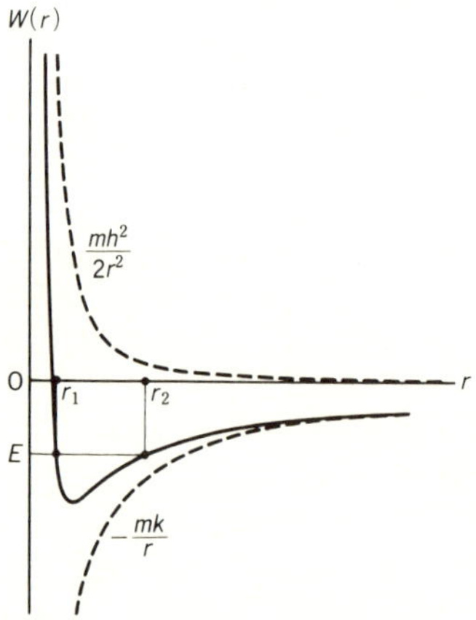

図4-20 遠心力を含めた位置エネルギー W は1つの谷をもつ.

である．(4.83)により

$$2\{E-W(r)\} = \frac{2Er^2+2mkr-mh^2}{r^2}$$

であるが，右辺の分子は r の2次式で r_1 と r_2 とで0になり，$E<0$ であるから

$$2Er^2+2mkr-mh^2 = (-2E)(r-r_1)(r_2-r) \tag{4.87}$$

の形に書くことができるはずである．したがって(4.85)は

$$dt = \frac{\pm 1}{\sqrt{-2E/m}}\frac{rdr}{\sqrt{(r-r_1)(r_2-r)}} \tag{4.88}$$

となる．ここで(4.11)で与えたように(図4-10参照)

$$r = a(1-\varepsilon\cos\theta) \tag{4.89}$$

とおき，(4.88)を書き直せば

$$\begin{aligned} dt &= \pm\frac{a^2}{\sqrt{-2E/m}}\frac{(1-\varepsilon\cos\theta)\varepsilon\sin\theta d\theta}{\sqrt{a\varepsilon(1-\cos\theta)a\varepsilon(1+\cos\theta)}} \\ &= \pm\frac{a}{\sqrt{-2E/m}}(1-\varepsilon\cos\theta)d\theta \end{aligned} \tag{4.90}$$

そこで $t=0$ で $\theta=0$(近日点)とすれば

$$t = \frac{a}{\sqrt{-2E/m}}(\theta-\varepsilon\sin\theta) \tag{4.91}$$

となる．周期 T は θ が0から 2π まで増す時間であるから，

$$T = \frac{2\pi a}{\sqrt{-2E/m}} \tag{4.92}$$

であり，平均の角速度は

$$\omega = \frac{2\pi}{T} = \frac{\sqrt{-2E/m}}{a} \tag{4.93}$$

となる．

したがって角 θ の時間変化は

$$\omega t = \theta-\varepsilon\sin\theta \tag{4.94}$$

で与えられることになる．これを**ケプラーの方程式**という．この式で，各時刻 t に対して θ がきまるわけであるが，θ を t の簡単な関数で表わすことはできない．しかし θ の各値に対して t がきまり，他方で(4.89)によって，動径 r もき

まるから，θ を通して r と t の関係を知ることができる．

問　題

1.　惑星の軌道の離心率 ε が十分小さいときは，軌道の動径 r の時間変化は，だいたい

$$r = a(1-\varepsilon\cos\omega t)$$

で与えられることを示せ．ただし ω は惑星の太陽をまわる平均の角速度である．

4-7　球形の物体によるポテンシャル

地球の密度は一様でない．中心部では大きくて約5.5であるのに対して，地表では比較的小さく約2.7であり，だいたい中心からの距離の関数である．このように密度が球対称(質量分布が球対称)な物体の全質量を M とし，その物体の外で，中心から距離 r のところに質量 m の質点をおいたとすると，これらの間に働く引力は

$$f = -G\frac{Mm}{r^2} \tag{4.95}$$

で与えられる．簡単にいうと球形の物体による万有引力は，その全質量が中心に集まったと仮想したときの万有引力に等しい．この証明を述べよう．

球形の物体の各部分による万有引力の合力として，この物体による引力を求める．

球(半径 R_0)の中心 O から R の距離の微小部分 Q を考え，その体積を dV とし，そこにおける密度は R の関数で，$\rho(R)$ であるとする．図4-21のように，物体の外で，中心から距離 r の点に質量 m の質点 P をおく．対称性により球による引力は全体として中心 O に向かうから，合力を求めるには PO 方向の成分だけを計算すればよい．微小体積 dV の質量は $\rho(R)dV$ であるから，これによる引力の PO 方向の成分は

$$G\frac{m\rho(R)dV}{s^2}\cos\alpha \tag{4.96}$$

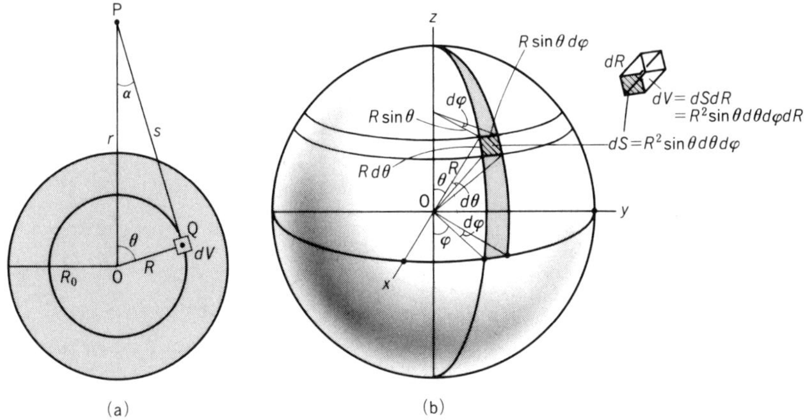

図 4-21　球の万有引力．(b)は体積素片．

である．ただし図のように $\overline{PQ}=s$，$\angle OPQ=\alpha$ とした．OP のまわりに Q をまわす角を φ とすれば，(R,θ,φ) は OP を軸とする極座標であって図 4-21(b)に示したように体積素片は

$$dV = R^2\sin\theta dRd\theta d\varphi \tag{4.97}$$

である．また図 4-21(a) から

$$\cos\alpha = \frac{r-R\cos\theta}{s} \tag{4.98}$$

球の半径を R_0 とすれば，R についての積分は 0 から R_0 までであり，θ については 0 から π まで，φ については 0 から 2π まで積分する．したがって球による引力の大きさは全体として

$$f(r) = -Gm\int_0^{R_0}dR\int_0^{\pi}d\theta\int_0^{2\pi}d\varphi\frac{r-R\cos\theta}{s^3}\rho(R)R^2\sin\theta \tag{4.99}$$

となる．引力なので右辺にマイナス記号をつけた．

ここで

$$U(r) = -Gm\int_0^{R_0}dR\int_0^{\pi}d\theta\int_0^{2\pi}d\varphi\frac{\rho(R)R^2\sin\theta}{s} \tag{4.100}$$

とおく．s と r の関係は

$$s^2 = R^2+r^2-2Rr\cos\theta \tag{4.101}$$

であるから，R, θ をとめて，r で微分するとき

$$s\frac{ds}{dr} = r - R\cos\theta$$

となる．ゆえに

$$\frac{d}{dr}\frac{1}{s} = -\frac{1}{s^2}\frac{ds}{dr} = -\frac{r-R\cos\theta}{s^3} \tag{4.102}$$

したがって(4.99)と(4.100)を比べれば

$$-\frac{dU(r)}{dr} = Gm\int_0^{2\pi}d\varphi\int_0^{\pi}d\theta\int_0^{R_0}dR\rho(R)R^2\sin\theta\frac{d}{dr}\frac{1}{s} = f(r) \tag{4.103}$$

を得る．ゆえに $U(r)$ はポテンシャルであり，これを求めればよいことになる．

(4.100)にもどって $U(r)$ を計算する．まず変数 φ については0から 2π まで積分する．(4.100)の右辺の積分の中の関数(被積分項)は φ を含まないので φ に関する積分は単に 2π を与える．次に R をとめておいて θ について積分しなければならないが，(4.100)の被積分項の分母に s があり，これは(4.101)により θ の関数であるため θ について積分しにくい．しかし θ から s へ変数変換して，θ の代わりに s に関する積分にするとよいことが次のようにしてわかる．θ と s の関係は(4.101)である．そこで，R, r をとめて(4.101)の両辺を微分すると

$$sds = Rr\sin\theta d\theta \tag{4.104}$$

となる．したがって(4.100)は

$$U(r) = -\frac{Gm}{r}\int_0^{R_0}2\pi\rho(R)RdR\int_{s_1}^{s_2}ds \tag{4.105}$$

となる．質点Pは球の外にあるとしているので，θ を積分領域である0から π まで変えると s は $\theta=0$ に相当する s の値 $s_1=r-R$ から $\theta=\pi$ に相当する s の値 $s_2=r+R$ まで変わる．これが s に対する領域である．ゆえに s に関する積分は

$$\int_{r-R}^{r+R}ds = 2R \tag{4.106}$$

を与える．また R についての積分は $R=0$ から球の半径 R_0 までなので

$$U(r) = -\frac{Gm}{r}4\pi\int_0^{R_0}\rho(R)R^2dR \tag{4.107}$$

となる．ここで全質量が

$$M = 4\pi\int_0^{R_0}\rho(R)R^2dR \tag{4.108}$$

であることを考慮すれば

$$U(r) = -G\frac{mM}{r} \tag{4.109}$$

したがって求める引力は

$$f(r) = -G\frac{mM}{r^2} \tag{4.110}$$

となる．したがって球の全質量がその中心に集まったと仮想したときの引力がはたらくことになる．

例題 1 質量分布が球対称な2個の球の間の万有引力は各球の全質量がそれぞれの中心に集まったと仮想したときの引力に等しいことを示せ．

［解］ 各球を微小部分に分けて，万有引力による位置エネルギーを計算する．一方の球1の微小部分を添字 a, b, c, … で表わし，他方の球2の微小部分を α, β, γ, … で表わそう(図 4-22)．$m_a, m_b, \cdots$ は a, b, … の質量，$m_\alpha, m_\beta, \cdots$ は α, β, … の質量とし，$r_{a\alpha}, r_{a\beta}, \cdots$ は a と α，a と β，… の距離であるとする．2つの球の間の引力による位置エネルギーは，微小部分間の位置エネルギーの和であるから

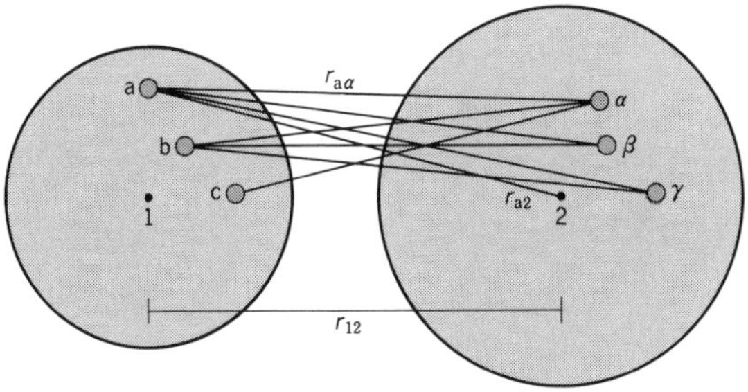

図 4-22 2個の球の間の引力．

地球から脱出するには

「上へ行くものは必ず落ちてくる」ということわざは真理ではない．十分大きな速度で発射すれば，ロケットは地球の引力を振り切って飛んでいくことができる．実際には空気の抵抗で燃えないようにするため，大気がほとんどなくなった上空で加速するのだが，そのとき，どのくらいの速さを与えれば地球の引力圏から脱出できるだろうか．

地球の引力のためのポテンシャルは，単位質量につき

$$U=-G\frac{M}{R} \qquad (M\text{ は地球の質量})$$

である．したがって単位質量を地表$(R=R_0)$から無限遠 $R=\infty$ まで移動させるに必要な仕事はGM/R_0であり，これを初速度v_0によって与えようとすれば $\frac{1}{2}v_0^2 \geqq \frac{GM}{R_0}$ でなければならない．地表における重力の加速度は $g=\frac{GM}{R_0^2}$ であるから $v_0 \geqq \sqrt{2gR_0}=11.2$ km/s となる．したがって地球の引力をふり切って月へ飛ぶためには少なくとも 11.2 km/s の速度で発射しなければならない．この速度はいわゆる地球の引力圏からの脱出速度である．

実は地球のまわりには太陽の引力の影響が広がっている．図はこの様子を示したものである．11 km/s ぐらいの速度では月までは行けても，火星まで行くことはできない．太陽の引力のため太陽へ向けて引かれるからである．太陽の引力にさからって火星まで飛ぶには，少なくとも地球の表面で 28 km/s の速度が必要である．

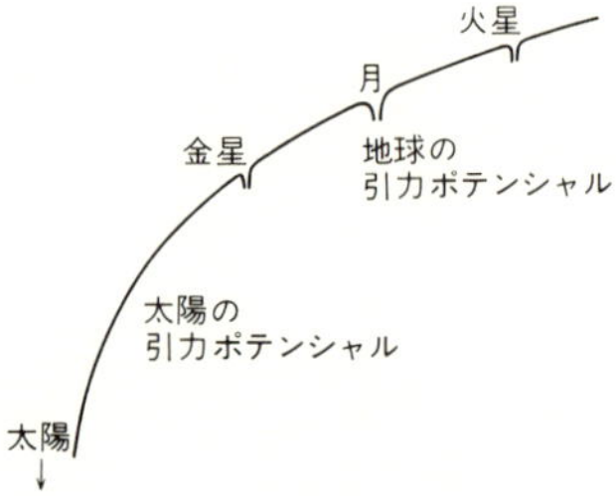

$$U = -Gm_{\rm a}\left(\frac{m_\alpha}{r_{{\rm a}\alpha}}+\frac{m_\beta}{r_{{\rm a}\beta}}+\cdots\right)-Gm_{\rm b}\left(\frac{m_\alpha}{r_{{\rm b}\alpha}}+\frac{m_\beta}{r_{{\rm b}\beta}}+\cdots\right)-\cdots$$

となる．ここで，右辺第1項は $m_{\rm a}$ と球2の全体との間の引力によるものであるから，球2の全質量がその中心に集まったと仮定したときの位置エネルギーである．そこで球2の全質量を M_2 とし，球2の中心から a までの距離を $r_{\rm a2}$ と書けば，第1項は

$$-Gm_{\rm a}\left(\frac{m_\alpha}{r_{{\rm a}\alpha}}+\frac{m_\beta}{r_{{\rm a}\beta}}+\cdots\right) = -G\frac{m_{\rm a}M_2}{r_{\rm a2}}$$

となる．同様に，球2の中心から b, c, … までの距離をそれぞれ $r_{\rm b2}, r_{\rm c2}, \cdots$ と書けば

$$U = -G\frac{m_{\rm a}M_2}{r_{\rm a2}}-G\frac{m_{\rm b}M_2}{r_{\rm b2}}-G\frac{m_{\rm c}M_2}{r_{\rm c2}}-\cdots$$
$$= -GM_2\left(\frac{m_{\rm a}}{r_{\rm a2}}+\frac{m_{\rm b}}{r_{\rm b2}}+\frac{m_{\rm c}}{r_{\rm c2}}+\cdots\right)$$

となる．これは球2の中心にその全質量が集まっているときに球1の各部分と引き合う力による位置エネルギーであるから，球1の全質量がその中心に集まったと仮想したときの位置エネルギーに等しい．したがって r_{12} を2つの球の中心間距離とし，球1の全質量を M_1 とすれば

$$U = -G\frac{M_1M_2}{r_{12}}$$

となる．したがって，2個間の万有引力による位置エネルギーは，各球の全質量がそれぞれの中心に集まったとしたときの位置エネルギーに等しい．これを r_{12} で微分して符号を変えたものが2球間の引力を与えるから，引力は，2球の全質量がそれぞれの中心に集まったと仮想したときの引力に等しい．

したがって，地球や月のように大きさの無視できないような物体間の引力でも，それぞれが球対称の質量分布をもつものならば，質点間の力と考えてよいことになる．▌

一様な球殻の内部 地球の内部などではたらく万有引力を考えるためには，質点よりも外の部分による影響も知る必要がある．一様な球殻(図 4-23)の単

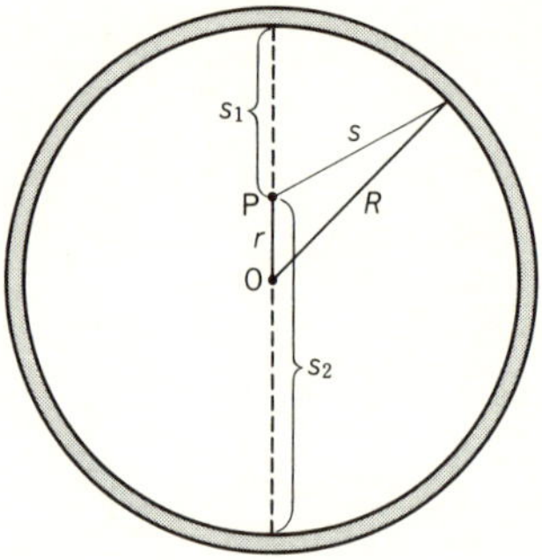

図 4-23　球殻のポテンシャル．

位面積の質量(面密度)を ρ とすれば，球殻によるポテンシャルは(4.100)を参照して(単位質量の質点について)

$$U(r) = -G\rho R^2 \iint \frac{\sin\theta d\theta d\varphi}{s} \tag{4.111}$$

であることがわかる．(4.104)を用いれば

$$U(r) = -G\frac{2\pi\rho R}{r}\int_{s_1}^{s_2} ds \tag{4.112}$$

を得る．球殻の中の点については $\theta=0$ に相当する s の値 $s_1=R-r$ から $\theta=\pi$ に相当する s の値 $s_2=R+r$ まで積分すればよい．したがって

$$U(r) = -G4\pi\rho R = \text{一定} \tag{4.113}$$

このように一様な球殻内部のポテンシャルは一定である．このため球殻内部の質点にはたらく力は

$$f = -\frac{dU}{dr} = 0 \tag{4.114}$$

である．すなわち，球殻内部では，球殻による万有引力はどこでも 0 であることがわかる．

この結果は，球殻の各部分による万有引力は打ち消し合うことを意味する．このことは次のように考えることができる．

質点 P の位置を通る直線を動かしてつくられる小さな錐面が球殻を切りとる 2 つの微小部分(図 4-24 参照)を A, B とする．微小部分 A, B の面積の比は P からの距離 PA と PB の 2 乗に比例する．ところが万有引力は距離の 2 乗に

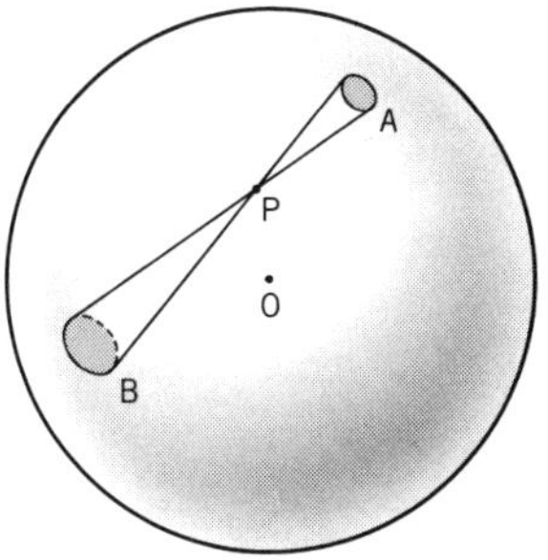

図 4-24 球殻の内部では，A と B の引力は打ち消し合う．

反比例するから，A と B による引力は大きさが等しく，方向は反対で，ちょうど打ち消してしまう．球殻の全表面は，A と B のように P をはさんで相対する部分に分けられるから，その万有引力は結局すべて打ち消し合って，0 になってしまうのである．

例題 2 地球の中心を通り，まっすぐ通り抜ける穴を掘ったと仮定する．地球の密度を一様であるとすれば，この穴の中へ落とした質点は単振動をすることを示せ．

［解］ 中心から x の点に質点があるとき(図 4-25 参照)，これより外の部分に半径 $r\,(r>x)$ の球殻を考える．すると，球殻による万有引力は打ち消し合って 0 であるから，x よりも外の部分は全体として引力を作用しないことがわかる．したがって質点は x より内部の質量による万有引力だけがはたらく．地球の密度(一様と仮定)を ρ とすれば x よりも内部の全質量は

$$M=\rho\frac{4\pi}{3}x^3 \tag{4.115}$$

である．このための引力は地球の中心に全質量が集まったと考えたときの引力と同じであるから，地球内部にある質点(質量 m)にはたらく万有引力は

$$f=-G\frac{mM}{x^2}=-G\rho\frac{4\pi}{3}mx \tag{4.116}$$

となり，中心からの距離 x に比例する．変位 x に比例する復元力を受ける質点は単振動をするから，この質点の運動は単振動である．▍

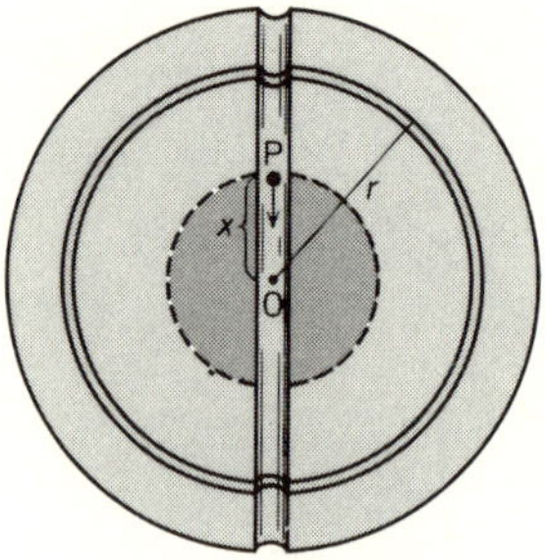

図 4-25 地球の中心を通る穴に質点を落とす.

問　題

1. 地球の半径を R_E とすると，地球の中心から r の距離にある質量 m の質点にはたらく地球の重力ポテンシャルは

$$V(r) = -\frac{mgR_E^2}{r} \qquad (r \geqq R_E)$$

と書けることを示せ．ただし g は地球表面における重力加速度である．

2. 空気の抵抗を無視したとき，地球表面で打ち上げられたロケットが地球の引力にもかかわらず無限遠まで行くことができる最小の速度(地球の引力圏からの脱出速度)は 11.2 km/s であることを数値的に確かめよ．

4-8 クーロン力による散乱

いままでは，中心力の具体的な例として万有引力を扱ってきた．中心力が引力でなく，反発力(斥力)だったらどのような運動が起こるだろうか．この場合には，引力の場合とちがって，向心力でなく常に力の中心から反発力を受けるので，力の中心のまわりを回る運動をすることはできない．

例えば，床に立つ円柱に向かってビー玉をぶつけると，ビー玉は円柱のためにはじき飛ばされる．これはビー玉が衝突するとき円柱が反発力を作用するからである．この場合のように，反発力のために衝突した物体が別の方向へ飛ばされる現象を**散乱**という．

プラスチックの球などは静電気を帯びて，たがいに反発することがある．静

電気には正と負の2種類があり，同種の電気を帯びたもの同士はたがいに反発し，異種の電気を帯びた2物体は引き合う．このような静電気の力を**静電力**という．

電気を帯びた小さな球同士の間の力は，それぞれの球の電気量の積に比例し，距離の2乗に反比例する．これを**クーロンの法則**といい，静電力は**クーロン力**とも呼ばれている．クーロン力は距離の2乗に反比例する点で万有引力に似ているが，同じ種類の電気の間には反発力がはたらく．

反発力が力の中心からの距離 r の2乗に反比例するときは，この力は

$$f(r) = \frac{C}{r^2} \qquad (C>0) \tag{4.117}$$

と書ける．C は比例定数で，反発力では力は r の増す方向にはたらくから C は正である．この力を与えるポテンシャルは

$$U(r) = \frac{C}{r} \tag{4.118}$$

である($f(r)=-dU/dr$)．これは r の小さなところで高くなるポテンシャルの山(図4-26)であり，これに向かってくる粒子を散乱すると思えばよい．

ラザフォード(Ernest Rutherford)は α(アルファ)線が原子によって散乱される現象を扱って原子核の存在をはじめて証明した(1911年)．α 線は正の電気を帯びた粒子(ヘリウムの原子核)で，金属内の原子によって散乱される．金属原子の原子核のもつ電荷も正電気であるから，α 線は反発力によって散乱されるわけである．金属原子は α 粒子に比べてはるかに質量が大きいので，この散乱中心は不動の点と考えてよい．これを**ラザフォード散乱**という．

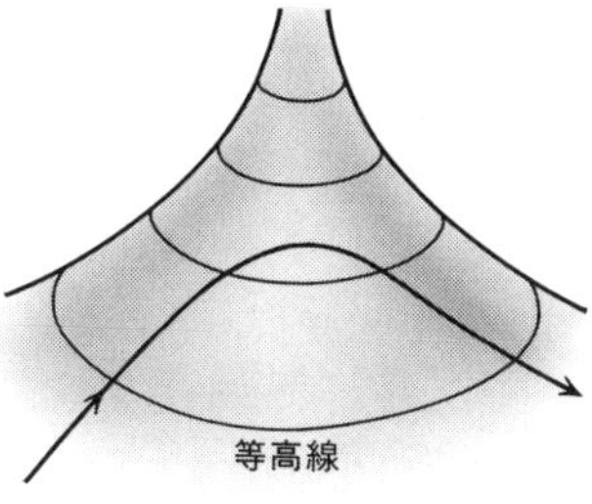

図4-26　反発力ポテンシャルの山による散乱．

α 粒子に限らず，一般に，質量 m の質点が不動の中心から距離 r の 2 乗に反比例する力を受けて運動する場合を考え，この力の係数を

$$C = mk \qquad (k>0) \tag{4.119}$$

としよう．k は比例定数で，反発力は r の増す向きにはたらくので，k は正である．

運動方程式は(4.52)と同じで，ただ $-GM$ を k でおきかえればよい．したがって面積の法則を

$$r^2\dot{\varphi} = h \tag{4.120}$$

と書くと，軌道を与える式は $u=1/r$ に対して((4.58)参照)

$$\frac{d^2u}{d\varphi^2}+u = -\frac{k}{h^2} \tag{4.121}$$

となる．この解は

$$u = A\cos(\varphi-\varphi_0)-\frac{k}{h^2} \tag{4.122}$$

で与えられるから，軌道は力の中心 F を焦点の 1 つとする双曲線

$$r = \frac{l}{\varepsilon\cos\varphi-1} \tag{4.123}$$

となる(図 4-27 参照)．ただしここで

$$l = \frac{h^2}{k} \tag{4.124}$$

である．またエネルギーを E とすると ε は(4.80)で GM を $-k$ でおきかえた式

$$\varepsilon^2 = 1+\frac{2h^2E}{mk^2} \tag{4.125}$$

で与えられる．反発力の場合は位置エネルギー mk/r は常に正であるから全エネルギー E は正であり $\varepsilon>1$ である．

図 4-27 においては図 4-12 とちがって左の焦点を F としている．ここに反発力の中心があるときの軌道は(4.123)で表わされ，

$$\cos\Phi = \frac{1}{\varepsilon} \tag{4.126}$$

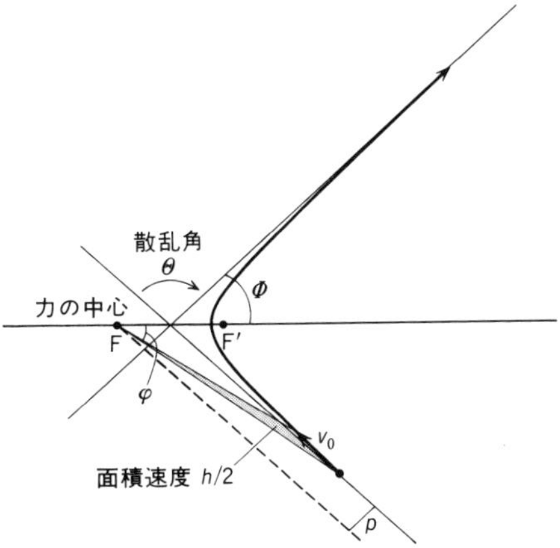

図 4-27　反発力(中心 F)による散乱.

を満足する角 $\varphi=\Phi$ が軌道の漸近線である. F を通って漸近線に平行な直線を引き, これと漸近線の間の距離を p とする. これを**衝突パラメタ**という.

十分遠方における速度を v_0 とすると, 遠方では $U=0$ であるから,

$$E = \frac{1}{2}mv_0^2 \tag{4.127}$$

である. 面積速度は遠方で考えればわかるように $pv_0/2$ であり, したがって

$$h = pv_0 \tag{4.128}$$

である. (4.126), (4.125) から

$$\begin{aligned}\tan\Phi &= \sqrt{\varepsilon^2-1} = \sqrt{2h^2E/mk^2} \\ &= \frac{v_0^2 p}{k}\end{aligned} \tag{4.129}$$

散乱角は

$$\Theta = \pi-2\Phi \tag{4.130}$$

ここで

$$\cot\frac{\Theta}{2} = \tan\Phi \tag{4.131}$$

に注意すれば, 散乱角 Θ と衝突パラメタの関係として

$$\cot\frac{\Theta}{2} = \frac{{v_0}^2 p}{k} \tag{4.132}$$

が得られる．

問　　題

1.　水平面上に直立する円柱によってビー玉が散乱されるとき，散乱角を Θ とすると，関係式

$$\cos\frac{\Theta}{2} = \frac{p}{R}$$

が成り立つことを示せ．ただし p は衝突パラメタ，R は円柱とビー玉の半径の和である．ただし円柱は動かないとし，衝突は完全弾性衝突であるとする．

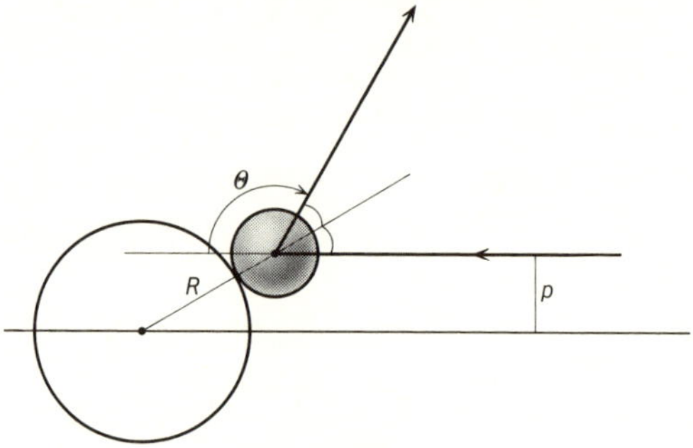

問題 1

5

角運動量

1つの点(例えば座標原点)に対する運動，いいかえれば1つの定点のまわりの運動という観点から運動を眺めると便利なことが多い．前章で扱った太陽のまわりの惑星の運動もその1つの例である．また後に扱うものであるが，固定軸のまわりの車輪のような物体の回転運動もまた1つの例である．惑星の運動は太陽が及ぼす中心力による運動であったが，もっと一般的な力が1つの質点に力を及ぼす場合の運動を考えよう．

5-1 角運動量と力のモーメント

簡単な運動から考えよう．まず平面(xy 面)上の運動を考えると，運動方程式は

$$m\frac{dv_x}{dt} = F_x, \qquad m\frac{dv_y}{dt} = F_y \tag{5.1}$$

である．この第2式に x を掛け，第1式に y を掛けて差をつくって，等式

$$x\frac{dv_y}{dt} - y\frac{dv_x}{dt} = \frac{d}{dt}(xv_y - yv_x) \tag{5.2}$$

に注意すると

$$\frac{d}{dt}\{m(xv_y - yv_x)\} = xF_y - yF_x \tag{5.3}$$

が得られる．

上式の左辺には，運動に関する量

$$\begin{aligned} L &= m(xv_y - yv_x) \\ &= xp_y - yp_x \end{aligned} \tag{5.4}$$

が現われている．ここで，$p_x = mv_x$, $p_y = mv_y$ は運動量の x, y 成分である．また右辺には力に関する量

$$N = xF_y - yF_x \tag{5.5}$$

が現われている．

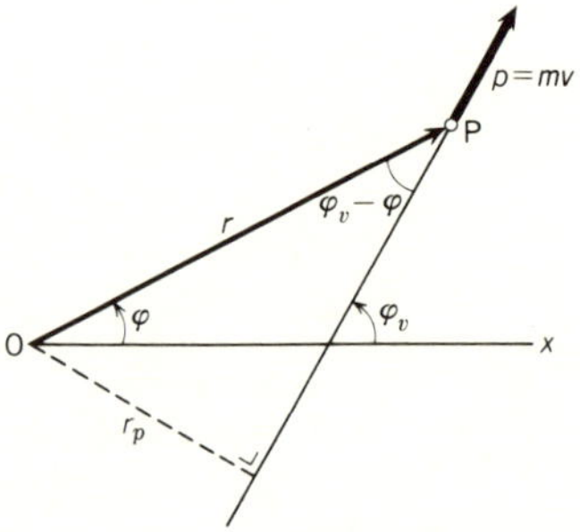

図 5-1 原点 O に関する角運動量は $L = r_p p$ である．

(5.3)の両辺に現われた量の意味は2次元の極座標(r, φ)を用いるとわかりやすくなる．極座標で

$$x = r\cos\varphi, \qquad y = r\sin\varphi \tag{5.6}$$

と書く．また，速度$\boldsymbol{v}$とx軸とがなす角をφ_vとすれば

$$v_x = \frac{dx}{dt} = v\cos\varphi_v, \qquad v_y = \frac{dy}{dt} = v\sin\varphi_v \tag{5.7}$$

であるから

$$\begin{aligned} xv_y - yv_x &= rv(\cos\varphi\sin\varphi_v - \sin\varphi\cos\varphi_v) \\ &= rv\sin(\varphi_v - \varphi) \end{aligned} \tag{5.8}$$

となる．ここで原点から質点の位置を通るベクトル$\boldsymbol{v}$におろした垂線の長さをr_pとすると

$$r_p = r\sin(\varphi_v - \varphi) \tag{5.9}$$

であり，したがって

$$xv_y - yv_x = r_p v \tag{5.10}$$

と書ける．この右辺は速度と，速度ベクトルへ原点Oからおろした垂線の長さとの積であるから，Oに関する速度のモーメントと呼んでもいい量である．さらに運動量$p = mv$を用いれば

$$L = m(xv_y - yv_x) = r_p p \tag{5.11}$$

となる．これは原点に関する運動量のモーメントであり，原点に関する質点の**角運動量**(angular momentum)と呼ばれる．

また，力$\boldsymbol{F}$がx軸となす角をφ_Fとすれば同様に

$$\begin{aligned} xF_y - yF_x &= rF(\cos\varphi\sin\varphi_F - \sin\varphi\cos\varphi_F) \\ &= rF\sin(\varphi_F - \varphi) \end{aligned} \tag{5.12}$$

となる．原点から力の作用線へおろした垂線の長さをr_Fとすれば

$$r_F = r\sin(\varphi_F - \varphi) \tag{5.13}$$

である．したがって

$$N = xF_y - yF_x = r_F F \tag{5.14}$$

これを原点に関する**力のモーメント**(moment of force)と呼ぶ．

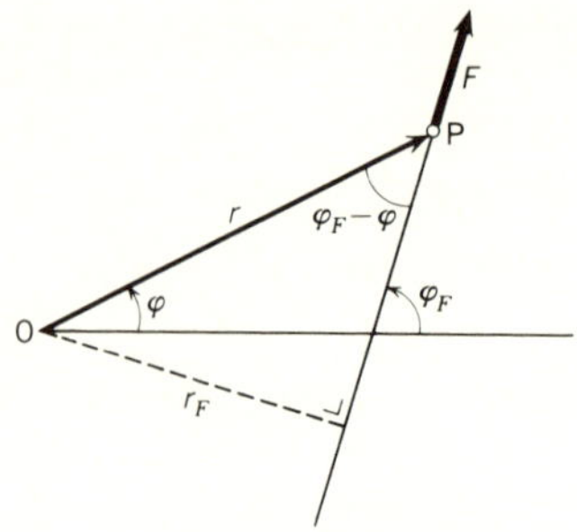

図 5-2　原点 O に関する力のモーメントは $N=r_F F$ である．

角運動量 L と力のモーメント N を用いれば，(5.3)は

$$\boxed{\frac{dL}{dt} = N} \tag{5.15}$$

と書かれる．すなわち，角運動量の時間的変化の割り合いは力のモーメントに等しい．

原点のとり方は任意であるから，上の法則は xy 面上の任意の点に関する角運動量と力のモーメントについて成り立つ．特に，外力のモーメントが 0 ならば角運動量 L は一定に保たれる(保存される)．

角運動量と面積速度の関係　極座標(5.6)を使えば，速度の x, y 成分はそれぞれ

$$\begin{aligned} v_x &= \frac{dx}{dt} = \dot{r}\cos\varphi - \dot{\varphi}r\sin\varphi \\ v_y &= \frac{dy}{dt} = \dot{r}\sin\varphi + \dot{\varphi}r\cos\varphi \end{aligned} \tag{5.16}$$

であるから，

$$xv_y - yv_x = r^2\dot{\varphi} \tag{5.17}$$

となる．この右辺は面積速度の 2 倍である．これを用いれば

$$L = mr^2\dot{\varphi} \tag{5.18}$$

である．すなわち，角運動量の大きさは，面積速度の 2 倍に質量を掛けたものに等しい．

質点にただ 1 つの中心力だけが作用しているときは，その力の中心を原点に

選ぶと，つねに $r_F=0$ である．したがって，力の中心に関する角運動量は一定に保たれ，これは面積速度が一定であることと同じことである．すなわち，中心力に対して成り立つ面積速度の法則(4.3節参照)は，この場合に成り立つ角運動量保存の法則と同じことである．

問　題

1.　質点に力が全く作用しないときは，任意の点に関する角運動量が保存されることを示せ．

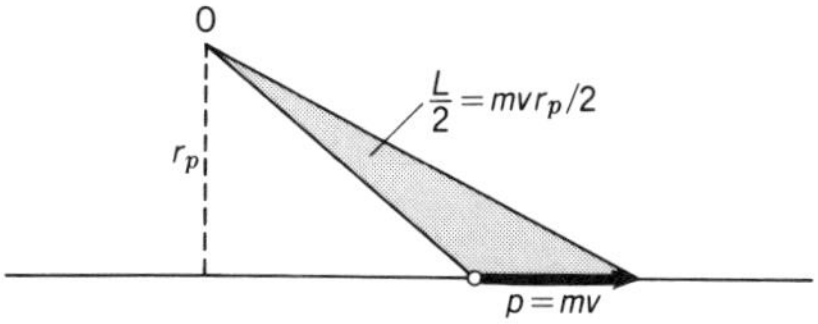

問題 1

5-2　角運動量ベクトル

質点の運動を3次元空間で考えると，運動方程式

$$m\frac{dv_x}{dt}=F_x,\quad m\frac{dv_y}{dt}=F_y,\quad m\frac{dv_z}{dt}=F_z \tag{5.19}$$

から，前節と全く同様にして

$$\begin{aligned}\frac{d}{dt}\{m(yv_z-zv_y)\}&=yF_z-zF_y\\ \frac{d}{dt}\{m(zv_x-xv_z)\}&=zF_x-xF_z\\ \frac{d}{dt}\{m(xv_y-yv_x)\}&=xF_y-yF_x\end{aligned} \tag{5.20}$$

が導かれる．そこで

$$\begin{aligned}L_x&=m(yv_z-zv_y)=yp_z-zp_y\\ L_y&=m(zv_x-xv_z)=zp_x-xp_z\\ L_z&=m(xv_y-yv_x)=xp_y-yp_x\end{aligned} \tag{5.21}$$

とおこう．ここで $p_x=mv_x$ などは運動量の成分を表わす．さらに

$$N_x = yF_z - zF_y$$
$$N_y = zF_x - xF_z \tag{5.22}$$
$$N_z = xF_y - yF_x$$

と書けば，(5.19)は

$$\frac{dL_x}{dt} = N_x, \qquad \frac{dL_y}{dt} = N_y, \qquad \frac{dL_z}{dt} = N_z \tag{5.23}$$

となる．そこで(L_x, L_y, L_z)および(N_x, N_y, N_z)をそれぞれベクトル$\boldsymbol{L}$と$\boldsymbol{N}$の3成分と考え，

$$\boldsymbol{L} = \begin{pmatrix} L_x \\ L_y \\ L_z \end{pmatrix}, \qquad \boldsymbol{N} = \begin{pmatrix} N_x \\ N_y \\ N_z \end{pmatrix} \tag{5.24}$$

とすると，(5.23)はまとめて

$$\boxed{\frac{d\boldsymbol{L}}{dt} = \boldsymbol{N}} \tag{5.25}$$

と書ける．$\boldsymbol{L}$を**角運動量ベクトル**，あるいは単に角運動量という．$\boldsymbol{N}$は力のモーメントを表わすベクトルである．

特に，外力のモーメントが0のときは，角運動量$\boldsymbol{L}$は保存される．これを**角運動量保存の法則**という．

例題1 ある点に関する角運動量$\boldsymbol{L}$の方向が不変な場合，質点の運動は1つの平面内でおこなわれることを示せ．

［解］ $\boldsymbol{L}$の方向をz軸方向としても差支えない．このように軸をとると

$$L_x = L_y = 0, \qquad L_z \neq 0$$

となるから，(5.21)により

$$yv_z - zv_y = 0, \qquad zv_x - xv_z = 0$$

この第1式にxを，第2式にyを掛けて加えれば

$$-xzv_y + yzv_x = -z(xv_y - yv_x) = 0$$

しかし，他方で

$$L_z = m(xv_y - yv_x) \neq 0$$

としているから，最後の2式が成り立つためには，$z=0$，すなわち質点はつねに平面 $z=0$ の上にある．▎

問　題

1. 上の例題1において $L_x=L_y=0$ ならば $v_z=0$ であることを示せ．

5-3 ベクトル積

角運動量の成分(5.21)と力のモーメントの成分(5.22)は全く同じ形をもっている．すなわち角運動量 $\boldsymbol{L}$ は位置ベクトル $\boldsymbol{r}=(x,y,z)$ と運動量 $\boldsymbol{p}=(p_x,p_y,p_z)$ の各成分により組み立てられ，力のモーメント $\boldsymbol{N}$ は位置ベクトル $\boldsymbol{r}$ と力 $\boldsymbol{F}=(F_x,F_y,F_z)$ の各成分から全く同様にして組み立てられている．これらを

$$\boxed{\boldsymbol{L}=\boldsymbol{r}\times\boldsymbol{p},\qquad \boldsymbol{N}=\boldsymbol{r}\times\boldsymbol{F}} \tag{5.26}$$

と書こう．

一般にベクトル $\boldsymbol{A}$ と $\boldsymbol{B}$ とから第3のベクトル $\boldsymbol{C}$ を規則

$$\boxed{\begin{aligned} C_x &= A_yB_z-A_zB_y \\ C_y &= A_zB_x-A_xB_z \\ C_z &= A_xB_y-A_yB_x \end{aligned}} \tag{5.27}$$

によってつくる(添字 x,y,z が循環的に現われていることに注意)．これを

$$\boldsymbol{C}=\boldsymbol{A}\times\boldsymbol{B} \tag{5.28}$$

と書き，$\boldsymbol{C}$ を $\boldsymbol{A}$ と $\boldsymbol{B}$ の**ベクトル積**，または**外積**という．

定義式(5.27)からすぐわかるように，

$$\boldsymbol{B}\times\boldsymbol{A}=-\boldsymbol{A}\times\boldsymbol{B} \tag{5.29}$$

$$\boldsymbol{A}\times\boldsymbol{A}=0 \tag{5.30}$$

が成り立つ．また $\boldsymbol{a},\boldsymbol{b},\boldsymbol{c}$ を任意のベクトルとするとき，分配の法則

$$\begin{aligned} \boldsymbol{a}\times(\boldsymbol{b}+\boldsymbol{c}) &= \boldsymbol{a}\times\boldsymbol{b}+\boldsymbol{a}\times\boldsymbol{c} \\ (\boldsymbol{b}+\boldsymbol{c})\times\boldsymbol{a} &= \boldsymbol{b}\times\boldsymbol{a}+\boldsymbol{c}\times\boldsymbol{a} \end{aligned} \tag{5.31}$$

が成り立つ.

ベクトル積はすぐあとで証明するように，次の性質をもつ.

(i) $\boldsymbol{C}$ は $\boldsymbol{A}$ と $\boldsymbol{B}$ とに垂直である.

(ii) $\boldsymbol{A}, \boldsymbol{B}, \boldsymbol{C}$ の大きさを A, B, C とし，$\boldsymbol{A}$ と $\boldsymbol{B}$ のつくる平面内で $\boldsymbol{A}$ から $\boldsymbol{B}$ へ測った角度を θ とすれば

$$C = AB\,|\sin\theta| \tag{5.32}$$

すなわち，$\boldsymbol{C}$ の大きさは $\boldsymbol{A}, \boldsymbol{B}$ のつくる平行四辺形の面積に等しい.

(iii) ベクトル $\boldsymbol{C}$ の向きは $\boldsymbol{A}$ から $\boldsymbol{B}$ へ π より小さな角で回したとき右ネジが進む向きと一致している.

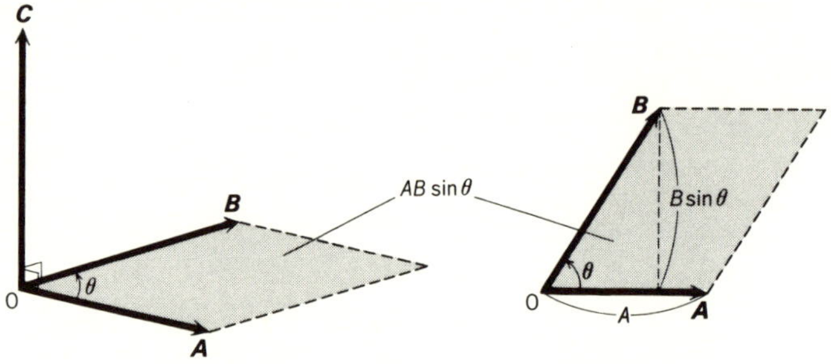

(a) $\boldsymbol{C}=\boldsymbol{A}\times\boldsymbol{B}$　(b) $C=AB\,|\sin\theta|$

図 5-3 ベクトル積.

これを証明しよう. まず(5.27)から直ちに

$$\begin{aligned} A_xC_x+A_yC_y+A_zC_z &= \boldsymbol{A}\cdot\boldsymbol{C} = 0 \\ B_xC_x+B_yC_y+B_zC_z &= \boldsymbol{B}\cdot\boldsymbol{C} = 0 \end{aligned} \tag{5.33}$$

が導かれる. これは $\boldsymbol{A}$ と $\boldsymbol{C}$, $\boldsymbol{B}$ と $\boldsymbol{C}$ がそれぞれ垂直である条件にほかならない((i)の証明終り).

次に

$$\begin{aligned} C^2 &= C_x{}^2+C_y{}^2+C_z{}^2 = (A_yB_z-A_zB_y)^2+(A_zB_x-A_xB_z)^2+(A_xB_y-A_yB_x)^2 \\ &= (A_x{}^2+A_y{}^2+A_z{}^2)(B_x{}^2+B_y{}^2+B_z{}^2)-(A_x{}^2B_x{}^2+A_y{}^2B_y{}^2+A_z{}^2B_z{}^2 \\ &\quad +2A_xA_yB_xB_y+2A_yA_zB_yB_z+2A_zA_xB_zB_x) \\ &= A^2B^2-(A_xB_x+A_yB_y+A_zB_z)^2 \end{aligned} \tag{5.34}$$

ここで

$$A_xB_x+A_yB_y+A_zB_z = AB\cos\theta \tag{5.35}$$

に注意すれば

$$C^2=A^2B^2(1-\cos^2\theta) = (AB\sin\theta)^2 \tag{5.36}$$

したがって大きさとして $C=AB\sin\theta$．図 5-3(b) からわかるように，これは $\boldsymbol{A}, \boldsymbol{B}$ のつくる平行 4 辺形の面積に等しい((ii) の証明終り)．

最後に，$\boldsymbol{A}, \boldsymbol{B}$ を連続的に変え(あるいは座標系を連続的に回転し)，$\boldsymbol{A}, \boldsymbol{B}$ が xy 面に含まれるようにすると，$A_z=B_z=0$ となるので，$C_x=C_y=0$，$C_z=A_xB_y-A_yB_x=AB\sin\theta$ となり，$\boldsymbol{A}, \boldsymbol{B}, \boldsymbol{C}$ は右手座標系に一致する．これからわかるように，ベクトル $\boldsymbol{A}$ を $\boldsymbol{B}$ に一致さす向きに右ネジを回したときネジの進む向きが $\boldsymbol{C}$ の向きと一致する((iii) の証明終り)．

x, y, z 方向の単位ベクトルをそれぞれ $\boldsymbol{i}, \boldsymbol{j}, \boldsymbol{k}$ とすれば，これらはたがいに垂直であるから

$$\boxed{\begin{aligned} \boldsymbol{i}\times\boldsymbol{j} &= \boldsymbol{k} \\ \boldsymbol{j}\times\boldsymbol{k} &= \boldsymbol{i} \\ \boldsymbol{k}\times\boldsymbol{i} &= \boldsymbol{j} \end{aligned}} \tag{5.37}$$

$$\boldsymbol{i}\times\boldsymbol{i} = \boldsymbol{j}\times\boldsymbol{j} = \boldsymbol{k}\times\boldsymbol{k} = 0 \tag{5.38}$$

である．ベクトル $\boldsymbol{A}, \boldsymbol{B}$ は

$$\begin{aligned} \boldsymbol{A} &= A_x\boldsymbol{i}+A_y\boldsymbol{j}+A_z\boldsymbol{k} \\ \boldsymbol{B} &= B_x\boldsymbol{i}+B_y\boldsymbol{j}+B_z\boldsymbol{k} \end{aligned} \tag{5.39}$$

と書けるので，その積をつくると

$$\boldsymbol{A}\times\boldsymbol{B} = (A_yB_z-A_zB_y)\boldsymbol{i}+(A_zB_x-A_xB_z)\boldsymbol{j}+(A_xB_y-A_yB_x)\boldsymbol{k} \tag{5.40}$$

これは(5.28)と一致している．また行列式を用いれば

$$\boldsymbol{A}\times\boldsymbol{B} = \boldsymbol{i}\begin{vmatrix} A_y & A_z \\ B_y & B_z \end{vmatrix}+\boldsymbol{j}\begin{vmatrix} A_z & A_x \\ B_z & B_x \end{vmatrix}+\boldsymbol{k}\begin{vmatrix} A_x & A_y \\ B_x & B_y \end{vmatrix} \tag{5.41}$$

と表わされるが，これはまとめて 3 行 3 列の行列式

$$\boxed{\boldsymbol{A}\times\boldsymbol{B} = \begin{vmatrix} \boldsymbol{i} & \boldsymbol{j} & \boldsymbol{k} \\ A_x & A_y & A_z \\ B_x & B_y & B_z \end{vmatrix}} \tag{5.42}$$

と書くことができる．これは記憶に便利な式である．

例題 1　xy 面上で原点 O を中心とする円板が角速度 $\boldsymbol{\omega}$ で回っている．円板上の位置 $\boldsymbol{r}$ における速度ベクトル $\boldsymbol{v}$ を $\omega, \boldsymbol{r}$, および z 方向の単位ベクトル $\boldsymbol{k}$ で表わせ．

［解］　図において P は位置ベクトル $\boldsymbol{r}$ の点を表わす．P の速さは ωr であり，速度の方向は $\boldsymbol{r}$ と $\boldsymbol{k}$ とに垂直であって，$\boldsymbol{k}\times\boldsymbol{r}$ の方向を向いている．したがって，

$$\boldsymbol{v} = \omega(\boldsymbol{k}\times\boldsymbol{r})$$

となる．成分で書けば $\boldsymbol{k}=(0, 0, 1)$,　$\boldsymbol{r}=(x, y, 0)$ なので

$$v_x = -\omega y, \qquad v_y = \omega x, \qquad v_z = 0$$

となる．❙

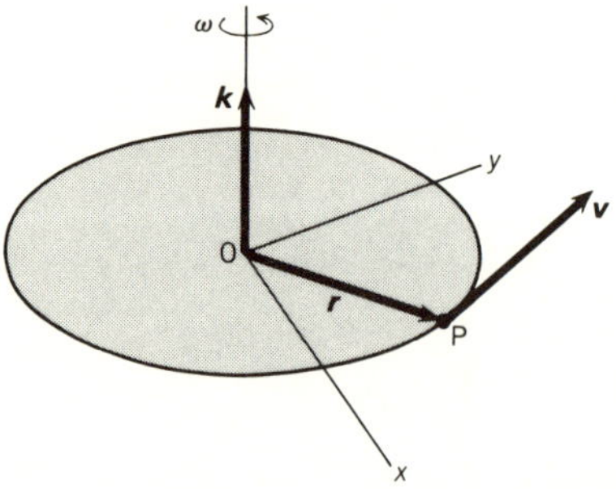

図 5-4　円板上の点 P の速度は $\boldsymbol{v}=\omega(\boldsymbol{k}\times\boldsymbol{r})$ で表わされる．

3 重積　3 つのベクトルからつくったスカラー積 $\boldsymbol{A}\cdot(\boldsymbol{B}\times\boldsymbol{C})$ を**スカラー 3 重積**という．これはベクトルではなく，スカラーである．(5.40) により

$$\boldsymbol{C}\cdot(\boldsymbol{A}\times\boldsymbol{B}) = C_x(A_yB_z-A_zB_y)+C_y(A_zB_x-A_xB_z) \\ +C_z(A_xB_y-A_yB_x) \tag{5.43}$$

あるいは書き変えて

$$\boldsymbol{C}\cdot(\boldsymbol{A}\times\boldsymbol{B}) = A_x(B_yC_z-B_zC_y)+A_y(B_zC_x-B_xC_z)+A_z(B_xC_y-B_yC_x) \tag{5.44}$$

となる．これらは3行3列の行列式により

$$\boldsymbol{C}\cdot(\boldsymbol{A}\times\boldsymbol{B}) = \begin{vmatrix} C_x & C_y & C_z \\ A_x & A_y & A_z \\ B_x & B_y & B_z \end{vmatrix} \tag{5.45}$$

あるいは

$$\boldsymbol{A}\cdot(\boldsymbol{B}\times\boldsymbol{C}) = \begin{vmatrix} A_x & A_y & A_z \\ B_x & B_y & B_z \\ C_x & C_y & C_z \end{vmatrix} \tag{5.46}$$

のように表わすことができる．

行列式の性質により，循環的に $\boldsymbol{A}, \boldsymbol{B}, \boldsymbol{C}$ の順序を変えてもその値は変わらない．これを $(\boldsymbol{A}, \boldsymbol{B}, \boldsymbol{C})$ と書けば

$$\begin{aligned}(\boldsymbol{A}, \boldsymbol{B}, \boldsymbol{C}) &= \boldsymbol{A}\cdot(\boldsymbol{B}\times\boldsymbol{C}) = \boldsymbol{B}\cdot(\boldsymbol{C}\times\boldsymbol{A}) = \boldsymbol{C}\cdot(\boldsymbol{A}\times\boldsymbol{B}) \\ &= (\boldsymbol{B}\times\boldsymbol{C})\cdot\boldsymbol{A} = (\boldsymbol{C}\times\boldsymbol{A})\cdot\boldsymbol{B} = (\boldsymbol{A}\times\boldsymbol{B})\cdot\boldsymbol{C}\end{aligned} \tag{5.47}$$

などが成り立つ．

ベクトル $\boldsymbol{A}, \boldsymbol{B}, \boldsymbol{C}$ が右手座標系の x, y, z 軸と同様な相互関係にあるときは，スカラー3重積は $\boldsymbol{A}, \boldsymbol{B}, \boldsymbol{C}$ によってつくられる平行6面体の体積に等しいことはすぐわかるであろう．もしも $\boldsymbol{A}, \boldsymbol{B}, \boldsymbol{C}$ が左手座標系の x, y, z 軸と同様な配置ならば，スカラー3重積は $\boldsymbol{A}, \boldsymbol{B}, \boldsymbol{C}$ のつくる平行6面体の体積の符号を変えたものに等しい．

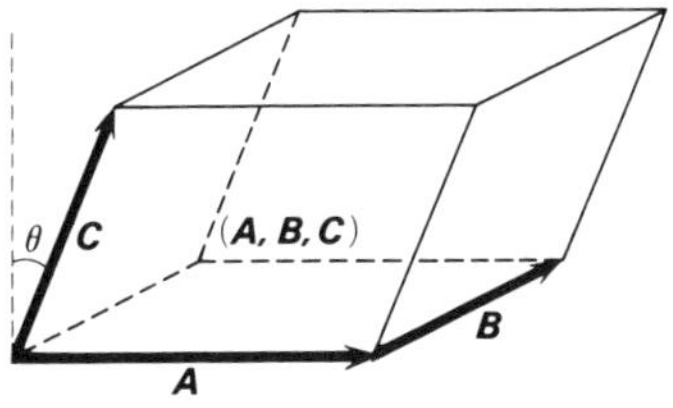

図5-5 スカラー3重積 $(\boldsymbol{A}, \boldsymbol{B}, \boldsymbol{C})$ は，$\boldsymbol{A}, \boldsymbol{B}, \boldsymbol{C}$ によってつくられる平行6面体の体積に等しい．

例題2 スカラー3重積 $(\boldsymbol{A}, \boldsymbol{B}, \boldsymbol{C})$ はベクトル $\boldsymbol{A}, \boldsymbol{B}, \boldsymbol{C}$ を3辺とする平行6面体の体積を表わすことを示せ．

永久機関

てこや滑車の釣り合いは力のモーメントの釣り合いであるが，このように力を大きくする装置を大昔は神秘的なものと思ったらしい．そしてこれらを組み合わせることによって，動力なしにひとりで動き，仕事をしてくれる機械——永久機関(perpetual motion)——をつくることを試みる人が数多くいた．永久機関は無からエネルギーをつくり出す装置であるから，これが実現不可能であることはエネルギー保存の法則により明らかである．

しかし，エネルギー保存の法則が知られるまではいろいろの永久機関が考案された．右図はその１つである．たくさんの球形のおもりが移動し，絶えず右側のおもりに作用する重力のモーメントが左側のおもりよりも大きいので時計まわりに回転するというのであるが，実際にはそうはいかないはずである．

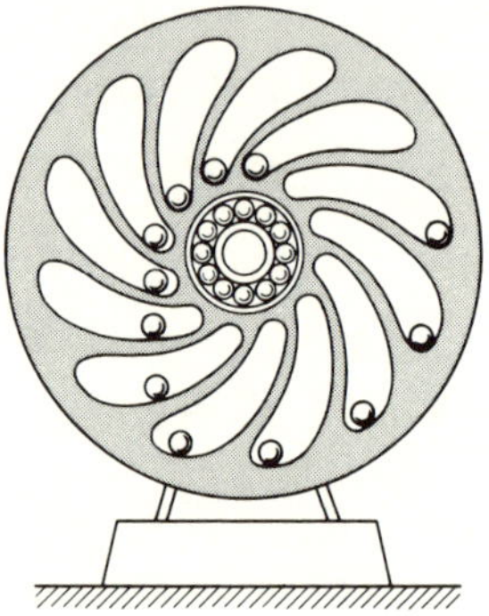

永久機関をつくろうとする努力がいつもむだにおわったのに対して，これと反対に永久機関が不可能であることを認めて，そこから役に立つ事柄を発見した人もいた．オランダの数学者で工学者でもあったステヴィン(Simon Stevin, 1548？～1620)は斜面上に下図のようにかけた鎖を考察した．左の斜面上の鎖の方が右の斜面上の鎖よりも重いにもかかわらず，これは左へ回らないので永久機関にならない．彼は永久機関を否定することによって，斜面上においた物体の重さの力を分解する規則を発見したのであった．

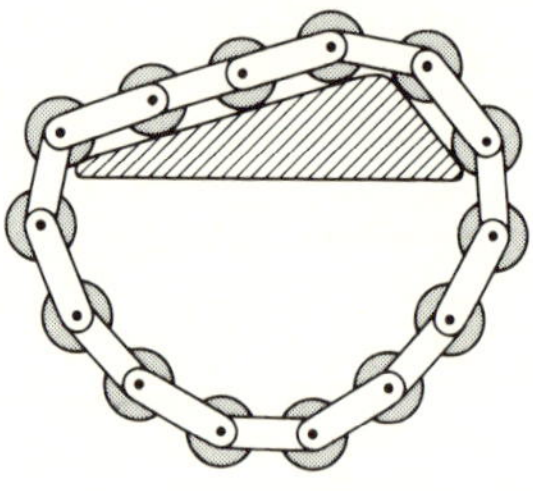

永久機関を考えるのはむだなことである．しかしパズル的な頭の訓練にはなるかも知れない．次のようなものもある．中心の棒のまわりに自由に回転できる一様な円板を重力が一様でない場所におく．重力が一様であったら重力の合力は重心を通るが，一様でない重力の合力は円板の中心を通らないとすると，円板は重力のために回転する．回転しても円板と重力の関係に変わりはないから，円板はどんどん加速されるので永久機関になり得る．この考察の誤りは，一様でない重力の場合でも，円板の中心に対する力のモーメントは常に0であることである．重力は他の物体からの万有引力であるが，物体を小さな部分に分けてみると，各部分が円板に及ぼす引力の合力は常に円板の中心を通るので，これを集めた重力の合力も常に円板の中心を通るわけである．したがって円板の回転は加速されない．

［解］ 定義から

$$(\boldsymbol{A}, \boldsymbol{B}, \boldsymbol{C}) = (\boldsymbol{A}\times\boldsymbol{B})\cdot\boldsymbol{C}$$
$$= |\boldsymbol{A}\times\boldsymbol{B}|C\cos\theta \tag{5.48}$$

図5-5に示したようにθはベクトル$\boldsymbol{A}, \boldsymbol{B}$を含む面に垂直な直線とベクトル$\boldsymbol{C}$の間の角である．したがって，$C\cos\theta$は平行6面体の高さになる．ベクトル積の大きさ$|\boldsymbol{A}\times\boldsymbol{B}|$は$\boldsymbol{A}$と$\boldsymbol{B}$を2辺とする平行4辺形の面積で，これに高さ$C\cos\theta$を掛けると$\boldsymbol{A}, \boldsymbol{B}, \boldsymbol{C}$がつくる平行6面体の体積になる．$\boldsymbol{A}, \boldsymbol{B}, \boldsymbol{C}$が右手系をつくるときは$(\boldsymbol{A}, \boldsymbol{B}, \boldsymbol{C})>0$であるが，$\boldsymbol{A}, \boldsymbol{B}, \boldsymbol{C}$が左手系をつくるときは$(\boldsymbol{A}, \boldsymbol{B}, \boldsymbol{C})<0$になる．しかしいずれの場合にも3重積$(\boldsymbol{A}, \boldsymbol{B}, \boldsymbol{C})$の大きさは$\boldsymbol{A}$, $\boldsymbol{B}, \boldsymbol{C}$がつくる平行6面体の体積に等しい．▌

ベクトル3重積 ベクトル$\boldsymbol{A}$とベクトル積$\boldsymbol{B}\times\boldsymbol{C}$とからつくられるベクトル積，すなわち

$$\boldsymbol{D} = \boldsymbol{A}\times(\boldsymbol{B}\times\boldsymbol{C}) \tag{5.49}$$

の形のベクトルをベクトル3重積という．

ベクトル3重積はベクトル$\boldsymbol{A}$，およびベクトル$(\boldsymbol{B}\times\boldsymbol{C})$に垂直である．そこ

でベクトル $\boldsymbol{B}$ と $\boldsymbol{C}$ とが張る平面を例えば xy 面とするとベクトル積$(\boldsymbol{B}\times\boldsymbol{C})$はこれらに垂直なため z 軸の方向を向いている．したがって $\boldsymbol{B}\times\boldsymbol{C}$ に垂直なベクトル3重積 $\boldsymbol{D}$ は xy 面内すなわち $\boldsymbol{B}$ と $\boldsymbol{C}$ の張る平面にあることになり，

$$\boldsymbol{D} = \boldsymbol{A}\times(\boldsymbol{B}\times\boldsymbol{C}) = b\boldsymbol{B}+c\boldsymbol{C} \tag{5.50}$$

と書けるはずである．$\boldsymbol{D}$ はまた $\boldsymbol{A}$ にも垂直であるから，スカラー積 $\boldsymbol{A}\cdot\boldsymbol{D}=0$ である．したがって

$$0 = b(\boldsymbol{A}\cdot\boldsymbol{B})+c(\boldsymbol{A}\cdot\boldsymbol{C}) \tag{5.51}$$

そこで λ をある定数とすれば

$$\frac{b}{\boldsymbol{A}\cdot\boldsymbol{C}} = -\frac{c}{\boldsymbol{A}\cdot\boldsymbol{B}} = \lambda \tag{5.52}$$

が成り立ち，(5.50)は

$$\boldsymbol{D} = \lambda\{(\boldsymbol{A}\cdot\boldsymbol{C})\boldsymbol{B}-(\boldsymbol{A}\cdot\boldsymbol{B})\boldsymbol{C}\} \tag{5.53}$$

となる．この式の左辺 $\boldsymbol{D}$ と右辺の中括弧{ }の中は，$\boldsymbol{A}, \boldsymbol{B}, \boldsymbol{C}$ のうちのどの1つを a 倍(a は任意の数)したときにも，そのまま a 倍される(すなわち $\boldsymbol{A}, \boldsymbol{B}, \boldsymbol{C}$ のいずれに対しても線形である)．したがって λ は $\boldsymbol{A}, \boldsymbol{B}, \boldsymbol{C}$ のどれにもよらない定数であるから，$\boldsymbol{A}, \boldsymbol{B}, \boldsymbol{C}$ として特別簡単なベクトルを仮定して λ をきめることができる．そこで $\boldsymbol{i}, \boldsymbol{j}, \boldsymbol{k}$ を基本ベクトルとして $\boldsymbol{A}=\boldsymbol{i}, \boldsymbol{B}=\boldsymbol{i}, \boldsymbol{C}=\boldsymbol{j}$ とおくと，(5.49)から

$$\boldsymbol{D} = \boldsymbol{i}\times(\boldsymbol{i}\times\boldsymbol{j}) = \boldsymbol{i}\times\boldsymbol{k} = -\boldsymbol{j}$$

他方で

$$(\boldsymbol{A}\cdot\boldsymbol{C})\boldsymbol{B}-(\boldsymbol{A}\cdot\boldsymbol{B})\boldsymbol{C} = (\boldsymbol{i}\cdot\boldsymbol{j})\boldsymbol{i}-(\boldsymbol{i}\cdot\boldsymbol{i})\boldsymbol{j} = -\boldsymbol{j}$$

したがって(5.53)から $\lambda=1$ を得る．ゆえに公式

$$\boxed{\boldsymbol{A}\times(\boldsymbol{B}\times\boldsymbol{C}) = (\boldsymbol{A}\cdot\boldsymbol{C})\boldsymbol{B}-(\boldsymbol{A}\cdot\boldsymbol{B})\boldsymbol{C}} \tag{5.54}$$

が成り立つことがわかる．

例えば，質点に対して $\boldsymbol{r}$ を位置ベクトル，$\boldsymbol{p}$ を運動量，$\boldsymbol{L}$ を角運動量とすると

$$\begin{aligned}(\boldsymbol{r}\times\boldsymbol{L}) &= \boldsymbol{r}\times(\boldsymbol{r}\times\boldsymbol{p}) \\ &= (\boldsymbol{r}\cdot\boldsymbol{p})\boldsymbol{r}-(\boldsymbol{r}\cdot\boldsymbol{r})\boldsymbol{p}\end{aligned}$$

ここで，運動量の動径成分を p_r とおけば $\boldsymbol{r}\cdot\boldsymbol{p}=p_r r$ であるから関係式

$$\boldsymbol{r}\times\boldsymbol{L}=p_r r\boldsymbol{r}-r^2\boldsymbol{p} \tag{5.55}$$

が得られる．

例題 3 太陽の引力(中心力)を

$$\boldsymbol{F}=-\mu\frac{\boldsymbol{r}}{r^3} \tag{5.56}$$

とし，惑星の速度を $\boldsymbol{v}$，太陽に関する惑星の角運動量を $\boldsymbol{L}$ とするとき

$$\boldsymbol{\varepsilon}=\frac{1}{\mu}\boldsymbol{v}\times\boldsymbol{L}-\frac{\boldsymbol{r}}{r} \tag{5.57}$$

は保存されることを示せ．また惑星の軌道の長軸半径を a とすれば，ベクトル $a\boldsymbol{\varepsilon}$ は軌道中心から太陽(力の中心)へ引いたベクトルであり，$\boldsymbol{\varepsilon}$ の大きさ $\varepsilon=|\boldsymbol{\varepsilon}|$ は離心率に等しいことを示せ．

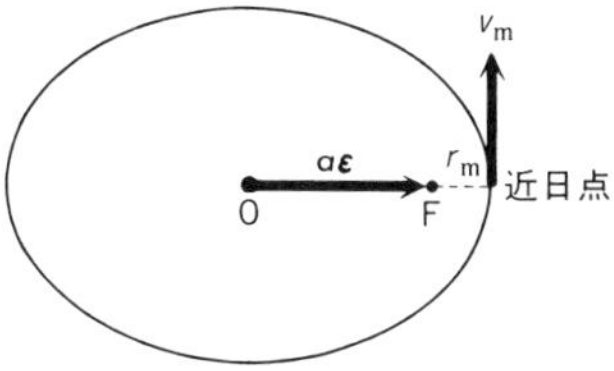

図 5-6 定ベクトル $\boldsymbol{\varepsilon}=\dfrac{1}{\mu}\left(\boldsymbol{v}\times\boldsymbol{L}-\mu\dfrac{\boldsymbol{r}}{r}\right)$.

［解］ 惑星の角運動量 $\boldsymbol{L}$ は一定のベクトル(定ベクトル)であるから

$$\frac{d}{dt}(\boldsymbol{v}\times\boldsymbol{L})=\frac{d\boldsymbol{v}}{dt}\times\boldsymbol{L}$$
$$=-\frac{1}{m}\mu\frac{\boldsymbol{r}}{r^3}\times\boldsymbol{L} \tag{5.58}$$

他方で

$$\frac{d}{dt}\left(\frac{\boldsymbol{r}}{r}\right)=\frac{1}{r}\frac{d\boldsymbol{r}}{dt}-\frac{\boldsymbol{r}}{r^2}\frac{dr}{dt}$$
$$=\frac{1}{r^3}(r^2\boldsymbol{v}-r\boldsymbol{r}v_r) \tag{5.59}$$

ここで v_r は速度の動径成分である．運動量を $\boldsymbol{p}$ とすると $\boldsymbol{p}=m\boldsymbol{v}$, $p_r=mv_r$ であり，(5.55)により

$$\frac{d}{dt}\left(\frac{\boldsymbol{r}}{r}\right) = \frac{1}{mr^3}\boldsymbol{L}\times\boldsymbol{r} \tag{5.60}$$

したがって

$$\frac{d}{dt}(\mu\boldsymbol{\varepsilon}) = \frac{d}{dt}\left(\boldsymbol{v}\times\boldsymbol{L}-\mu\frac{\boldsymbol{r}}{r}\right) = 0 \tag{5.61}$$

となり $\boldsymbol{\varepsilon}$ は定ベクトルである．これを定めるには軌道上の特定の場所で調べればよい．近日点を考えると $\boldsymbol{v}\times\boldsymbol{L}$ は $\boldsymbol{r}$ と同方向にあるから，ベクトル $\boldsymbol{\varepsilon}$ は近日点と焦点(太陽)を結ぶ直線上にある．近日点で $r=r_{\mathrm{m}}$，$v=v_{\mathrm{m}}$，惑星の質量を m とし，角運動量の大きさを L とすると，面積速度の 2 倍は

$$h = r_{\mathrm{m}}v_{\mathrm{m}} = \frac{L}{m} \tag{5.62}$$

ここで，l を楕円軌道の半直弦とすれば，(4.61)により $h^2/l=\mu/m$，また ε を離心率として $r=l/(1+\varepsilon\cos\varphi)$ であるから $r_{\mathrm{m}}=l/(1+\varepsilon)$．これらの関係を用いれば(5.62)から

$$r_{\mathrm{m}}v_{\mathrm{m}}L = h^2m = \mu l = \mu(1+\varepsilon)r_{\mathrm{m}} \tag{5.63}$$

したがって

$$|\boldsymbol{\varepsilon}| = \frac{1}{\mu}(v_{\mathrm{m}}L-\mu) = \varepsilon(\text{離心率}) \tag{5.64}$$

となる．ゆえに図 5-6 において，軌道中心 O から焦点 F へ引いたベクトルは $a\boldsymbol{\varepsilon}$ である．❙

問　　題

1.　ベクトル積の図形的な性質を用いて $\boldsymbol{L}=\boldsymbol{r}\times\boldsymbol{p}$ が一定の運動は一平面内に限られることを示せ．

2.　次の各式を証明せよ．

(i)　$(\boldsymbol{A}\times\boldsymbol{B})^2+(\boldsymbol{A}\cdot\boldsymbol{B})^2 = A^2B^2$

(ii)　$(\boldsymbol{A}+\boldsymbol{B})\times(\boldsymbol{A}-\boldsymbol{B}) = 2(\boldsymbol{B}\times\boldsymbol{A})$

(iii)　$(\boldsymbol{A}-\boldsymbol{B})\times(\boldsymbol{B}-\boldsymbol{C}) = \boldsymbol{A}\times\boldsymbol{B}+\boldsymbol{B}\times\boldsymbol{C}+\boldsymbol{C}\times\boldsymbol{A}$

3.　$(\boldsymbol{A}, \boldsymbol{B}, \boldsymbol{C})=\boldsymbol{A}\cdot(\boldsymbol{B}\times\boldsymbol{C})=\boldsymbol{B}\cdot(\boldsymbol{C}\times\boldsymbol{A})=\boldsymbol{C}\cdot(\boldsymbol{A}\times\boldsymbol{B})$ において $(\boldsymbol{A}, \boldsymbol{C}, \boldsymbol{B})=-(\boldsymbol{A}, \boldsymbol{B}, \boldsymbol{C})$ などが成り立つことを示せ．

4. 任意のベクトル $\boldsymbol{A}, \boldsymbol{B}, \boldsymbol{C}, \boldsymbol{D}$ に対し次の各式を証明せよ.

(i) $(\boldsymbol{A}\times\boldsymbol{B})\cdot(\boldsymbol{C}\times\boldsymbol{D}) = (\boldsymbol{A}\cdot\boldsymbol{C})(\boldsymbol{B}\cdot\boldsymbol{D})-(\boldsymbol{B}\cdot\boldsymbol{C})(\boldsymbol{A}\cdot\boldsymbol{D})$

(ii) $(\boldsymbol{B}\times\boldsymbol{C})\cdot(\boldsymbol{A}\times\boldsymbol{D})+(\boldsymbol{C}\times\boldsymbol{A})\cdot(\boldsymbol{B}\times\boldsymbol{D})+(\boldsymbol{A}\times\boldsymbol{B})\cdot(\boldsymbol{C}\times\boldsymbol{D}) = 0$

6

質点系の力学

太陽をめぐる地球の運動を考えるとき，地球は質量をもつ小さな物体，すなわち質点とみてよかった．また投げられたボールの運動においても，その軌道を考えるうえでボールは質点とみなしてよい．しかし現実には物体はすべて大きさをもっており，その大きさを考慮して運動を扱わなければならないことも多い．大きさをもつ物体も，これを細かく分けて考えれば質点の集まりとして扱うことができる．

6-1 運動量保存の法則

固い棒でも，細かく分ければ各部分は質点であって，質点が互いに力を及ぼしあって固い形をつくっている．このような場合を扱うために，相互作用のある質点の集まりを一般的に考察する．2個の質点が相互作用している場合でも，極めて多数の質点がある場合でも，質点の集まりを**質点系**(system of particles)という．

質点系に作用する力には，質点系の外から作用する力(**外力**)と，この質点系の中の質点相互の間に作用する力(**内力**)とがある．

内力の性質を考察するために，簡単な例として，質量が等しい2個の質点からなる体系を考えよう．一方の質点を質点1，他方の質点を質点2と名づけ，これらの位置をそれぞれ $\boldsymbol{r}_1, \boldsymbol{r}_2$ とし，質量はともに m であるとする．質点1が質点2から受ける力を $\boldsymbol{F}_{21}$ とし，質点2が質点1から受ける力を $\boldsymbol{F}_{12}$ とし，外力は全くないとすれば，質点1,2の運動方程式はそれぞれ

$$m\frac{d^2\boldsymbol{r}_1}{dt^2} = \boldsymbol{F}_{21}, \qquad m\frac{d^2\boldsymbol{r}_2}{dt^2} = \boldsymbol{F}_{12} \tag{6.1}$$

となる．しかし，ニュートンの第3法則(作用・反作用の法則)によれば，

$$\boldsymbol{F}_{21} = -\boldsymbol{F}_{12} \tag{6.2}$$

が成り立つ．そこで質点1と質点2の位置の中心を $\boldsymbol{r}_G$(この場合の**重心**)とすれば

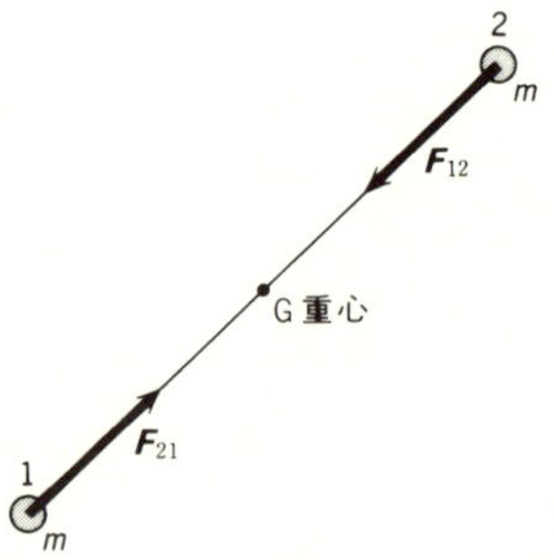

図6-1 作用と反作用.

$$\boldsymbol{r}_{\mathrm{G}}=\frac{\boldsymbol{r}_1+\boldsymbol{r}_2}{2} \tag{6.3}$$

である．(6.1), (6.2)によれば

$$\frac{d^2\boldsymbol{r}_{\mathrm{G}}}{dt^2}=0 \tag{6.4}$$

となるから，重心の加速度は0である．いいかえれば，外力がない場合，質量1と2の重心は，はじめ静止していればいつまでも静止し，はじめ動いていれば等速度運動を続ける．

もしも作用・反作用の法則(6.2)が成り立たないとすれば，はじめ静止していた重心が外力もないのに，質点1と2の間の相互作用だけでひとりでに動き出してしまうことになるが，そのようなことは現実にはあり得ない．ニュートンもおそらく，このような考察から作用・反作用の法則に達したのであろう．

なお，質点1について考えれば，質点2による力は外力であるといえるし，質点2について考えれば質点1による力は外力であるといえる．しかし質点1と質点2とを合わせて1つの体系と考えれば，これらの力はこの体系の中の力であり，すなわち**内力**である．このように，1つの体系をはっきりときめたときに内力と外力の区別もはっきりときまるのである．

さて，多くの質点(N 個)からなる1つの体系を考え，質点に番号 $1, 2, \cdots, N$ をつける．そして j 番目の質点の運動量を $\boldsymbol{p}_j$ とし，これにはたらく外力を $\boldsymbol{F}_j$ とする．また質点 k が質点 j に及ぼす力を $\boldsymbol{F}_{kj}$ とする．例えば，質点1に対する運動方程式は

$$\frac{d\boldsymbol{p}_1}{dt}=\boldsymbol{F}_1+\boldsymbol{F}_{21}+\boldsymbol{F}_{31}+\cdots+\boldsymbol{F}_{N1} \tag{6.5}$$

となる．右辺のような和はしばしば出てくるので，簡略な記号を約束しておくと便利である．そこで

$$\boldsymbol{F}_{21}+\boldsymbol{F}_{31}+\cdots+\boldsymbol{F}_{N1}=\sum_{k=2}^{N}\boldsymbol{F}_{k1} \tag{6.6}$$

のような和の記号 $\sum$ を用いる．また，一般に自分自身への作用はないからこれに相当する $\boldsymbol{F}_{jj}$ を除いた和を

$$\boldsymbol{F}_{1j}+\boldsymbol{F}_{2j}+\cdots+\boldsymbol{F}_{j-1,j}+\boldsymbol{F}_{j+1,j}+\cdots+\boldsymbol{F}_{Nj}=\sum_{k(\neq j)}\boldsymbol{F}_{kj} \tag{6.7}$$

と書くことにしよう(必要があるときは $\boldsymbol{F}_{j+1,j}$ のように添字の間にコンマを入れる). すると質点 j に対する運動方程式は

$$\frac{d\boldsymbol{p}_j}{dt}=\boldsymbol{F}_j+\sum_{k(\neq j)}\boldsymbol{F}_{kj} \qquad (j=1,2,\cdots,N) \tag{6.8}$$

となる.

$\boldsymbol{F}_{kj}$ と $\boldsymbol{F}_{jk}$ は一方を作用とすれば他方は反作用であるから，作用・反作用の法則により

$$\boldsymbol{F}_{kj}=-\boldsymbol{F}_{jk} \qquad (j,k=1,2,3,\cdots,N) \tag{6.9}$$

が成り立つ. したがってすべての k,j に対する総和をつくれば相互作用 $\boldsymbol{F}_{kj}$ と $\boldsymbol{F}_{jk}$ が打ち消し合うため，総和は0になる. これは和の記号で

$$\sum_{k\neq j}\sum\boldsymbol{F}_{kj}=0 \tag{6.10}$$

と書ける. ただし和は $k=j$ を除いて k,j について1から N まで加えるものとする.

なお，質点が同じ質点に力を及ぼすことはないので

$$\boldsymbol{F}_{jj}=0 \qquad (j=1,2,\cdots,N) \tag{6.11}$$

である. これに注意すれば(6.10)は

$$\sum_{k=1}^{N}\sum_{j=1}^{N}\boldsymbol{F}_{kj}=0 \tag{6.12}$$

と書いてもよい.

そこで質点系の全運動量

$$\boldsymbol{P}=\sum_{j=1}^{N}\boldsymbol{p}_j \tag{6.13}$$

を考えると，$\boldsymbol{F}_j$ を質点 j にはたらく外力として

$$\boxed{\frac{d\boldsymbol{P}}{dt}=\sum_{j=1}^{N}\boldsymbol{F}_j} \tag{6.14}$$

したがって，

> 質点系の全運動量の時間的変化は外力の和に等しい．外力がない(内力だけがある)ときには，全運動量は保存される．

これは質点系に対する運動量保存の法則である．

質量中心(重心)　質量の等しい2個の質点の重心は(6.3)で定めた．ここではこれを拡張してN個の質点について考えよう．j番目の質点の質量をm_jとし，その位置を$\boldsymbol{r}_j$とするとき(図6-2参照)

$$\boxed{\boldsymbol{r}_{\mathrm{G}} = \frac{\sum_{j=1}^{N} m_j \boldsymbol{r}_j}{\sum_{j=1}^{N} m_j}} \tag{6.15}$$

で与えられる点をこれらの質点の**質量中心**，あるいは**重心**という．

$$M = \sum_{j=1}^{N} m_j \tag{6.16}$$

は質点系の全質量である．また

$$\boldsymbol{p}_j = m_j \frac{d\boldsymbol{r}_j}{dt} \qquad (j=1, 2, \cdots, N) \tag{6.17}$$

は質点jの運動量であって

$$\boldsymbol{P} = \sum_{j=1}^{N} \boldsymbol{p}_j = \sum_{j=1}^{N} m_j \frac{d\boldsymbol{r}_j}{dt} \tag{6.18}$$

は質点系の全運動量である．これは(6.15)，(6.16)により

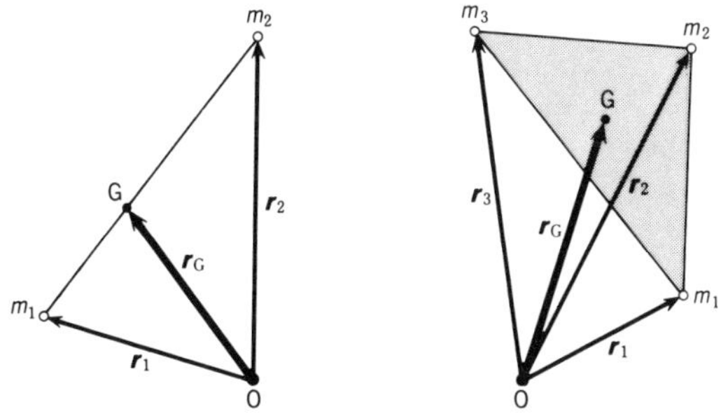

図6-2　重心．

$$\boldsymbol{P} = M\frac{d\boldsymbol{r}_{\mathrm{G}}}{dt} \tag{6.19}$$

と書ける．したがって，質点系の全運動量は，その全質量と重心の速度の積に等しい．また(6.14)により

$$\boxed{M\frac{d^2\boldsymbol{r}_{\mathrm{G}}}{dt^2} = \sum_{j=1}^{N}\boldsymbol{F}_j} \tag{6.20}$$

ゆえに質点系の重心の加速度は外力の和を全質量で割ったものに等しい．いいかえると，質点系の重心は，その点に全質量が集まっていて，そこにすべての外力を合成した力がはたらいたとした場合と同じ運動をする．そして内力は重心の運動と無関係であり，内力があってもなくても，重心は同じ運動をする．

例えば一定の重力がはたらく２つの放物体の重心はやはり１つの放物線をえがく．２つのおもりを糸で結んで投げたときは糸を通しておもりの間に内力がはたらくが，その重心は糸がなかったときと同じ放物線をえがく．

特に外力の総和が０のときは重心は一直線上で等速運動を続ける．

問　題

1. 重心を原点にとり，質点 j の座標を x_j, y_j, z_j とすれば

$$\sum_{j=1}^{N} m_j x_j = \sum_{j=1}^{N} m_j y_j = \sum_{j=1}^{N} m_j z_j = 0$$

であることを示せ．

6-2　2 体問題

月は地球のまわりをまわっている．月の質量は地球の質量の約 1/80 であり，小さいといっても無視できるほどではない．当然，月の運動につれて地球の運動も影響を受けている．地球と月を合わせたものの重心は太陽の引力を受けて楕円軌道をえがくので，地球と月の相互の運動を調べるにはこの重心を基準にして考えればよい．重心のまわりの地球と月の運動をくわしく観測することによって月の質量を知ることもできるのである．

一般に，2個の質点からなる質点系の運動を調べるとき，これを**2体問題**という．いま，2個の質点が中心力を及ぼし合いながら運動するものとしよう．これらの質点P, Qの位置をそれぞれ $\boldsymbol{r}_1$ および $\boldsymbol{r}_2$，質量を m_1, m_2 とし，その間の距離を $r=|\boldsymbol{r}_2-\boldsymbol{r}_1|$，質点P, Qを結ぶ直線に沿ってはたらく力の大きさを $f(r)$ とする．

運動方程式はこれらの質点に対して

$$m_1\frac{d^2\boldsymbol{r}_1}{dt^2} = f(r)\frac{\boldsymbol{r}_1-\boldsymbol{r}_2}{r}$$
$$m_2\frac{d^2\boldsymbol{r}_2}{dt^2} = f(r)\frac{\boldsymbol{r}_2-\boldsymbol{r}_1}{r} \qquad (6.21)$$

と書ける．右辺の $(\boldsymbol{r}_1-\boldsymbol{r}_2)/r$ などは，力の方向を与えるもの(方向余弦)である．

(6.21)の両式を加えれば，右辺の作用と反作用は打ち消し合うから

$$\frac{d^2}{dt^2}(m_1\boldsymbol{r}_1+m_2\boldsymbol{r}_2) = 0 \qquad (6.22)$$

となる．2つの質点の重心の位置を $\boldsymbol{r}_{\mathrm{G}}$ とすれば，(6.15)により

$$\boldsymbol{r}_{\mathrm{G}} = \frac{m_1\boldsymbol{r}_1+m_2\boldsymbol{r}_2}{m_1+m_2} \qquad (6.23)$$

であるから，(6.22)は

$$\frac{d^2\boldsymbol{r}_{\mathrm{G}}}{dt^2} = 0 \qquad (6.24)$$

を与える．したがって，$t=0$ における重心の位置を $\boldsymbol{r}_{\mathrm{G0}}$ とし，速度を $\boldsymbol{v}_{\mathrm{G0}}$ とすれば，重心は

$$\boldsymbol{r}_{\mathrm{G}} = \boldsymbol{r}_{\mathrm{G0}}+\boldsymbol{v}_{\mathrm{G0}}t \qquad (\boldsymbol{r}_{\mathrm{G0}}, \boldsymbol{v}_{\mathrm{G0}}\text{ は定数}) \qquad (6.25)$$

で与えられる等速度運動をする．

次に2つの質点の相対的な運動を調べるため**相対座標** $\boldsymbol{r}$ を

$$\boldsymbol{r} = \boldsymbol{r}_2-\boldsymbol{r}_1 \qquad (6.26)$$

と書き(図6-3)，(6.21)の第1式に $-1/m_1$ を掛け，第2式に $1/m_2$ を掛けて加えると

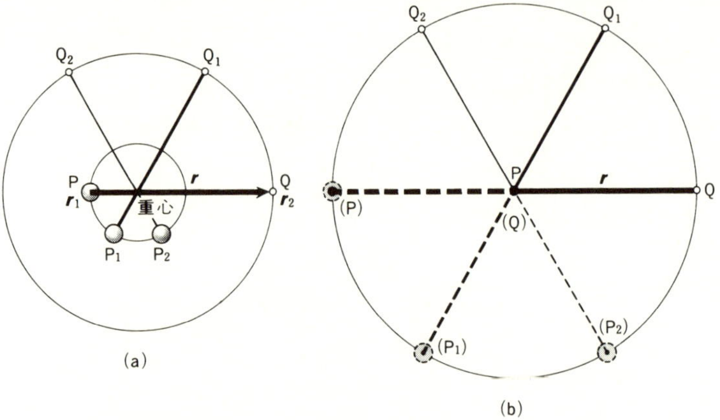

図 6-3　2 体問題. (a)$\boldsymbol{r}=\boldsymbol{r}_2-\boldsymbol{r}_1$, (b) P に対する Q の運動と (Q) に対する (P) の運動.

$$\frac{d^2\boldsymbol{r}}{dt^2}=\left(\frac{1}{m_1}+\frac{1}{m_2}\right)f(r)\frac{\boldsymbol{r}}{r} \tag{6.27}$$

を得る. ここで

$$\frac{1}{\mu}=\frac{1}{m_1}+\frac{1}{m_2} \tag{6.28}$$

あるいは

$$\boxed{\mu=\frac{m_1m_2}{m_1+m_2}} \tag{6.28$'$}$$

とおけば, (6.27) は

$$\boxed{\mu\frac{d^2\boldsymbol{r}}{dt^2}=f(r)\frac{\boldsymbol{r}}{r}} \tag{6.29}$$

となる. したがって, P に対する Q の運動は, P が固定されていて Q の質量が μ になったと考えたときの運動に等しい. μ を**換算質量** (reduced mass) という.

P と Q の役割りを逆にしても上と換算質量は同じである. そして Q に対する P の運動は Q が固定され, P の質量が μ になったとしたときの運動に等しい.

$m_1 \gg m_2$ のときは $\mu = m_2/(1+m_2/m_1) \cong m_2$ であるから，2体問題において質量が非常にちがうときは換算質量は小さい方の質量にほとんど等しい．例えば太陽をまわる地球の運動では，換算質量はほとんど地球の質量に等しいとみてよい．

2体問題で2体の相互作用のほかに外力がなければ重心 $\boldsymbol{r}_G$ は等速度運動をする((6.25)参照)．この場合，(6.23)と(6.26)から $\boldsymbol{r}_1$ と $\boldsymbol{r}_2$ を $\boldsymbol{r}_G$ と $\boldsymbol{r}$ で表わせば

$$\begin{aligned} \boldsymbol{r}_1 &= \boldsymbol{r}_G - \frac{m_2}{m_1+m_2}\boldsymbol{r} \\ \boldsymbol{r}_2 &= \boldsymbol{r}_G + \frac{m_1}{m_1+m_2}\boldsymbol{r} \end{aligned} \tag{6.30}$$

となる(問題1)．

例題1 2つの恒星の間の距離が近くて，たがいに引き合って重心のまわりをまわっているとき，これを連星という．おおぐま座のゼータ星はその例である．連星の2つの星が望遠鏡で見えるとき明るい方を主星，暗い方を伴星という．質量 m_1 の主星Pと質量 m_2 の伴星Qが距離(長半径) a をへだてて引き合ってまわっているとき，その周期は

$$T = \frac{2\pi a^{3/2}}{\sqrt{G(m_1+m_2)}} \tag{6.31}$$

で与えられることを示せ(G は万有引力定数)．

［解］ Pに対するQの運動方程式(6.29)において

$$f(r) = -G\frac{m_1 m_2}{r^2}, \qquad \mu = \frac{m_1 m_2}{m_1+m_2}$$

であるから，(6.29)は

$$m_2\frac{d^2\boldsymbol{r}}{dt^2} = -G\frac{(m_1+m_2)m_2}{r^2}\frac{\boldsymbol{r}}{r} \tag{6.32}$$

となる．これはPが固定されて，Pの質量が m_1+m_2 になったとしたときのQの運動方程式とみなせる．したがって(4.64)によりその周期は(6.31)で与えられる． ▎

重心に対する運動 2体問題は重心に対する各質点の運動として扱うことも

できる．2個の質点をP(質量 m_1)とQ(質量 m_2)とし，これらの重心Gを原点にとって，Pの位置を $\boldsymbol{r}_1$，Qの位置を $\boldsymbol{r}_2$ とする．原点からの距離はそれぞれ

$$r_1 = |\boldsymbol{r}_1|, \qquad r_2 = |\boldsymbol{r}_2| \tag{6.33}$$

であり，PとQは重心Gの反対側にあって $m_1r_1=m_2r_2$ であるから，PとQの間の距離 r を r_1 で表わせば

$$r = r_1+r_2 = r_1+\frac{m_1}{m_2}r_1 = \frac{m_1+m_2}{m_2}r_1 \tag{6.34}$$

となる．また $r=|\boldsymbol{r}_1-\boldsymbol{r}_2|$ であり，重心を原点として $\boldsymbol{r}_1$ と $\boldsymbol{r}_1-\boldsymbol{r}_2$ は同じ方向を向いているから

$$\frac{\boldsymbol{r}_1-\boldsymbol{r}_2}{r} = \frac{\boldsymbol{r}_1}{r_1} \tag{6.35}$$

の関係がある．

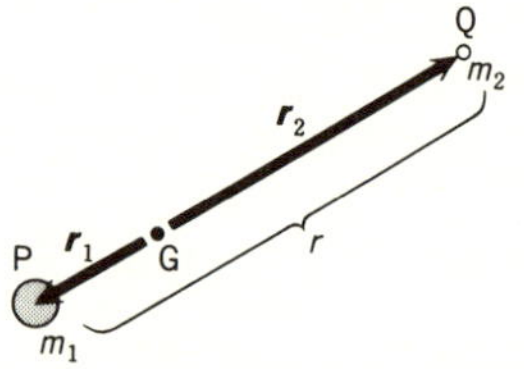

図6-4 重心に対する運動．

(6.34), (6.35)を(6.21)の右辺に代入すれば，重心に対するPの運動方程式として

$$m_1\frac{d^2\boldsymbol{r}_1}{dt^2} = f\left(\frac{m_1+m_2}{m_2}r_1\right)\frac{\boldsymbol{r}_1}{r_1} \tag{6.36}$$

を得る．同様に重心に対するQの運動方程式は

$$m_2\frac{d^2\boldsymbol{r}_2}{dt^2} = f\left(\frac{m_1+m_2}{m_1}r_2\right)\frac{\boldsymbol{r}_2}{r_2} \tag{6.36'}$$

となる．

力 $f(r)$ が万有引力

$$f(r) = -G\frac{m_1m_2}{r^2} \tag{6.37}$$

の場合は重心に対するQの運動は

$$m_2\frac{d^2\boldsymbol{r}_2}{dt^2} = -G\frac{{m_1}^3 m_2}{(m_1+m_2)^2}\frac{\boldsymbol{r}_2}{{r_2}^3} \tag{6.38}$$

となる．これは重心に $M={m_1}^3/(m_1+m_2)^2$ の質量があるときのQに対する運動方程式である．ここでPに対するQの軌道の長半径を a とし，重心のまわりのQの軌道の長半径を a_2 とすると $a_2/a=r_2/r=m_1/(m_1+m_2)$ であり，Qの周期は(4.64)により $T=2\pi {a_2}^{3/2}/\sqrt{GM}$ であるが，これは(6.31)と同じ結果を与える．

潮汐　海水の満ち引きは主に月の引力によって生じるもので，太陽の引力の影響が加わるときには特に著しくなる．

太陽の影響を無視して月による潮汐を考えよう．地球と月は万有引力で引き合って重心のまわりをまわっている．尺度を問題にしなければ図6-5のような運動であり，重心Gをはさんで地球と月は同じ向きにまわっている．地球表面で月に近い点Aと遠い点Bを比べると，Aでは月の引力が海水を引き寄せる力がBよりも強い．しかし地球が重心のまわりをまわるための遠心力はBにおいて強くはたらき，Aでは弱い．このためAでは月の引力，Bでは遠心力が効いて海水はAでもBでも満ち潮になるのである．満ち潮A, Bの間のC,

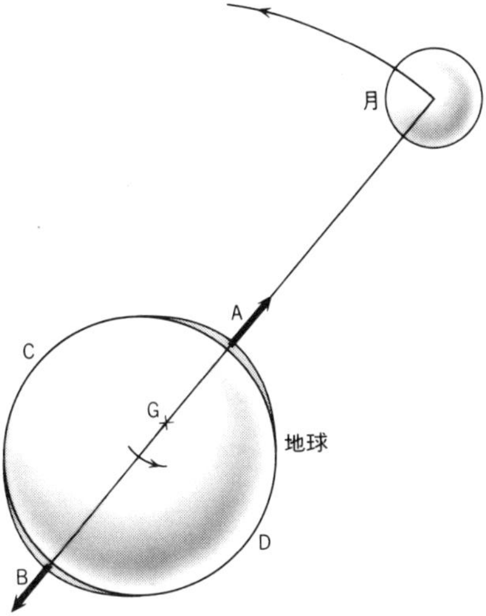

図6-5　潮汐(正しい尺度ではない)．

Coffee Break

潮汐と地球の自転

地球の自転は少しずつおそくなり，1日は前日に比べて1億分の2秒ずつ長くなっている．そのため，1世紀の間には14秒も差ができるが，これは月や惑星や太陽の運動のみかけのおくれとして観測されている．地球の自転がおくれるのは，主に海水の満ち干が自転にブレーキをかけるためである．海水は月に引かれていくらか移動するが，月は地球のまわりを約1カ月で回るのに対して，地球の自転周期は1日であってずっと速いから，潮汐がブレーキになるのである．潮汐が絶えずおこなっているブレーキの仕事は約20億馬力に相当すると推定されている．

この潮汐摩擦の反作用として地球をまわる月の公転運動はエネルギーが与えられ，その結果，月は1カ月に3 mmずつ地球から遠ざかる．この割り合いで月が今までも遠ざかっていたものとすると40億年の昔には地球と月とは極めて接近していたことになる．

地球と月とは密接に作用し合っているから，これらをまとめて1つの体系と考えると，その重心のまわりの角運動量は保存されるはずである．しかし潮汐によって地球の自転はおそくなり，そのため地球の自転の角運動量は減少する．月の角運動量は月の自転による角運動量と月が地球を回る軌道運動の角運動量とからなるが，月の自転の角運動量は小さいので，地球の自転がおそくなるだけ，月の軌道運動の角運動量が増加するはずである．月の軌道半径を r，速さを v，質量を m とすると，月の軌道運動の角運動量は $L=mvr$ となる．地球の質量を M とすると，地球の引力が月の遠心力と釣合うため $\frac{GMm}{r^2}=\frac{mv^2}{r}$，これから $v^2=GM/r=L^2/(mr)^2$，ゆえに $r=\frac{L^2}{GMm^2}$ となる．したがって，地球の自転がおそくなるにつれて月の角運動量 L は増加し，このため地球と月の間の距離 r は次第に増大することになる．

Dでは引き潮になる．太陽の引力も地球上に海水の干満を引き起こす．その影響は月の影響の約半分であって，月と太陽とが同時に満ち潮を起こすときは大潮といって大きな満ち潮が生じる．海水だけでなく，地球表面の大気も月と太陽の引力のために潮汐現象を起こすことが知られている．

問　題

1.　(6.23)と(6.26)から(6.30)を証明せよ．

2.　月と地球の重心は地球の中心からどのくらいの距離にあるか．この距離を地球の半径と比べよ．

3.　長さaのひもの両端に質量m_1, m_2のおもりをつけて放り投げたら空中で角速度ωで重心のまわりに回転した．ひもの張力を求めよ．地球の重力はひもの張力に影響するか．

6-3　運動エネルギー

質点系の運動エネルギーを重心の運動によるエネルギーと残りの部分に分けることを考えよう．j番目の質点の位置$\boldsymbol{r}_j$を重心$\boldsymbol{r}_{\mathrm{G}}$からみて$\boldsymbol{r}_j{}'$とすると

$$\boldsymbol{r}_j = \boldsymbol{r}_{\mathrm{G}} + \boldsymbol{r}_j{}' \qquad (j=1, 2, \cdots, N) \tag{6.39}$$

である．全系の質量を$M=\sum_{j=1}^{N} m_j$とすると，重心の定義により

$$\begin{aligned} M\boldsymbol{r}_{\mathrm{G}} &= \sum_{j=1}^{N} m_j \boldsymbol{r}_j = \sum_{j=1}^{N} m_j (\boldsymbol{r}_{\mathrm{G}} + \boldsymbol{r}_j{}') \\ &= M\boldsymbol{r}_{\mathrm{G}} + \sum_{j=1}^{N} m_j \boldsymbol{r}_j{}' \end{aligned} \tag{6.40}$$

ゆえに

$$\sum_{j=1}^{N} m_j \boldsymbol{r}_j{}' = 0 \tag{6.41}$$

また，これを微分すれば

$$\sum_{j=1}^{N} m_j \frac{d\boldsymbol{r}_j{}'}{dt} = 0 \tag{6.41$'$}$$

である．そこで質点系の全運動エネルギーをKとすると

$$K=\frac{1}{2}\sum_{j=1}^{N}m_j\left(\frac{d\boldsymbol{r}_j}{dt}\right)^2$$
$$=\frac{1}{2}\sum_{j=1}^{N}m_j\left\{\left(\frac{d\boldsymbol{r}_{\mathrm{G}}}{dt}+\frac{d\boldsymbol{r}_j'}{dt}\right)^2\right\}$$
$$=\frac{1}{2}M\left(\frac{d\boldsymbol{r}_{\mathrm{G}}}{dt}\right)^2+\frac{d\boldsymbol{r}_{\mathrm{G}}}{dt}\cdot\sum_{j=1}^{N}m_j\frac{d\boldsymbol{r}_j'}{dt}+\frac{1}{2}\sum_{j=1}^{N}m_j\left(\frac{d\boldsymbol{r}_j'}{dt}\right)^2 \qquad (6.42)$$

ここで(6.41′)により第2項は0である．したがって

$$\boxed{K=K_{\mathrm{G}}+K'} \qquad (6.43)$$

を得る．ただし，ここで

$$\boxed{K_{\mathrm{G}}=\frac{1}{2}M\left(\frac{d\boldsymbol{r}_{\mathrm{G}}}{dt}\right)^2} \qquad (6.44)$$

は重心に全質量が集まって運動するときの運動エネルギー(重心運動のエネルギー)であり

$$\boxed{K'=\frac{1}{2}\sum_{j=1}^{N}m_j\left(\frac{d\boldsymbol{r}_j'}{dt}\right)^2} \qquad (6.45)$$

は重心に相対的な運動のエネルギーである．全運動エネルギーは重心の運動エネルギーと，重心に相対的な運動エネルギーの和に等しい．

問 題

1. 2個の質点に対して(6.43)をたしかめよ．

6-4 角運動量

さきに質点の角運動量について述べたが，質点系について各質点の角運動量の和として，質点系の角運動量が考えられる．質点系の角運動量と外力のモーメントの間の関係を調べよう．まず質点系の運動方程式は

$$\frac{d\boldsymbol{p}_j}{dt}=\boldsymbol{F}_j+\sum_{k=1}^{N}\boldsymbol{F}_{kj} \qquad (j=1,2,\cdots,N) \qquad (6.46)$$

である．角運動量は $\boldsymbol{r}_j\times\boldsymbol{p}_j$ を質点について加え合わせたものなので，(6.46)に左から $\boldsymbol{r}_j$ をベクトル的に掛け，j について加えると

$$\sum_{j=1}^{N}\boldsymbol{r}_j\times\frac{d\boldsymbol{p}_j}{dt}=\sum_{j=1}^{N}\boldsymbol{r}_j\times\boldsymbol{F}_j+\sum_{j=1}^{N}\sum_{k=1}^{N}\boldsymbol{r}_j\times\boldsymbol{F}_{kj} \tag{6.47}$$

となる．ここで最後の項は j と k を入れかえて，第3法則 $\boldsymbol{F}_{kj}=-\boldsymbol{F}_{jk}$ を考慮すれば

$$\begin{aligned}\sum_j\sum_k\boldsymbol{r}_j\times\boldsymbol{F}_{kj}&=\sum_j\sum_k\boldsymbol{r}_k\times\boldsymbol{F}_{jk}\\&=-\sum_j\sum_k\boldsymbol{r}_k\times\boldsymbol{F}_{kj}\end{aligned} \tag{6.48}$$

となる．等しいものを加えて2で割っても同じであるから，左辺と右辺を加えて2で割れば

$$\sum_j\sum_k\boldsymbol{r}_j\times\boldsymbol{F}_{kj}=\frac{1}{2}\sum_j\sum_k(\boldsymbol{r}_j-\boldsymbol{r}_k)\times\boldsymbol{F}_{kj} \tag{6.49}$$

を得る．しかし質点 k と j との間の相互作用の力 $\boldsymbol{F}_{kj}$ は k と j を結ぶ線分($\boldsymbol{r}_j-\boldsymbol{r}_k$) の方向にはたらくから，ベクトル積の性質により

$$(\boldsymbol{r}_j-\boldsymbol{r}_k)\times\boldsymbol{F}_{kj}=0 \tag{6.50}$$

である．よって(6.47)は

$$\sum_{j=1}^{N}\boldsymbol{r}_j\times\frac{d\boldsymbol{p}_j}{dt}=\sum_{j=1}^{N}\boldsymbol{r}_j\times\boldsymbol{F}_j \tag{6.51}$$

となり，右辺は内力に無関係で外力だけできまる．ここで**全系の角運動量**

$$\boxed{\boldsymbol{L}=\sum_{j=1}^{N}\boldsymbol{r}_j\times\boldsymbol{p}_j} \tag{6.52}$$

を導入する．微分すると

$$\frac{d\boldsymbol{L}}{dt}=\sum_{j=1}^{N}\frac{d\boldsymbol{r}_j}{dt}\times\boldsymbol{p}_j+\sum_{j=1}^{N}\boldsymbol{r}_j\times\frac{d\boldsymbol{p}_j}{dt} \tag{6.53}$$

となる．しかし $d\boldsymbol{r}_j/dt=\boldsymbol{v}_j$ は質点 j の速度であり，その運動量 $\boldsymbol{p}_j$ に平行である．平行な2つのベクトルのベクトル積は0であるから

$$\frac{d\boldsymbol{r}_j}{dt}\times\boldsymbol{p}_j=0 \qquad (j=1,2,\cdots,N) \tag{6.54}$$

である．したがって(6.51)，(6.53)により

$$\frac{d\boldsymbol{L}}{dt} = \sum_{j=1}^{N} \boldsymbol{r}_j \times \boldsymbol{F}_j \tag{6.55}$$

ここで $\boldsymbol{F}_j$ は質点 j に加わる外力である．

$$\boxed{\boldsymbol{N} = \sum_{j=1}^{N} \boldsymbol{r}_j \times \boldsymbol{F}_j} \tag{6.56}$$

を**外力のモーメント**という．これを用いれば

$$\boxed{\frac{d\boldsymbol{L}}{dt} = \boldsymbol{N}} \tag{6.57}$$

すなわち，質点系の角運動量の時間的変化の割り合いは外力のモーメントに等しい．これは極めて重要な法則である．

もしもある点のまわりの外力のモーメントが常に 0 であれば，質点系の角運動量は一定に保たれる．これを**角運動量保存の法則**という．

重心のまわりの回転と重心運動の分離　質点系の角運動量を，原点に対する重心の運動による部分と，重心のまわりの運動による部分に分けることができるかどうか，調べてみよう．質点系の重心の位置を $\boldsymbol{r}_G$ とし，重心に対する質点 j の位置を $\boldsymbol{r}_j'$ とすると

$$\boldsymbol{r}_j = \boldsymbol{r}_G + \boldsymbol{r}_j' \qquad (j=1, 2, \cdots, N) \tag{6.58}$$

である．この質点の運動量は

$$\boldsymbol{p}_j = m_j\left(\frac{d\boldsymbol{r}_G}{dt} + \frac{d\boldsymbol{r}_j'}{dt}\right) \qquad (j=1, 2, \cdots, N) \tag{6.59}$$

であるから，質点系の角運動量(6.52)は

$$\begin{aligned} \boldsymbol{L} &= \sum_{j=1}^{N} m_j(\boldsymbol{r}_G + \boldsymbol{r}_j') \times \left(\frac{d\boldsymbol{r}_G}{dt} + \frac{d\boldsymbol{r}_j'}{dt}\right) \\ &= \sum_{j=1}^{N} m_j \boldsymbol{r}_G \times \frac{d\boldsymbol{r}_G}{dt} + \sum_{j=1}^{N} m_j \boldsymbol{r}_j' \times \frac{d\boldsymbol{r}_j'}{dt} \end{aligned} \tag{6.60}$$

と書ける．ただし(6.41)，(6.41′)を用いた．(6.60)右辺の第 1 項

$$\sum_{j=1}^{N} m_j \boldsymbol{r}_G \times \frac{d\boldsymbol{r}_G}{dt} = \boldsymbol{L}_G \tag{6.61}$$

は，全運動量 $\boldsymbol{P} = M\dfrac{d\boldsymbol{r}_G}{dt}$ を用いれば

$$\boxed{\boldsymbol{r}_{\mathrm{G}} \times \boldsymbol{P} = \boldsymbol{L}_{\mathrm{G}}} \tag{6.61'}$$

となるが，これは全質量が重心に集中したと仮想したときに重心が原点のまわりにもつ角運動量である．また

$$m_j \frac{d\boldsymbol{r}_j{}'}{dt} = \boldsymbol{p}_j{}' \tag{6.62}$$

は質点 j の重心に相対的な運動量であり，

$$\sum_{j=1}^{N} m_j \boldsymbol{r}_j{}' \times \frac{d\boldsymbol{r}_j{}'}{dt} = \boldsymbol{L}' \tag{6.63}$$

あるいは

$$\boxed{\sum_{j=1}^{N} \boldsymbol{r}_j{}' \times \boldsymbol{p}_j{}' = \boldsymbol{L}'} \tag{6.63'}$$

は重心のまわりの角運動量である．これらを用いれば

$$\boxed{\boldsymbol{L} = \boldsymbol{L}_{\mathrm{G}} + \boldsymbol{L}'} \tag{6.64}$$

となる．すなわち，角運動量は重心運動によるものと，重心のまわりの運動によるものとの和として与えられる．

例えば図 6-6 のように，質点系あるいは物体が重心 G のまわりに自転しながらある点 O のまわりに公転している場合は，自転の角運動量 $\boldsymbol{L}'$ と公転の角運動量 $\boldsymbol{L}_{\mathrm{G}}$ の和が O のまわりの，全角運動量である．公転のない場合，すなわち質点系あるいは物体が不動の重心のまわりに自転している場合は，任意の固定点 O のまわりの角運動量 $\boldsymbol{L}$ は重心のまわりの角運動量 $\boldsymbol{L}'$ に等しい．

他方で外力のモーメント (6.56) は

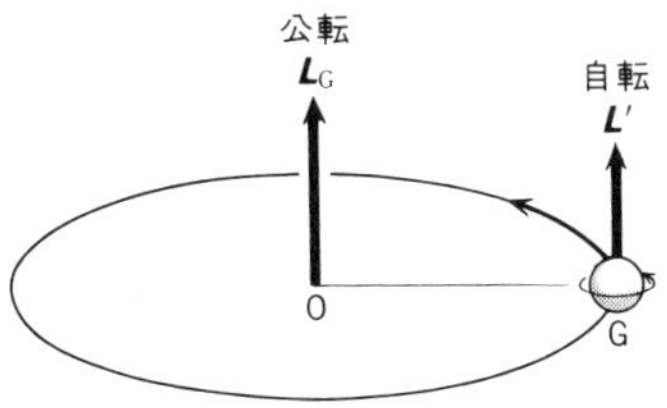

図 6-6 自転しながら公転している物体の角運動量は $\boldsymbol{L} = \boldsymbol{L}_{\mathrm{G}} + \boldsymbol{L}'$ である．

$$\boldsymbol{N} = \sum_{j=1}^{N} (\boldsymbol{r}_{\mathrm{G}} + \boldsymbol{r}_j') \times \boldsymbol{F}_j = \boldsymbol{r}_{\mathrm{G}} \times \sum_{j=1}^{N} \boldsymbol{F}_j + \sum_{j=1}^{N} \boldsymbol{r}_j' \times \boldsymbol{F}_j \tag{6.65}$$

と書ける．ここで

$$\boxed{\boldsymbol{N}_{\mathrm{G}} = \boldsymbol{r}_{\mathrm{G}} \times \sum_{j=1}^{N} \boldsymbol{F}_j} \tag{6.66}$$

は重心の位置ベクトル $\boldsymbol{r}_{\mathrm{G}}$ と力の総和 $\sum_{j=1}^{N} \boldsymbol{F}_j$ のベクトル積であり，これは力がすべて重心に集まったと仮想したときの原点のまわりの外力のモーメントである．また，

$$\boxed{\boldsymbol{N}' = \sum_{j=1}^{N} \boldsymbol{r}_j' \times \boldsymbol{F}_j} \tag{6.67}$$

は重心のまわりの外力のモーメントである．これらを用いて(6.65)から

$$\boxed{\boldsymbol{N} = \boldsymbol{N}_{\mathrm{G}} + \boldsymbol{N}'} \tag{6.68}$$

なので，運動方程式は

$$\frac{d\boldsymbol{L}_{\mathrm{G}}}{dt} + \frac{d\boldsymbol{L}'}{dt} = \boldsymbol{N}_{\mathrm{G}} + \boldsymbol{N}' \tag{6.69}$$

となる．しかし $(d\boldsymbol{r}_{\mathrm{G}}/dt) \times \boldsymbol{P} = (\boldsymbol{P}/M) \times \boldsymbol{P} = 0$ なので，(6.61′), (6.14)により

$$\frac{d\boldsymbol{L}_{\mathrm{G}}}{dt} = \boldsymbol{r}_{\mathrm{G}} \times \frac{d\boldsymbol{P}}{dt} = \boldsymbol{r}_{\mathrm{G}} \times \sum_{j=1}^{N} \boldsymbol{F}_j$$

あるいは

$$\boxed{\frac{d\boldsymbol{L}_{\mathrm{G}}}{dt} = \boldsymbol{N}_{\mathrm{G}}} \tag{6.70}$$

となる．ゆえに重心のまわりの角運動量の変化の式として

$$\boxed{\frac{d\boldsymbol{L}'}{dt} = \boldsymbol{N}'} \tag{6.71}$$

が得られる．このように，角運動量に対する運動方程式は重心に関する式と，重心のまわりの角運動量に対する式に分けられる．

したがって質点系の運動を明らかにするには，まず(6.70)によって重心の運

動を知り，次に重心のまわりの回転運動を(6.71)によって定めればよい．

問　　題

1. 質点系の角運動量の x, y, z 成分はそれぞれ

$$L_x = \sum_{j=1}^{N} m_j \left(y_j \frac{dz_j}{dt} - z_j \frac{dy_j}{dt} \right)$$

$$L_y = \sum_{j=1}^{N} m_j \left(z_j \frac{dx_j}{dt} - x_j \frac{dz_j}{dt} \right)$$

$$L_z = \sum_{j=1}^{N} m_j \left(x_j \frac{dy_j}{dt} - y_j \frac{dx_j}{dt} \right)$$

で与えられることを示せ.

2. (6.57)を用いて単振り子の運動方程式(3.45)，すなわち

$$ml \frac{d^2\theta}{dt^2} = -mg \sin\theta$$

を導け.

7

剛体の簡単な運動

固い物体は力を加えても変形しないし，運動するときも形を変えない．完全に固い物体を考えて，これを剛体という．剛体は無数の質点からなると考えられるが，剛体内の各質点の相互の位置関係が変わらないように，たがいに内力をおよぼし合っている．質点相互の位置関係が変わらないということが剛体のもつ著しい特徴であり，剛体は質点系の特別な場合として扱うことができる．

7-1　剛体の運動方程式

剛体の位置，配向(あるいは回転)をきめるにはいくつの変数が必要であるか，考えてみよう．剛体内の1点(例えば重心)は，空間に固定した座標軸により，x, y, z の3個の座標できまる．この点を通って剛体に固定した1つの直線を考えると，その方向は極座標の2個の変数 (θ, φ) できまる．最後に剛体はこの直線のまわりに回転できるので，それを表わす角 ψ を適当に選ぶ．こうして剛体の位置と配向は6個の変数によって定められ，剛体の位置と傾きが自由にとれるとすれば，これら6個の変数は自由に選ぶことができる．剛体は無数の質点からなるが，6個の変数によって1つの剛体内のすべての質点の位置は決定されるのである．このことを剛体の**自由度**は6であるという．

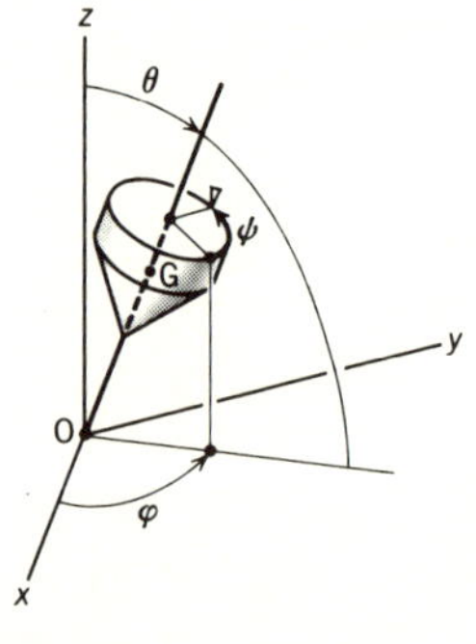

図7-1　剛体の位置 $G(x, y, z)$ と配向 (θ, φ, ψ)．

そのため剛体の運動は6個の運動方程式によってきめられる．

また，剛体が多くの力を受けて静止している条件，すなわち剛体の釣り合いの条件は，運動方程式で特に運動が0の場合として，6個の方程式で与えられることになる．

剛体の運動を定める6個の運動方程式として，重心に対する運動方程式

$$\boxed{m\frac{d^2\boldsymbol{r}_G}{dt^2} = \sum_j \boldsymbol{F}_j} \tag{7.1}$$

の x, y, z 方向の 3 成分と，角運動量に対する運動方程式

$$\boxed{\frac{d\boldsymbol{L}}{dt} = \sum_j (\boldsymbol{r}_j \times \boldsymbol{F}_j) = \boldsymbol{N}} \tag{7.2}$$

の x, y, z 方向の 3 成分の式が用いられる．

もしも外力のモーメント $\boldsymbol{N}$ が常に 0 ならば，角運動量 $\boldsymbol{L}$ は一定に保たれる．これは剛体に対する**角運動量保存の法則**である．

剛体に力が作用する点を**着力点**といい，着力点を通り力のベクトルと一致する直線を力の**作用線**という．力は作用線上でずらしても力のモーメントやベクトル和に変化はない．したがって力を作用線上でずらしてもその効果に変わりは生じない．

剛体の 2 点に大きさが等しく，向きが反対の 2 力が作用するとき，これを**偶力**という．偶力は合力としては 0 であるが，力のモーメントをもち，剛体の回転を加速する効果をもつ．

問　　題

1. 剛体に同一平面内の平行でない 3 つの力が加わって釣り合っているときは，3 力の作用線は 1 点で交わる（図参照）ことを証明せよ．交点は剛体の内にあるとは限らない．

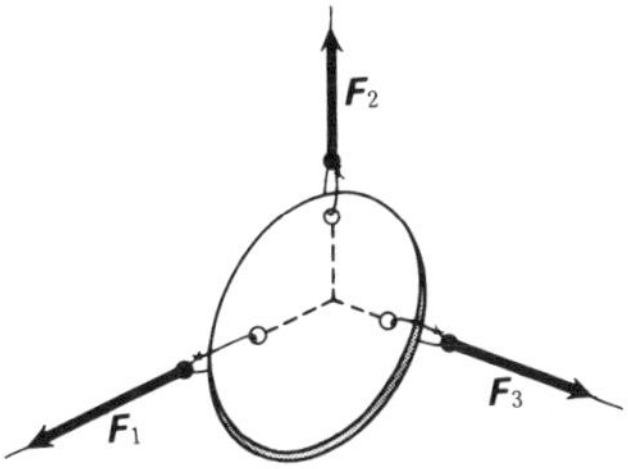

問題 1

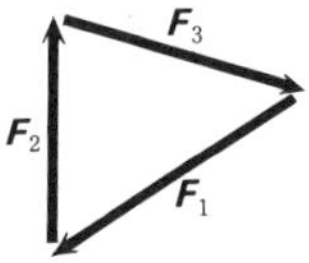

問題 2

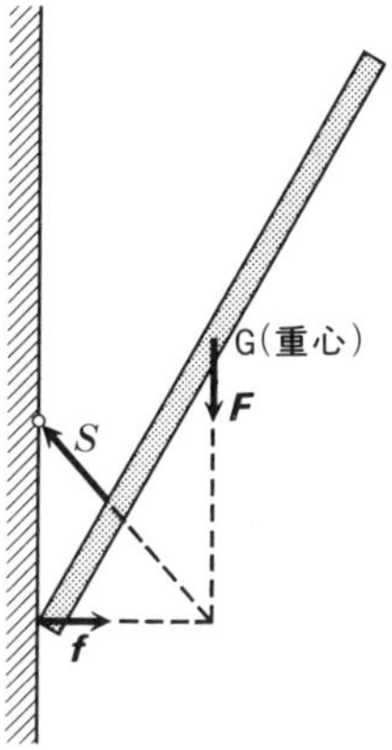

問題 3

2. 上の問題において，釣り合う3力 $\boldsymbol{F}_1, \boldsymbol{F}_2, \boldsymbol{F}_3$ は閉じた3角形を構成する(図参照)ことを示せ.

3. 図のように壁に額を掛けた．壁はなめらかであるとして，ひもの張力 $\boldsymbol{S}$，額の重さ $\boldsymbol{F}$，壁の抗力 $\boldsymbol{f}$ の間の関係を述べよ．

7-2 固定軸をもつ剛体の運動

剛体が1直線のまわりに自由に回転でき，そしてこの回転以外の運動ができない場合，この直線を**固定軸**という(図7-2参照)．この軸のまわりの回転角だけで剛体の位置と傾きは定まる．したがって自由度は1であり，1個の運動方程式で運動がきまるはずである．これは6個の運動方程式の中からうまく選び出さなければならないが，この場合には直観的にわかるように，固定軸のまわりの角運動量に対する式を使えばよい．

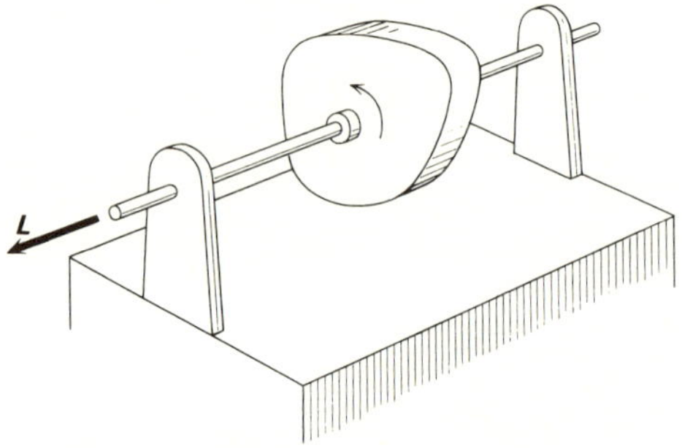

図7-2 固定軸をもつ剛体の角運動量 $\boldsymbol{L}$.

固定軸を z 軸にとり，剛体を構成する各質点(質量 m_j)の軸からの距離を r_j としよう．軸上に原点をもち，空間に固定した円柱座標 (r_j, φ_j, z_j) を用いれば，質点 j の角速度は $d\varphi_j/dt$ である．しかし，図7-3からわかるように

$$\omega = \frac{d\varphi_j}{dt} \tag{7.3}$$

は各質点に共通であって，剛体の回転の角速度である．そして質点 j の運動量は $m_j r_j \omega$ であり，軸に関する角運動量は $m_j r_j^2 \omega$ である．したがって，軸に関

する全角運動量 L_z は

$$L_z = \sum_j m_j r_j{}^2 \omega \tag{7.4}$$

となる．j に関する和 $\sum_j$ は剛体を構成する質点全体に関する和である．ここで剛体と固定軸によって定まる量

$$\boxed{I = \sum_j m_j r_j{}^2} \tag{7.5}$$

は固定軸のまわりの剛体の**慣性モーメント**(moment of inertia)と呼ばれる．これを用いれば，軸のまわりの角運動量は

$$\boxed{L_z = I\omega} \tag{7.6}$$

となる．

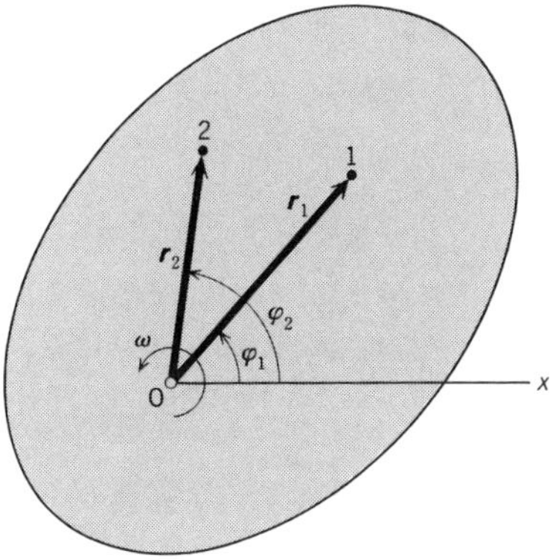

図 7-3　固定軸のまわりの回転．

角運動量に対する運動方程式(7.2)は

$$\frac{dL_z}{dt} = N_z \tag{7.7}$$

であるが，外力のモーメント N_z を単に N と書けば，固定軸をもった剛体の運動方程式は

$$\boxed{I\frac{d\omega}{dt} = N} \tag{7.8}$$

と書ける．また剛体が標準の位置からまわった角を φ とすれば

$$\omega = \frac{d\varphi}{dt} \tag{7.9}$$

である．したがって運動方程式は

$$\boxed{I\frac{d^2\varphi}{dt^2} = N} \tag{7.10}$$

と書ける．

力のモーメント N を一定にしたとき剛体の角加速度 $d^2\varphi/dt^2$ は慣性モーメント I に逆比例する．したがって質量が直線運動の慣性の大きさを表わすのに似て，慣性モーメントは回転運動の慣性の大きさを表わすものである．

(7.5)によれば，慣性モーメントは質量に比例し，質量が軸から遠くに分布しているほど大きいことがわかる．

例題 1 物理振り子．水平な固定軸のまわりに自由に回転でき，重力の作用を受けて運動する剛体(これを**物理振り子**(physical pendulum)という)の振動を調べよ．

［解］ まず，固定軸のまわりの重力のモーメント N を求めよう．図 7-4 のように，軸に垂直な鉛直面内に軸 x, y をとり，x 軸は鉛直方向にとると，剛体の微小部分(質量 m_j，位置 $\boldsymbol{r}_j(x_j, y_j)$)にはたらく重力 $\boldsymbol{F}_j$ $(F_j = m_j g)$ の軸に関するモーメント $\boldsymbol{r}_j \times \boldsymbol{F}_j$ の大きさは $m_j g y_j$ であるが(図 7-4(a) 参照)，その向きは z 軸の負の向きである．したがって振り子の全質量を M とし，重心の位置を x_G, y_G とすれば，軸に関する重力のモーメントの z 成分 N は全体として

$$N = -g\sum_j m_j y_j = -gMy_G \tag{7.11}$$

となる．重心 G と軸 O の距離を h とし，OG の鉛直からの傾きを φ とすれば(図 7-4(b) 参照)

$$y_G = h\sin\varphi \tag{7.12}$$

ゆえに重力のモーメントは

$$N = -Mgh\sin\varphi \tag{7.13}$$

である．

したがって，(7.10)により運動方程式は

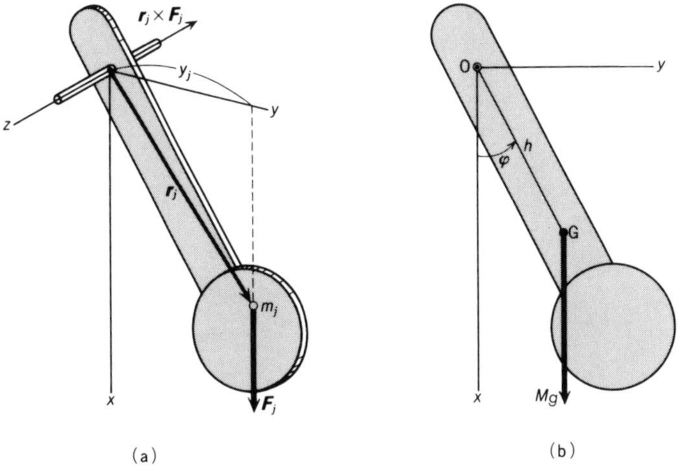

図 7-4　物理振り子.

$$I\frac{d^2\varphi}{dt^2} = -Mgh\sin\varphi \tag{7.14}$$

となる．これを単振り子の式(3.45)と比べれば，物理振り子は長さが

$$l = \frac{I}{Mh} \tag{7.15}$$

で与えられる単振り子と同じ運動をすることがわかる．l を**相等単振り子の長さ**という．振れ幅 φ が小さいときの物理振り子の周期は

$$T = 2\pi\sqrt{\frac{l}{g}} = 2\pi\sqrt{\frac{I}{Mgh}} \tag{7.16}$$

で与えられる．単振り子は質量が先端に集中した物理振り子とみることができる．▎

回転の運動エネルギー　固定軸のまわりに角速度 ω で回転している剛体の運動エネルギーを求めておこう．固定軸に沿っての運動はないものとする．

固定軸から r_j のところにある質点の速さは $r_j\omega$ であるから，その運動エネルギーは $m_j(r_j\omega)^2/2$ である．したがって剛体全体の運動エネルギーは

$$K = \frac{1}{2}\sum_j m_j(r_j\omega)^2 = \frac{1}{2}\omega^2\sum_j m_j {r_j}^2 \tag{7.17}$$

ここで $I=\sum_j m_j r_j{}^2$ は軸のまわりの慣性モーメントである．したがって回転の運動エネルギーは

$$\boxed{K=\frac{1}{2}I\omega^2} \tag{7.18}$$

で与えられる．

問　　題

1. 長さ l の一様な棒について(7.18)を確かめよ．

7-3　剛体の慣性モーメント

剛体に固定した1つの軸を考え，そのまわりの慣性モーメントの性質を少しくわしく調べよう．

この軸から剛体を構成する質点 j(質量 m_j) までの距離を r_j とすると軸のまわりの慣性モーメント I は

$$I=\sum_j m_j r_j{}^2 \tag{7.19}$$

で与えられる．これは各点の質量に比例するから，全質量を M として

$$\begin{gathered} I=M\kappa^2, \qquad M=\sum_j m_j \\ \kappa^2=\frac{\sum_j m_j r_j{}^2}{\sum_j m_j} \end{gathered} \tag{7.20}$$

と書くことができる．各点の質量をすべて同じ割り合いで変えると I はそれに比例して変わるが，κ は変わらない．κ を**回転半径**(radius of gyration) という．

剛体の質量が連続的な分布をしているときは，点 (x,y,z) における密度を ρ とするとき，微小体積 $dxdydz$ に含まれる質量は $\rho dxdydz$ であるから

$$M=\iiint \rho dxdydz \tag{7.21}$$

となる．

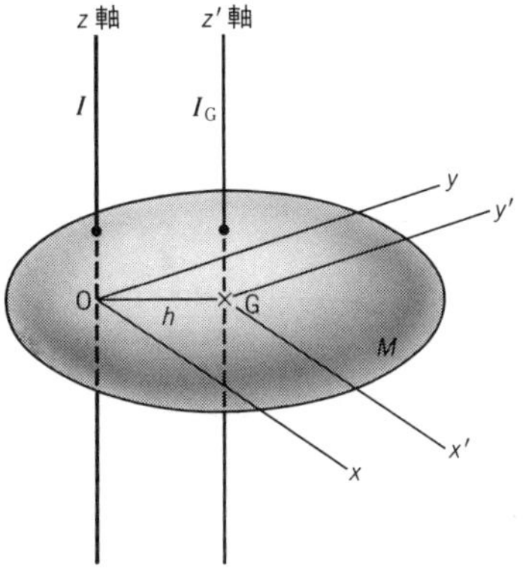

図 7–5　慣性モーメント $I=I_G+Mh^2$.

剛体に固定した 1 つの軸のまわりの慣性モーメント I を考える．この軸を z 軸，これに平行で重心を通る軸を z' 軸とし，z' 軸のまわりの慣性モーメントを I_G とする．重心を通り x, y, z 軸に平行な x', y', z' 軸を図 7–5 のようにとると

$$I = \sum_j m_j(x_j^2+y_j^2) \tag{7.22}$$

$$I_G = \sum_j m_j(x_j'^2+y_j'^2) \tag{7.23}$$

また重心の位置を x_G, y_G, z_G とすれば

$$\left.\begin{aligned} x_j &= x_G+x_j' \\ y_j &= y_G+y_j' \end{aligned}\right. \tag{7.24}$$

である．そこで例えば

$$\sum_j m_j x_j^2 = x_G{}^2 \sum_j m_j + \sum_j m_j x_j'^2 + 2x_G \sum_j m_j x_j' \tag{7.25}$$

となるが，$\sum_j m_j = M$ は全質量であり，また重心の定義により

$$\sum_j m_j x_j' = 0, \qquad \sum_j m_j y_j' = 0$$

である．したがって (7.25) の右辺第 3 項は消え

$$\sum_j m_j x_j^2 = Mx_G{}^2 + \sum_j m_j x_j'^2 \tag{7.26}$$

となる．同様に

$$\sum_j m_j y_j^2 = My_G{}^2 + \sum_j m_j y_j'^2 \tag{7.26$'$}$$

となる．そこで

$$x_G{}^2+y_G{}^2 = h^2 \tag{7.27}$$

とおくと，h は固定軸と重心の間の距離である．これを用いると(7.22)，(7.23)，(7.26)により，関係式

$$\boxed{I = I_G + Mh^2} \tag{7.28}$$

を得る．したがって重心を通る軸のまわりの慣性モーメント I_G を知っていれば，これから h だけ離れた平行な軸のまわりの慣性モーメントは(7.28)で与えられる．このように重心を通る軸のまわりの慣性モーメントは特別な重要性をもっている．

慣性モーメントの具体例 代表的な例として円板と球および球殻について慣性モーメントを求めておこう．これらは実際によく眼にする回転物体に近い例である(図7-6参照)．

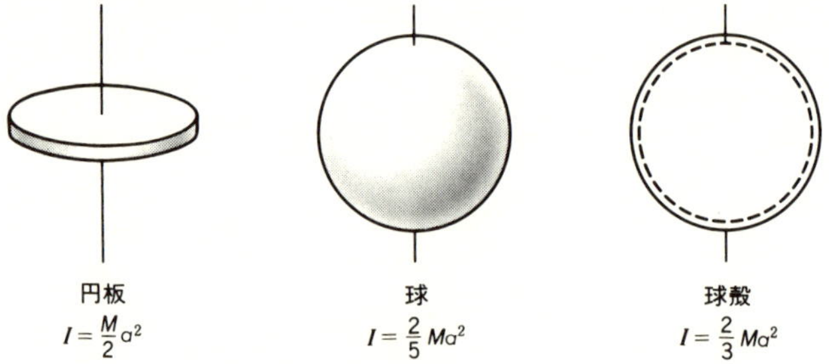

図7-6 簡単な物体の慣性モーメント．

(1) 密度も厚さも一様な円板 円板の中心を通り，円板に垂直な軸のまわりの慣性モーメントを求めよう．円板の半径を a とし，面密度を σ とすると，軸からの距離が r と $r+dr$ の間の質量は $\sigma 2\pi r dr$ であるから，全質量は

$$M = \int_0^a 2\pi r\sigma dr = \pi\sigma a^2 \tag{7.29}$$

慣性モーメントは

$$I = \int_0^a r^2 2\pi r\sigma dr = \frac{M}{2}a^2 \tag{7.30}$$

(2) 密度の一様な球 球の中心を通る軸のまわりの慣性モーメントを求める．球の半径を a，密度を ρ とすると，全質量は

$$M=\int_0^a 4\pi r^2\rho dr=\frac{4\pi}{3}\rho a^3 \tag{7.31}$$

求める慣性モーメントは

$$I=\iiint(x^2+y^2)\rho dxdydz \tag{7.32}$$

であるが，対称性から

$$\iiint x^2\rho dxdydz=\iiint y^2\rho dxdydz=\iiint z^2\rho dxdydz \tag{7.33}$$

であるから，$r^2=x^2+y^2+z^2$ として

$$\begin{aligned}I&=\frac{2}{3}\iiint(x^2+y^2+z^2)\rho dxdydz\\&=\frac{2}{3}\int_0^a r^2\rho\cdot 4\pi r^2dr=\frac{8\pi\rho}{15}a^5\end{aligned} \tag{7.34}$$

したがって

$$I=\frac{2}{5}Ma^2 \tag{7.35}$$

を得る．

(3) <u>薄い球殻</u> (2)と同様にして求められるが，次のようにしてもよい．球の場合を

$$I=\frac{2}{5}\frac{4\pi}{3}\rho a^5 \tag{7.36}$$

と書くと，a を微小量 da だけ増したときの慣性モーメントの増分が球殻の慣性モーメントであって，これは

$$I(\text{殻})=dI(\text{球})=\frac{8\pi}{3}\rho a^4da \tag{7.37}$$

で与えられる．球殻の質量は

$$M(\text{殻})=4\pi a^2\rho da \tag{7.38}$$

であるから

$$I(\text{殻})=\frac{2}{3}M(\text{殻})a^2 \tag{7.39}$$

となる．

例題 1　中心を通る滑らかな鉛直軸のまわりに水平に回転できる半径 a，質量 M の一様な円板がある．この中心にいた質量 m の昆虫が円板上を歩き，その上に直径 a の円を描いて中心に戻った．この間に円板が回転した角度を求めよ．ただしはじめ円板は静止していたとする．

［解］　図 7-7 のように，円板の中心を O，昆虫を P とし，昆虫が歩く円の直径を OA とする．OA に垂直な線 OB と OP のなす角を θ とし，昆虫の移動によって θ が $d\theta$ だけ増したとき，円板が逆方向に回転する角度を $d\alpha$ とすると，外から見て OP のまわった角は $d\theta-d\alpha$ である．$\overline{\mathrm{OP}}=a\sin\theta$ であるから，O のまわりの昆虫の角運動量を L とすると

$$L = m(a\sin\theta)^2\frac{d\theta-d\alpha}{dt}$$

他方で円板の O のまわりの慣性モーメントを I とすると，円板は昆虫と逆向きにまわるので，O のまわりの円板の角運動量 L' は

$$L' = -I\frac{d\alpha}{dt}$$

である．はじめ円板の角運動量はなかったのであるから，角運動量保存の法則

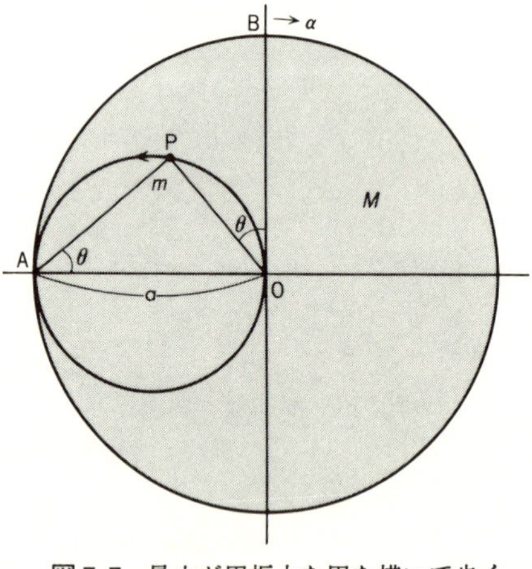

図 7-7　昆虫が円板上を円を描いて歩くと，円板は回転する．

により，全角運動量は0にとどまる．したがって

$$L+L'=0$$

$$\therefore\quad ma^2\sin^2\theta(d\theta-d\alpha)-Id\alpha=0$$

$d\alpha$ について解けば

$$d\alpha=\frac{ma^2\sin^2\theta}{I+ma^2\sin^2\theta}d\theta$$

一様な円板では $I=(M/2)a^2$ である．昆虫が円を1回描いてもとへ戻ったときの円板の回転角を α とすると

$$\alpha=\int_0^\pi\frac{2m\sin^2\theta}{M+2m\sin^2\theta}d\theta$$

この右辺の積分は $s^2=2m/M$ とおくと

$$\int_0^\pi\frac{s^2\sin^2\theta}{1+s^2\sin^2\theta}d\theta=\int_0^\pi\left(1-\frac{1}{1+s^2\sin^2\theta}\right)d\theta$$

となる．ここでさらに右辺第2項の積分を求めるため，$t=\tan\theta$ とおくと

$$\cos^2\theta=\frac{1}{1+t^2},\qquad\sin^2\theta=\frac{t^2}{1+t^2},\qquad d\theta=\frac{dt}{1+t^2}$$

したがって一般に p,q を定数とすれば

$$\int\frac{d\theta}{p^2\cos^2\theta+q^2\sin^2\theta}=\int\frac{1}{\dfrac{p^2}{1+t^2}+\dfrac{q^2t^2}{1+t^2}}\frac{dt}{1+t^2}$$

$$=\frac{1}{pq}\int\frac{\dfrac{q}{p}dt}{1+\left(\dfrac{q}{p}t\right)^2}=\frac{1}{pq}\tan^{-1}\left(\frac{q}{p}t\right)$$

ここで $x=\dfrac{q}{p}t$ とおいて $\displaystyle\int\frac{dx}{1+x^2}=\tan^{-1}x$ を用いた．$\theta=0\sim\pi/2$ に対して $t=0\sim\infty$，$q/p>0$ のとき $\tan^{-1}\left(\dfrac{q}{p}t\right)=0\sim\pi/2$ であるから

$$\int_0^\pi\frac{d\theta}{1+s^2\sin^2\theta}=2\int_0^{\pi/2}\frac{d\theta}{\cos^2\theta+(s^2+1)\sin^2\theta}$$

$$=\frac{\pi}{\sqrt{s^2+1}}=\pi\sqrt{\frac{M}{M+2m}}$$

よって

Coffee Break

猫の宙返り

慣性の法則によれば，外力がはたらかない限り，はじめに静止していた重心はいつまでも止まっている．例えばつながれていない舟の中や，なめらかな水平面上の乳母車の中でいくらじたばたしても前進することはできない．しかし回転運動については少しちがったことが起こり得る．猫はこのことをよく心得ていて，逆さ吊りにした姿勢で落されると，空中で宙返りして着地し，はじめ止まっていても，外力なしに回転運動を起こし得ることを証明してくれる．

猫は回転なしに，角運動量ゼロの状態で落される．地上に立つまでに明らかに猫は回転を起こしているが，角運動量保存の法則により角運動量は終始ゼロでなければならない．したがって角運動がなくても回転はあり得ることになる．では猫はどのようにして自分の身体を回すのか，その動作を追ってみよう．

(a)　前脚を身体につけ（前半身の慣性モーメントを小さくして），前脚と共に前半身をねじる．このとき，全角運動量をゼロに保つため後脚は逆向きに回るが，後脚は回転軸から遠いため後半身の慣性モーメントが大きいので，後半身の回転はごくわずかである．

(b)　前半身が適当に回ったとき，前脚を下へつき出し（前半身の慣性モーメントを大きくし），後脚を回転軸に近づけ（後半身の慣性モーメントを小さくし），後半身をひねる．このとき前半身は逆向きに回るが，それはわずかである．

流儀の少しちがう猫もあるかも知れないが，とにかく身体を変形して慣性モーメントを変えることによって回転を生じさせたり，回転速度を変えたりすることができる．フィギュアー・スケートで広げていた腕を身体に近づければ回転が速められるのは，角運動量はだいたい一定であるが，慣性モーメントを小さくすれば角速度は大きくなるということである．

体操競技では猫顔まけのウルトラCの演技も見られるが，多くの人にとって猫のまねは無理だとしても，その動作の一部をまねてみることはできる．例えばなめらかに回転できる回転椅子に腰をかけ，両足は床から離しておく．(a)両腕を前方へ伸ばし，これを左へ勢いよく振ると，身体は椅子と共に右へ回る．(b)両腕を身体へ引きつけ右方へ戻す．このとき，身体と椅子は極くわずか左へ回るが，これは問題にならない程度である．動作(a), (b)を繰り返せば身体と椅子はどんどん右へ回ることになる．7-3節の例題1で自由に回転できる円板上の昆虫が歩いて戻ると円板が回転するのも同じ理屈である．虫がはじめ半径方向へ歩いて円板の縁まで行き，円周に沿ってあるところまで左へ行ってからまた半径に沿って中心へ戻っても，同じように円板を回すことができる．2匹の虫が円板の中心に対していつも対称的に歩けば，円板の中心を軸で支えなくても，中心のまわりに回転さすことができるわけである．

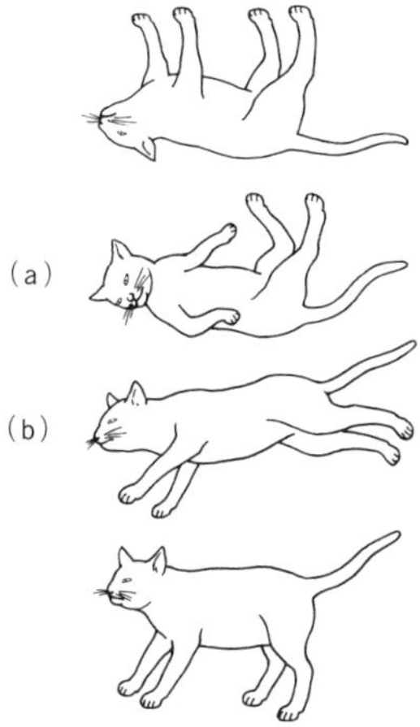

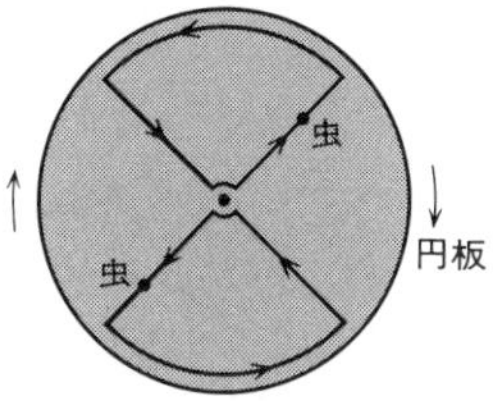

$$\alpha = \pi\left(1-\sqrt{\frac{M}{M+2m}}\right)$$

を得る. ❙

斜面を転がる球 斜面を転がり降りる球の加速度を求めよう．またこのとき斜面と球の間に作用する力の，斜面に沿う成分を調べよう．ここで斜面と球の間に滑りはないとし，転がり摩擦は無視できるとする．また，はじめ球は静止しているものとする．

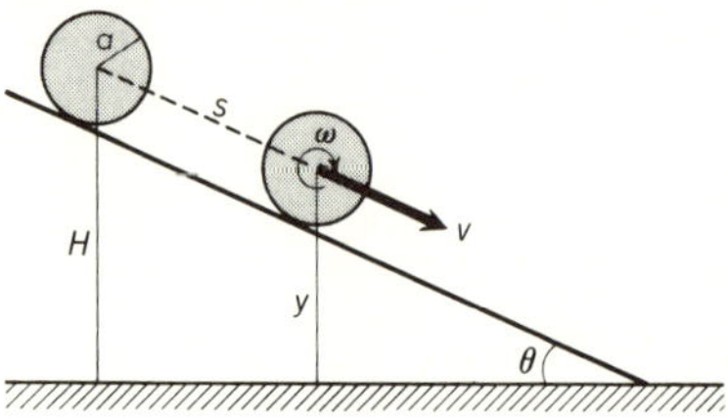

図 7-8 斜面を転がる球．

この問題にはエネルギー保存の法則を用いるとよい．球の半径を a，質量を M，斜面に沿う速度を v とし，慣性モーメントを I，回転の角速度を ω とする．図 7-8 のように球の高さを y とすれば，エネルギー保存の法則は

$$\frac{1}{2}Mv^2+\frac{1}{2}I\omega^2+Mgy = MgH \tag{7.40}$$

と書ける．ここで H ははじめ球が静止していたときの高さである．面と球の間に滑りがないとしているので

$$a\omega = v \tag{7.41}$$

が成り立つ．したがって

$$\frac{1}{2}\left(M+\frac{I}{a^2}\right)v^2+Mgy = MgH \tag{7.42}$$

斜面の傾きを θ，斜面に沿う距離を s とすれば

$$s\sin\theta = H-y \tag{7.43}$$

したがって

$$v = \frac{ds}{dt} = \frac{-1}{\sin\theta}\frac{dy}{dt} \tag{7.44}$$

他方で(7.42)を時間について微分すれば

$$\left(M+\frac{I}{a^2}\right)v\frac{dv}{dt} = -Mg\frac{dy}{dt} \tag{7.45}$$

ゆえに

$$\frac{dv}{dt} = \frac{1}{M+I/a^2}Mg\sin\theta \tag{7.46}$$

一様な球では $I=\dfrac{2}{5}Ma^2$ なので

$$\frac{dv}{dt} = \frac{5}{7}g\sin\theta \tag{7.47}$$

$g\sin\theta$ は重力加速度の斜面に沿う成分である．もしも転がり降りる物体の質量が中心に集中しているならば，つまり，回転エネルギーを考えなくてよいならば加速度は $g\sin\theta$ になる．しかし一様な密度の球ならば，球の大きさに関係なく，回転にエネルギーをとられるため，加速度は 5/7 倍になる．

斜面に接するところで球には滑りがないとしているので転がりの静止摩擦力が加わり，これが回転を加速する．図 7-9 で摩擦力を F とすれば，球の重心に対する力のモーメントは Fa で，これが重心のまわりの回転を加速する．したがって

$$I\frac{d\omega}{dt} = Fa \tag{7.48}$$

が成り立つ．$\omega=v/a$ なので

$$F = \frac{I}{a^2}\frac{dv}{dt} = \frac{I}{Ma^2+I}Mg\sin\theta \tag{7.49}$$

一様な球では

$$F = \frac{2}{7}Mg\sin\theta \tag{7.50}$$

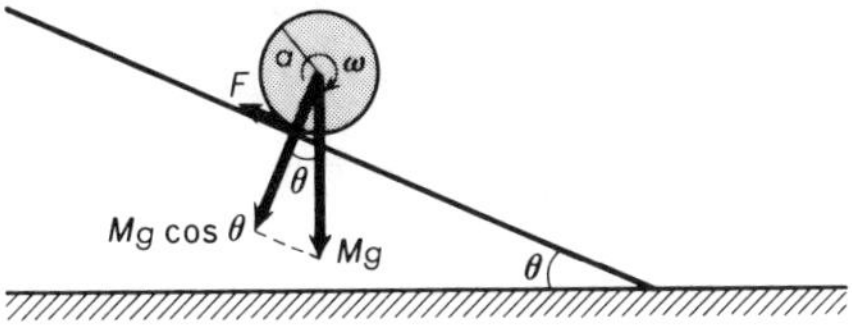

図 7-9 回転を加速する摩擦力．

面と球の間に滑りがなければ，この摩擦力は仕事をしないので，エネルギーは減少しない．これは静止摩擦である．

静止摩擦力 F は最大静止摩擦力を越えることができない．この場合の摩擦係数を μ とすると，最大静止摩擦力 F_0 は球の重さの斜面に垂直な成分 $Mg\cos\theta$ に比例し，

$$F_0 = \mu Mg\cos\theta \tag{7.51}$$

で与えられる．したがって滑りが起こらない条件は

$$\frac{F}{F_0} = \frac{(2/7)\sin\theta}{\mu\cos\theta} < 1 \tag{7.52}$$

ゆえに

$$\tan\theta_0 = \frac{7}{2}\mu \tag{7.53}$$

で与えられる θ_0 を越える傾きになると，球と斜面との間に滑りが起こってしまう．$\theta \geqq \pi/2$ ならば摩擦力が作用しないので，球は回転を加速されることなく自由落下する(図 7-10 参照)．

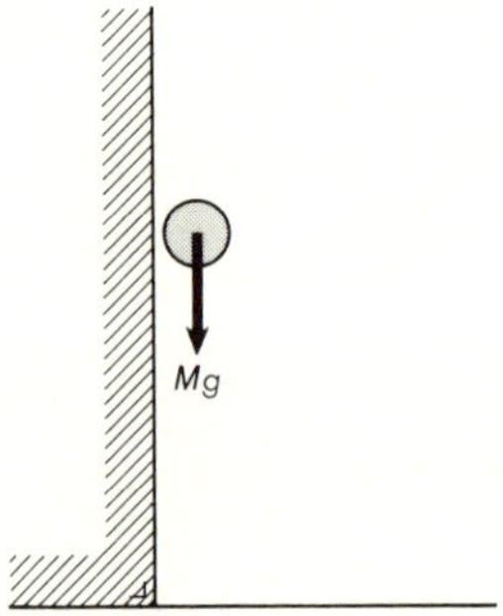

図 7-10　鉛直な壁に沿って落下する球.

球突きの問題　水平面上においた一様な球に，中心を含む鉛直面内で，水平な撃力を与えたときの運動を調べよう．これは球突きの問題である．

撃力の力積を J とすると，力積は運動量の変化に等しいから，質量 M の球は(撃力はきわめて短時間だけ作用するので摩擦力の力積は無視できる)

$$Mv_0 = J \tag{7.54}$$

で与えられる速度 v_0 で動き出す．同時に撃力のモーメントにより回転運動も

生じる．撃力 F が面から高さ l のところで水平に与えられたとすると，重心に対する力のモーメントは $(l-a)F$ であるから，回転に対して(F' は摩擦力)

$$I\frac{d\omega}{dt} = (l-a)F - aF' \tag{7.55}$$

が成り立つ．撃力のはたらく短い時間内で積分すれば球は

$$I\omega_0 = (l-a)J \tag{7.56}$$

で与えられる角速度 ω_0 で回転し出すことがわかる．(7.56)の右辺は**力積モーメント**(あるいは**角力積**(かくりきせき))と呼ばれる．

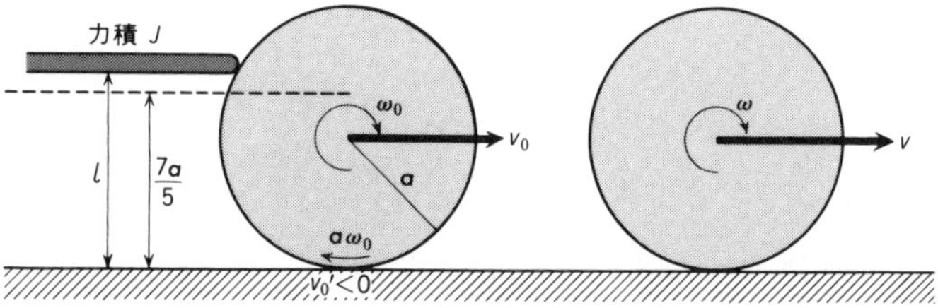

図 7-11 球突き．$l>7a/5$ の場合は $v_0'=v_0-a\omega_0<0$ となる．

一様な球では $I=\dfrac{2}{5}Ma^2$ である．球が面に接するところにおける回転のための速度の大きさ $a\omega_0$ は(7.56)により

$$a\omega_0 = \frac{a(l-a)}{I}J = \frac{5(l-a)}{2aM}J \tag{7.57}$$

であるが，これは球の進行と逆向きなので

$$v_0' \equiv v_0 - a\omega_0 = \frac{7a-5l}{2aM}J \tag{7.58}$$

は球が面に対して滑る速さである．したがって突く高さ l によって次の3つの場合がある．

(i) $l=7a/5$ ならば球は滑らないで進む．そのため滑りの摩擦力は生じないで(転がりの静止摩擦はあるが)，球はほとんどはじめの速さで転がり続け，静止していた同じ質量の他の球に正面衝突すればこれを動かして自分は静止する．

(ii) $l>7a/5$ ならば $v_0'<0$．回転の方が速いので，摩擦力は直進運動を助長し，回転を減速する向きにはたらく．そのため球は滑りがなくなるまで，しば

らくの間直進運動が加速され，それからほぼ一定の速さで進む．$v_0'<0$ の間に静止していた同じ質量の他の球にあたった場合，これを動かした後もなお前進しようとする．球突きでは押し球がこの場合に相当する．

(iii) $l<7a/5$ の場合は $v_0'>0$．滑りの摩擦力は球の進行を減速し回転を加速する．滑りの摩擦係数を μ とすると摩擦力の大きさは μMg であるから，直進の速度を v，回転の角速度を ω とすると

$$M\frac{dv}{dt}=-\mu Mg, \qquad I\frac{d\omega}{dt}=\mu Mga \tag{7.59}$$

がしばらく成り立つ．したがって

$$v=v_0-\mu gt=\frac{J}{M}-\mu gt \tag{7.60}$$

$$a\omega=a\omega_0+\frac{5}{2}\mu gt=\frac{5(l-a)}{2a}\frac{J}{M}+\frac{5}{2}\mu gt \tag{7.61}$$

で表わされる運動が $v=a\omega$ になるとき，すなわち

$$t=\frac{(7a-5l)J}{7Mga\mu} \tag{7.62}$$

まで続く．そして最終的に

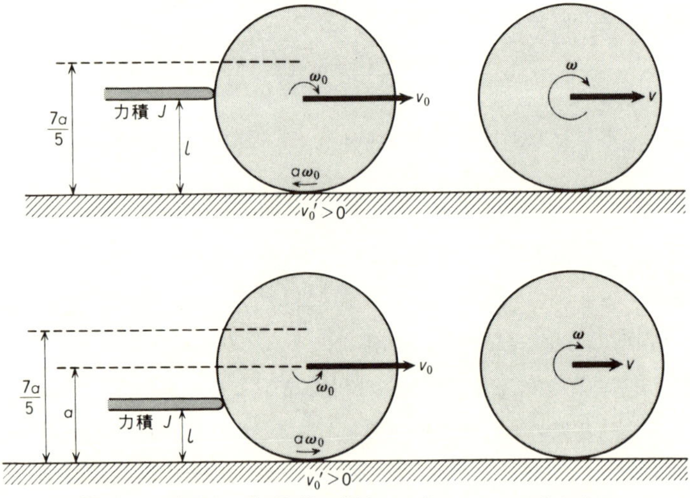

図 7-12 球突き．$l<7a/5$ の場合は $v_0'=v_0-a\omega_0>0$ となる．

$$v_\infty = \frac{5l}{7a}\frac{J}{M} \tag{7.63}$$

の速さになり，以後は滑らずに転がる運動(i)に移る．

(7. 63)が摩擦係数μによらないのはちょっと面白い．

$l<a$のときは，球は逆さの回転($\omega_0<0$)で運動しはじめ，やがて$\omega>0$となるが，その他の点では$l<7a/5$の場合と同じである．もしも$\omega<0$である間に他の球にあたると直進運動がとめられて，残っていた逆向きの摩擦力によって球は逆に加速されて戻ってくる．これは玉突きの引き球に相当する．

例題 2　O を通る軸のまわりに自由に回転できる剛体がある．重心をGとし，OG上の点Pにおいて，OGおよび回転軸に垂直な方向に力積$\bar{Y}$の撃力を与えるとき，軸に生じる抗力の力積を求めよ．抗力が生じないようにするにはどこを打てばよいか．

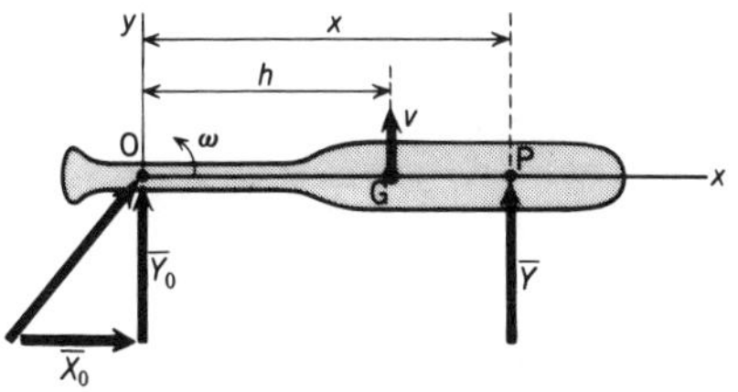

図 7-13　どこに撃力を与えれば手にショックを感じないか．

［解］　図7-13のようにOGをx軸にとり，撃力がはたらく点をP$(x,0)$とする．Oのまわりの剛体の慣性モーメントをIとし，力積$\bar{Y}$によって生じた回転の角速度をωとすれば

$$I\omega = x\bar{Y}$$

軸における抗力による力積のx,y成分をそれぞれ$\bar{X}_0, \bar{Y}_0$とし，剛体の質量をM，重心の得た速度の成分をu,vとすれば

$$Mu = \bar{X}_0, \qquad Mv = \bar{Y}_0+\bar{Y}$$

ここで$\overline{\mathrm{OG}}=h$とすれば

$$u=0, \qquad v=h\omega$$

したがって

$$\overline{X}_0 = 0, \qquad \overline{Y}_0 = \omega\left(Mh - \frac{I}{x}\right)$$

軸の抗力がなくなるとき，すなわち $\overline{Y}_0=0$ になるような x の値を x_0 とすれば

$$x_0 = \frac{I}{Mh}$$

このときのOをPに対する**打撃の中心**という．Oに軸をつける代りに手でOをにぎった場合，ここから重心の側に x_0 だけ離れた点Pに撃力を与えれば手にショックを感じない．

Oを通る直線を固定軸とする物理振り子の相等振り子の長さ l((7.15)参照)はちょうど x_0 に等しい．これはOをきめたときの x_0 を実験的に見出す方法を与える．▎

問　題

1. 非常にうすい板の上の1点を原点Oにとり，板の面内に x 軸と y 軸，これに垂直に z 軸をとる．x, y, z 軸のまわりの慣性モーメントをそれぞれ I_x, I_y, I_z とすると $I_x = \sum_j m_j y_j^2$, $I_y = \sum_j m_j x_j^2$, したがって

$$I_z = I_x + I_y$$

が成り立つことを示せ．

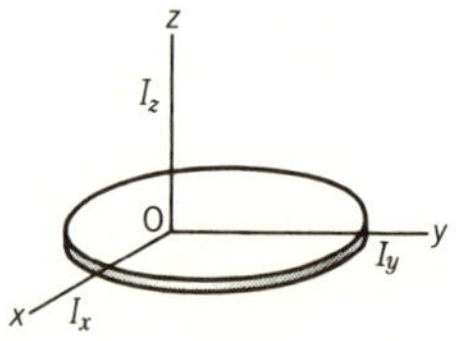

問題1

2. 斜面(傾き θ)を転がり降りる一様な密度の円柱の加速度を求めよ．

7-4 コマの歳差運動

ふつうのコマは軸のまわりに回転対称の形，質量分布をしている．これを軸のまわりに高速度で回転させ，軸の下端で机上に直立させればそのままで回転をつづけるが，少し傾けると軸が鉛直線と一定の角を保ちながら一定の角速度で旋回する．これを**歳差運動**，または**みそすり運動**という．コマは歳差運動のほかに軸が鉛直線となす角が周期的に変わる運動もおこない，これは**章動**とよ

ばれる．これらの運動を厳密に扱うのはややむずかしいので，ここではコマの回転が十分速いとして近似的な扱いによって歳差運動を明らかにしよう．コマの軸の下端(支点)は机上にあってすべることがないとする．

コマの軸が支点を通る鉛直線(z 軸)から一定の角 θ だけ傾いて歳差運動をしているとする(図 7-14)．コマの各部分には重力が作用しているが，支点のまわりの重力のモーメントを求めるときは，コマの重心に質量が集まったとして計算すればよい．コマの全質量を M，支点から重心までの距離を l とすれば，支点のまわりの重力のモーメント $\boldsymbol{N}$ の大きさ N は

$$N = Mgl\sin\theta \qquad (7.64)$$

で与えられる．モーメント $\boldsymbol{N}$ は鉛直線とコマの軸を含む平面に垂直で，図 7-14 のように水平面内にある．

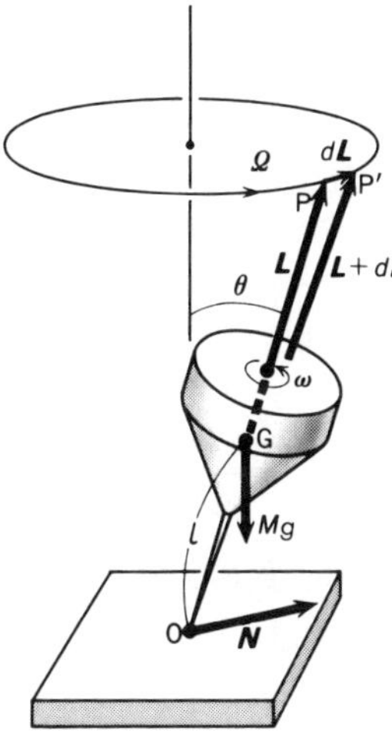

図 7-14　コマの歳差運動．

支点のまわりのコマの角運動量を $\boldsymbol{L}$ とし，微小時間 dt の間の $\boldsymbol{L}$ の変化を $d\boldsymbol{L}$ とすれば(7.2)により

$$d\boldsymbol{L} = \boldsymbol{N}dt \qquad (7.65)$$

である．角運動量 $\boldsymbol{L}$ はコマがコマの軸のまわりに回る自転のための角運動量と，歳差運動のためにコマ全体が z 軸のまわりに回っているための角運動量とから成る．しかし，ここではコマの軸のまわりの回転が十分速い場合を考え，

自転の角運動量に対して歳差運動の角運動量は無視できるとしよう．すると角運動量 $\boldsymbol{L}$ はコマの軸と一致しているとしてよいことになる．そこで軸に沿って支点からベクトル $\boldsymbol{L}$ を引き，この矢印の先端をPとしよう．支点OからPまでの距離は角運動量の大きさ L に等しい．

歳差運動のためにPは z 軸のまわりを，半径 $L\sin\theta$ の円を描いて回る．この円運動の角速度(歳差運動の角速度)を Ω とし，微小時間 dt 時間の間にPがP′へ移るとすればPとP′の距離は $L\sin\theta\cdot\Omega\,dt$ に等しい．また，ベクトル矢OP′は時間 dt 後の角運動量であって，PからP′へ引いた矢印は角運動量の変化 $d\boldsymbol{L}$ に等しい．時間 dt を十分小さくとればPP′の方向はコマの軸と z 軸を含む平面に垂直で，重力のモーメント $\boldsymbol{N}$ の方向と一致している．これらの間には，(7.65)が成り立つわけである．

点Pは $L\sin\theta$ の半径で z 軸のまわりを回り，その角速度は Ω であるから，角運動量の変化 $d\boldsymbol{L}$ の大きさを dL とするとこれはPP′の距離に等しく

$$dL = L\sin\theta\cdot\Omega dt \tag{7.66}$$

となる．したがって(7.64), (7.65)により

$$L\sin\theta\cdot\Omega dt = Mgl\sin\theta dt$$

であり，したがって

$$\Omega = \frac{Mgl}{L} \tag{7.67}$$

が成り立つ．これは歳差運動の角速度 Ω をコマの質量 M，支点から重心までの距離 l，およびコマの自転の角運動量 L の関数として与える式である．同じコマでも自転が速ければ角運動量 L は大きい．したがって，コマの自転が速ければ速いほど，歳差運動はゆっくりであることがわかる．

軸のまわりのコマの慣性モーメントを I とし，軸のまわりの回転の角速度を ω とすれば

$$L = I\omega \tag{7.68}$$

であるから

$$\Omega = \frac{Mgl}{I\omega} \tag{7.69}$$

となる．

高速で回転しているコマは重力がはたらいても倒れないで歳差運動をおこなう．このように高速で回転している物体は力の方向に倒れないで，力に対して垂直な向きに回転軸が移動する．これを**ジャイロ現象**という．

地球の歳差運動　地球はすこし扁平な回転楕円体であり，地軸はその対称軸である．地軸は地球の公転軌道面の法線に対して 23°27′ の傾きをなしているため，太陽や月が地球におよぼす引力は地球の中心に対してモーメントをもつことになる．例えば太陽に近い地球の部分は遠い部分よりも大きな引力を受けるので，図 7-15 からわかるように，引力のモーメントは地軸を立たせる向きにはたらく．このため地球は自転と反対の向きに歳差運動をおこない，その周期は約 26000 年である．現在，地軸は北極星を指しているが，歳差運動によりその方向はすこしずつずれているのである．

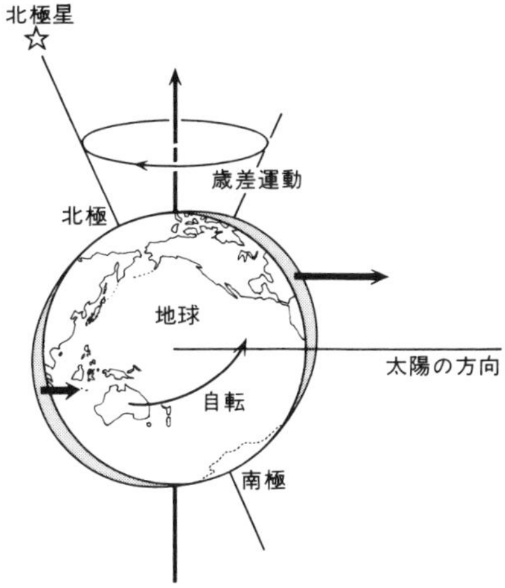

図 7-15　地球の歳差運動．

問　題

1.　コマの質量 $M=5.0$ g，支点から重心までの距離 $l=3$ cm とし，コマは密度 0.8 g/cm^3，半径 2 cm，厚さ 0.5 cm の円板型であるとして，歳差運動の角速度 Ω を求めよ．

ただし角速度を $\omega=20\pi$ ラジアン/s とする.

2. 地球の歳差運動の向きは自転と逆の向きであることを示せ.

8

相対運動

ふつうは地球が動いていないと考えて，地球を基準にして運動を考察する．しかし例えば走っている電車の中で荷物を動かしたり，物を落したりするときの運動を扱うときは，電車の床を基準にする方が便利である．経験によれば電車が加速するときや減速するときには電車の運動が感じられるが，一定の速度で走っているときには，揺れることを除けば，地表にいるときと変わりない．また，そのときは電車の中でも放物体や振り子は地表における場合と同じように運動する．

8-1　回転しない座標系

電車が加速したり減速したり曲がって走るときは，電車の中の観測者に対してニュートンの運動方程式はそのままでは成り立たない．地球も自転し，太陽のまわりをまわっているから，くわしくいうと地表でもその影響はあるはずである．実際，人工衛星，台風の風，10 メートルもある長い振り子には地球の自転の影響が現われるが，太陽を中心とし，恒星系に対して静止した座標系を考えればニュートンの運動法則がそのままで成り立つ．このようにニュートンの運動法則がそのままで成り立つ座標系を**慣性系**と呼ぶ．この章では，慣性系に対して動いている座標系を考えて，これを基準にしたときに運動法則はどのようになるかを調べ，種々の現象を考察する．

原点を O，座標軸を x, y, z とする慣性系を S 系 (O-x, y, z) で表わそう．そして S 系に対して運動している座標系の原点を O′，座標軸を x', y', z' とし，この座標系を S' 系 (O′-x', y', z') とする．また，S から見た S' の原点 O′ の座標を x_0, y_0, z_0 とする．

はじめに S' が回転していない場合を考え，S と S' の座標軸が平行であるとすると

$$x = x_0 + x', \qquad y = y_0 + y', \qquad z = z_0 + z' \tag{8.1}$$

が成り立つ．ベクトルを用いれば

$$\boldsymbol{r} = \boldsymbol{r}_0 + \boldsymbol{r}' \tag{8.2}$$

と書ける．

慣性系 S に対してはニュートンの運動方程式

$$m\frac{d^2\boldsymbol{r}}{dt^2} = \boldsymbol{F} \tag{8.3}$$

が成り立つ．ここで (8.2) を時間で 2 回微分すれば

$$\frac{d^2\boldsymbol{r}}{dt^2} = \frac{d^2\boldsymbol{r}_0}{dt^2} + \frac{d^2\boldsymbol{r}'}{dt^2} \tag{8.4}$$

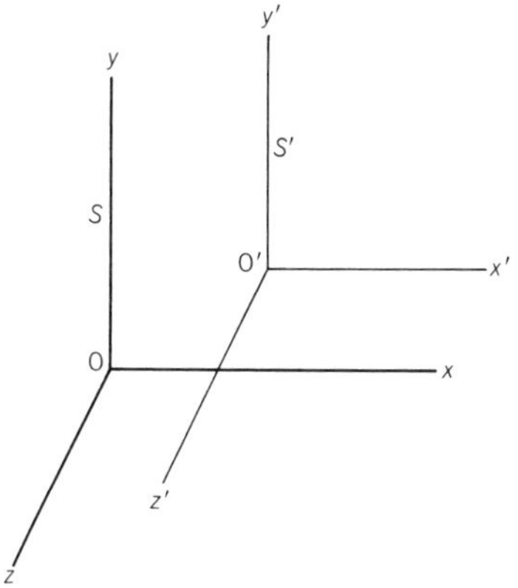

図 8-1 座標系の平行移動.

を得る．したがって(8.3)は

$$m\frac{d^2\boldsymbol{r}'}{dt^2} = \boldsymbol{F}+\boldsymbol{F}' \tag{8.5}$$

ただし

$$\boldsymbol{F}' = -m\frac{d^2\boldsymbol{r}_0}{dt^2} \tag{8.6}$$

と書ける．(8.5)において左辺は S' 系に対するみかけの加速度であり，この式は S' 系を基準にした運動方程式である．この座標系 S' が加速度運動をしているために本当の力 $\boldsymbol{F}$ のほかに力 $\boldsymbol{F}'$ が作用しているように見える．$\boldsymbol{F}'$ は**みかけの力**であって，**慣性力**とも呼ばれる．

> 慣性系に対して加速度運動をしている座標系では慣性力が現われ，これを加えればニュートンの運動方程式が成立する．

相対速度が一定の場合　特別の場合として慣性系 S に対する S' 系の速度が一定の場合を考えよう．この場合

$$\text{相対速度}\ \boldsymbol{v}_0 = \frac{d\boldsymbol{r}_0}{dt} = \text{一定} \tag{8.7}$$

であり，したがって相対加速度 $d^2\boldsymbol{r}_0/dt^2=0$，あるいは $\boldsymbol{F}'=0$ である．そのため S' 系に対しても

$$m\frac{d^2\mathbf{r}'}{dt^2} = \boldsymbol{F} \tag{8.8}$$

が成り立つ．いいかえると，ひとつの慣性系 S に対して等速度で動く座標系 S' はやはり慣性系である．これを**ガリレイの相対性原理**という．

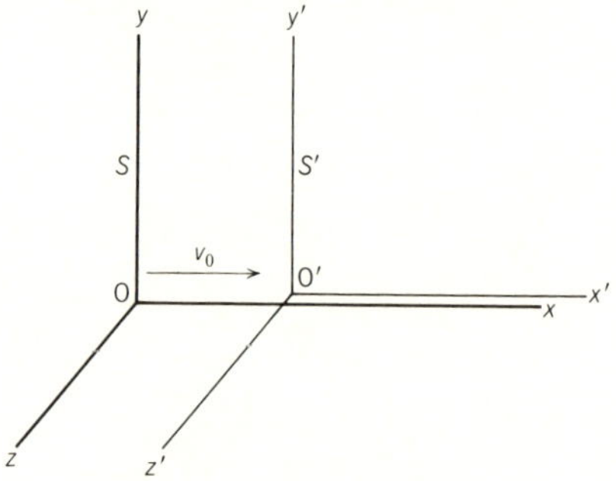

図 8-2 ガリレイ変換．

相対速度 $\boldsymbol{v}_0$ が一定ならば，その方向を x 軸および x' 軸にとり，これらが重なるようにすれば

$$x = v_0t+x', \quad y = y', \quad z = z' \tag{8.9}$$

によって (x, y, z) と (x', y', z') の間の関係がつけられる．この関係を**ガリレイ変換**という．この変換により速度は

$$v_x = v_0+v_{x'}, \quad v_y = v_{y'}, \quad v_z = v_{z'} \tag{8.10}$$

のように変換される．

問　題

1. ガリレイ変換で $d^3\mathbf{r}/dt^3$ はどのように変換されるか．

8-2 重心系と実験室系

2 個の粒子の衝突は原子核実験などで絶えず問題にされる．すでに 2 体問題(6-2 節)として扱ったように，一方の粒子に対する他方の粒子の運動(相対運動)は(6. 25)式で与えられる．重心運動は衝突によって変わらないから，重心と共に移動する座標系は一定速度で動く．この座標系を**重心系**という．重心を $\boldsymbol{r}_{\mathrm{G}}=0$ とすると，相対座標 $\boldsymbol{r}=\boldsymbol{r}_2-\boldsymbol{r}_1$ を求めた後は，(6. 30)により

$$\boldsymbol{r}_1 = -\frac{m_2}{m_1+m_2}\boldsymbol{r}, \qquad \boldsymbol{r}_2 = \frac{m_1}{m_1+m_2}\boldsymbol{r} \tag{8.11}$$

によって各粒子の位置を知ることができる．

原子核実験では静止した原子核に他の粒子を当てて散乱実験をおこなうことが多い．実験室に固定した座標系を**実験室系**という．重心系と実験室系の間の変換はガリレイ変換である．

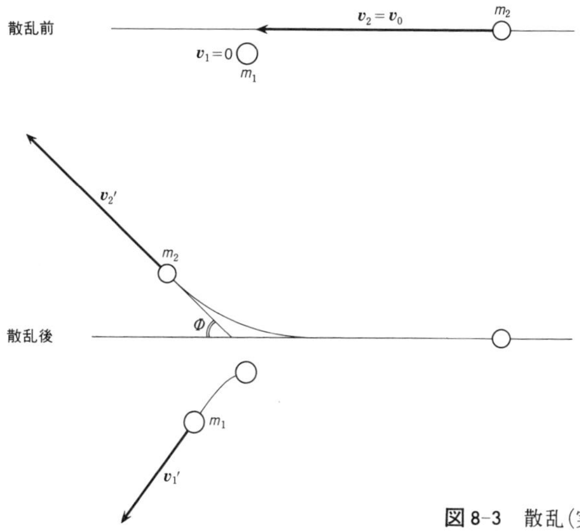

図 8-3 散乱(実験室系).

例えば質量 m_1 の粒子が実験室系で静止していたところへ，質量 m_2 の粒子を速度 $\boldsymbol{v}_0$ で入射させたとする．全運動量 $m_2\boldsymbol{v}_0$ が重心の運動量 $(m_1+m_2)\boldsymbol{v}_{\mathrm{G}}$ に等しいことから，重心の速度 $\boldsymbol{v}_{\mathrm{G}}$ は

$$(m_1+m_2)\boldsymbol{v}_{\mathrm{G}} = m_2\boldsymbol{v}_0 \tag{8.12}$$

で与えられる．実験室系よりも重心系の方が運動が対称に見えて計算も簡単であるから，重心系に移って計算し，そのあとで実験室系へ引き戻して考えるこ

とにする．

そこでまず重心系に移ると，初速度はそれぞれ

$$\begin{aligned} \boldsymbol{V}_1 &= -\boldsymbol{v}_G = -\frac{m_2}{m_1+m_2}\boldsymbol{v}_0 \\ \boldsymbol{V}_2 &= \boldsymbol{v}_0-\boldsymbol{v}_G = \frac{m_1}{m_1+m_2}\boldsymbol{v}_0 \end{aligned} \tag{8.13}$$

となる．重心系では散乱後も重心は静止して見えるので，散乱後の速度をそれぞれ $\boldsymbol{V}_1', \boldsymbol{V}_2'$ とすれば

$$m_1\boldsymbol{V}_1'+m_2\boldsymbol{V}_2' = 0 \tag{8.14}$$

またエネルギー保存の法則から

$$\begin{aligned} \frac{m_1}{2}\boldsymbol{V}_1'^2+\frac{m_2}{2}\boldsymbol{V}_2'^2 &= \frac{m_1}{2}\boldsymbol{V}_1^2+\frac{m_2}{2}\boldsymbol{V}_2^2 \\ &= \frac{m_1m_2}{2(m_1+m_2)}\boldsymbol{v}_0^2 \end{aligned} \tag{8.15}$$

この式と(8.14)とから $\boldsymbol{V}_2'$ を消去すれば

$$\boldsymbol{V}_1'^2 = \frac{m_2^2}{(m_1+m_2)^2}\boldsymbol{v}_0^2 \tag{8.16}$$

$\boldsymbol{V}_2'$ についても同様の式を得る．$v_0=|\boldsymbol{v}_0|$ とすると，散乱後の速さは

$$V_1' = |\boldsymbol{V}_1'| = \frac{m_2}{m_1+m_2}v_0, \qquad V_2' = |\boldsymbol{V}_2'| = \frac{m_1}{m_1+m_2}v_0 \tag{8.17}$$

となる．また散乱前の速さを $V_1=|\boldsymbol{V}_1|$，$V_2=|\boldsymbol{V}_2|$ とすると

$$V_1' = V_1, \qquad V_2' = V_2 \tag{8.18}$$

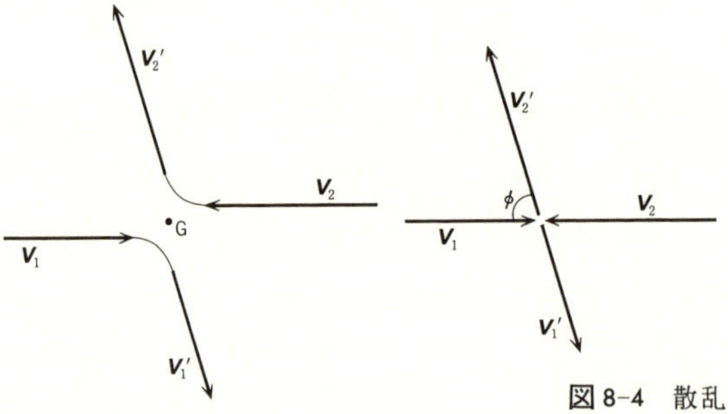

図 8-4　散乱(重心系)．

であることがわかる．したがって，重心系では2粒子とも散乱前の速さと散乱後の速さが等しい．散乱は重心系に対して対称に見えるのである．

さて，実験室系に戻るには質量 m_1 の粒子の初速度を0にするため，重心系に対して速度 $\boldsymbol{V}_1$ で動く座標系へ移ればよい．このため重心系での速度に $-\boldsymbol{V}_1$ を加えればよいわけである．これは作図によって図8-5のようにすればよい．各粒子の速度は重心系では散乱前に $\boldsymbol{V}_1, \boldsymbol{V}_2$ であり，散乱後は $\boldsymbol{V}_1', \boldsymbol{V}_2'$ であって，実験室系では散乱前に $\boldsymbol{v}_1=0$, $\boldsymbol{v}_2=\boldsymbol{v}_0$ であり散乱後は $\boldsymbol{v}_1', \boldsymbol{v}_2'$ であるとすれば，これらの間の関係は次表のようになる．

	散乱前	散乱後
粒子 m_1	$\boldsymbol{v}_1=\boldsymbol{V}_1-\boldsymbol{V}_1=0$	$\boldsymbol{v}_1'=\boldsymbol{V}_1'-\boldsymbol{V}_1$
粒子 m_2	$\boldsymbol{v}_2=\boldsymbol{V}_2-\boldsymbol{V}_1=\boldsymbol{v}_0$	$\boldsymbol{v}_2'=\boldsymbol{V}_2'-\boldsymbol{V}_1$

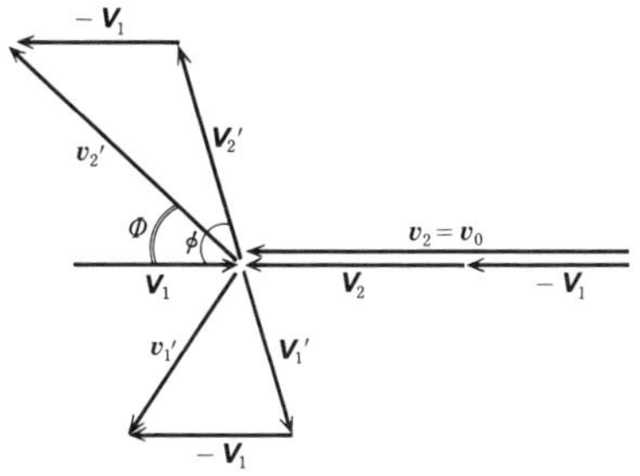

図8-5 散乱角(重心系と実験室系の関係).

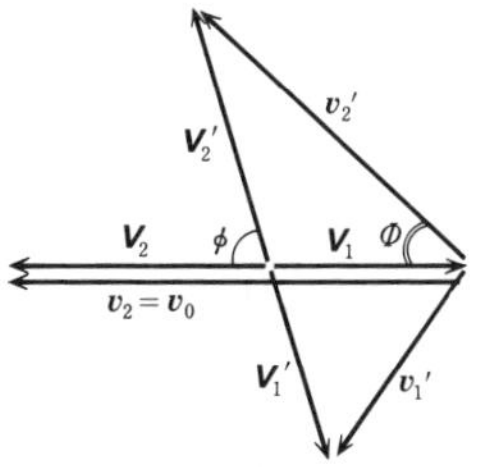

図8-6 散乱の別の表わし方.

粒子 m_2 の運動の向きの変化を**散乱角**という．重心系で散乱角は $\boldsymbol{V}_2$ と $\boldsymbol{V}_2'$ のなす角 ϕ であり，実験室系では $\boldsymbol{v}_2=\boldsymbol{v}_0$ と $\boldsymbol{v}_2'$ のなす角 $\varPhi$ である．図8-5からわかるように，散乱角の間には

$$\tan \Phi = \frac{V_2' \sin \phi}{V_2' \cos \phi + V_1} \tag{8.19}$$

の関係がある．ここで(8.17)，(8.18)により

$$\frac{V_1}{V_2} = \frac{V_1'}{V_2'} = \frac{m_2}{m_1} \tag{8.20}$$

したがって

$$\tan \Phi = \frac{\sin \phi}{\cos \phi + (m_2/m_1)} \tag{8.21}$$

なお散乱の様子は図 8-6 のように表わしてもよい．

問　　題

1. 質量の等しい 2 個の球が一直線上を運動して弾性衝突をする．実験室系で初速度をそれぞれ $\boldsymbol{v}_1, \boldsymbol{v}_2$ とするとき，重心系における初速度と衝突後の速度，および実験室系における衝突後の速度を $\boldsymbol{v}_1, \boldsymbol{v}_2$ を用いて表わせ．

8-3 座標変換

回転している座標系の問題に入る前に，たがいにある角度で交わる 2 つの座標系の間の変換を明らかにしておこう．簡単のため 2 次元的な場合から考えることにする．

2 次元の座標変換　平面内で 2 つの座標系 O-x, y と O-x', y' が角度 φ_0 で交わっているとする．x' 軸方向の単位ベクトルを $\boldsymbol{i}'$ とすると，その x 成分は $\cos \varphi_0$ であり，y 成分は $\sin \varphi_0$ である．$\cos \varphi_0$ と $\sin \varphi_0$ は x' 軸の x 軸，y 軸に対する方向余弦である．位置ベクトル $\boldsymbol{r}$(O-x, y で (x, y))を O-x', y' 系で表わした成分を x', y' とすれば，x' は $\boldsymbol{r} = (x, y)$ の $\boldsymbol{i}' = (\cos \varphi_0, \sin \varphi_0)$ 方向への正射影(図 8-7(a)参照)である．$\boldsymbol{i}'$ は単位ベクトルであるから，x' は $\boldsymbol{r}$ と $\boldsymbol{i}'$ のスカラー積であるといってもよい．すなわち

$$x' = \boldsymbol{r} \cdot \boldsymbol{i}' = x \cos \varphi_0 + y \sin \varphi_0 \tag{8.22}$$

同様に y' 軸方向の単位ベクトル $\boldsymbol{j}'$ の O-x, y 系に対する方向余弦は $\cos (\varphi_0 + \pi/$

2)$=-\sin\varphi_0$ と $\cos\varphi_0$ であるから

$$y' = \boldsymbol{r}\cdot\boldsymbol{j}' = -x\sin\varphi_0 + y\cos\varphi_0 \qquad (8.22')$$

である．これが (x, y) と (x', y') の間の変換を与える．

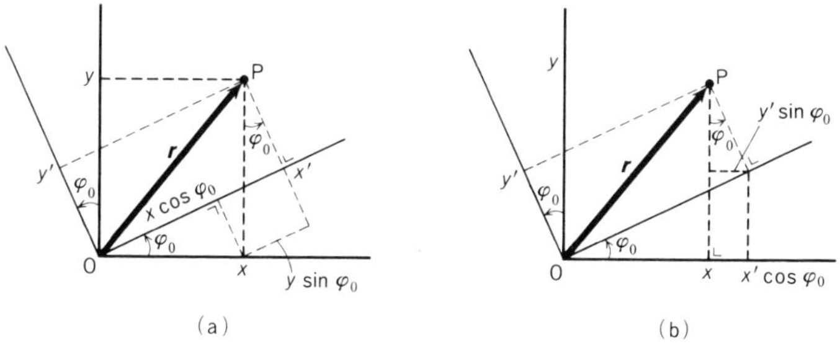

図 8-7　座標変換(2 次元)．

逆に (x, y) を (x', y') で表わせば(図 8-7(b) 参照)

$$\begin{aligned} x &= x'\cos\varphi_0 - y'\sin\varphi_0 \\ y &= x'\sin\varphi_0 + y'\cos\varphi_0 \end{aligned} \qquad (8.23)$$

となる．

表 8-1　2 次元の座標変換

	x	y
x'	$\cos\varphi_0$	$\sin\varphi_0$
y'	$-\sin\varphi_0$	$\cos\varphi_0$

この変換は方向余弦の表(表 8-1)で表わすこともできる．また行列の形で

$$A = \begin{pmatrix} \cos\varphi_0 & \sin\varphi_0 \\ -\sin\varphi_0 & \cos\varphi_0 \end{pmatrix} \qquad (8.24)$$

と書き，行と列をいれかえた行列(転置行列)を転置(transposed)の頭文字 t を用いて

$${}^{t}A = \begin{pmatrix} \cos\varphi_0 & -\sin\varphi_0 \\ \sin\varphi_0 & \cos\varphi_0 \end{pmatrix} \qquad (8.24')$$

と書けば変換は

$$\begin{pmatrix} x' \\ y' \end{pmatrix} = A \begin{pmatrix} x \\ y \end{pmatrix} \qquad (8.25)$$

$$\begin{pmatrix} x \\ y \end{pmatrix} = {}^{t}A \begin{pmatrix} x' \\ y' \end{pmatrix} \qquad (8.25')$$

と書くと見通しがよい．

上の変換は位置ベクトルについて考えたが，位置ベクトルに限らず，速度，加速度，力などすべてのベクトルについて全く同様の変換が成り立つ．すなわち任意のベクトル $\boldsymbol{u}$ の成分を O-x, y 系では u_x, u_y とし，O-x', y' 系では $u_{x'}$, $u_{y'}$ とすると，(8.24), (8.25) と同じ変換行列 A, ${}^{t}A$ を用いて，ベクトルの変換は

$$\begin{pmatrix} u_{x'} \\ u_{y'} \end{pmatrix} = A \begin{pmatrix} u_x \\ u_y \end{pmatrix} \tag{8.26}$$

$$\begin{pmatrix} u_x \\ u_y \end{pmatrix} = {}^{t}A \begin{pmatrix} u_{x'} \\ u_{y'} \end{pmatrix} \tag{8.26$'$}$$

と書ける．

行列　2行2列からなる行列 A を

$$A = \begin{pmatrix} a_{11} & a_{12} \\ a_{21} & a_{22} \end{pmatrix}$$

とし，ベクトル $\begin{pmatrix} u_1 \\ u_2 \end{pmatrix}$ に A を掛けたもの

$$\begin{pmatrix} u_1' \\ u_2' \end{pmatrix} = A \begin{pmatrix} u_1 \\ u_2 \end{pmatrix}$$

は

$$u_1' = a_{11}u_1 + a_{12}u_2$$

$$u_2' = a_{21}u_1 + a_{22}u_2$$

を意味するものとする．すなわち行列とベクトルの積は

$$\begin{pmatrix} a_{11} & a_{12} \\ a_{21} & a_{22} \end{pmatrix} \begin{pmatrix} u_1 \\ u_2 \end{pmatrix} = \begin{pmatrix} a_{11}u_1 + a_{12}u_2 \\ a_{21}u_1 + a_{22}u_2 \end{pmatrix} \tag{8.27}$$

である．

$$\begin{pmatrix} 1 & 0 \\ 0 & 1 \end{pmatrix} \begin{pmatrix} u_1 \\ u_2 \end{pmatrix} = \begin{pmatrix} u_1 \\ u_2 \end{pmatrix}$$

であるから，$\begin{pmatrix} 1 & 0 \\ 0 & 1 \end{pmatrix}$ は $\begin{pmatrix} u_1 \\ u_2 \end{pmatrix}$ を変化させない行列である．ここで

$$1=\begin{pmatrix}1 & 0\\ 0 & 1\end{pmatrix} \tag{8.28}$$

を単位行列という．(8.24)において $\varphi_0=0$ とおけば A は単位行列 1 になる．

2 行 2 列の行列 A を一般に

$$A=\begin{pmatrix}a_{11} & a_{12}\\ a_{21} & a_{22}\end{pmatrix}$$

とすると，(8.26)の形の変換は

$$\begin{pmatrix}u_1{}'\\ u_2{}'\end{pmatrix}=A\begin{pmatrix}u_1\\ u_2\end{pmatrix}=\begin{pmatrix}a_{11}u_1+a_{12}u_2\\ a_{21}u_1+a_{22}u_2\end{pmatrix}$$

を意味する．さらに行列

$$B=\begin{pmatrix}b_{11} & b_{12}\\ b_{21} & b_{22}\end{pmatrix}$$

で変換すると

$$\begin{aligned}\begin{pmatrix}u_1{}''\\ u_2{}''\end{pmatrix}=B\begin{pmatrix}u_1{}'\\ u_2{}'\end{pmatrix}&=\begin{pmatrix}b_{11}u_1{}'+b_{12}u_2{}'\\ b_{21}u_1{}'+b_{22}u_2{}'\end{pmatrix}\\ &=\begin{pmatrix}b_{11}(a_{11}u_1+a_{12}u_2)+b_{12}(a_{21}u_1+a_{22}u_2)\\ b_{21}(a_{11}u_1+a_{12}u_2)+b_{22}(a_{21}u_1+a_{22}u_2)\end{pmatrix}\\ &=\begin{pmatrix}(b_{11}a_{11}+b_{12}a_{21})u_1+(b_{11}a_{12}+b_{12}a_{22})u_2\\ (b_{21}a_{11}+b_{22}a_{21})u_1+(b_{21}a_{12}+b_{22}a_{22})u_2\end{pmatrix}\end{aligned}$$

となる．ここで A と B の積を

$$\begin{aligned}BA&=\begin{pmatrix}b_{11} & b_{12}\\ b_{21} & b_{22}\end{pmatrix}\begin{pmatrix}a_{11} & a_{12}\\ a_{21} & a_{22}\end{pmatrix}\\ &=\begin{pmatrix}b_{11}a_{11}+b_{12}a_{21} & b_{11}a_{12}+b_{12}a_{22}\\ b_{21}a_{11}+b_{22}a_{21} & b_{21}a_{12}+b_{22}a_{22}\end{pmatrix}\end{aligned} \tag{8.29}$$

で定義する．この定義を用いれば，A で変換してからさらに B で変換する計算は

$$\begin{pmatrix}u_1{}''\\ u_2{}''\end{pmatrix}=B\begin{pmatrix}u_1{}'\\ u_2{}'\end{pmatrix}=BA\begin{pmatrix}u_1\\ u_2\end{pmatrix} \tag{8.30}$$

と書けることになる．このように行列による変換を 2 回重ねることは，行列の積による変換と同じである．

行列の積 BA は順序を変えた積 AB と異なるのがふつうである．すなわち $AB=BA$ が成り立つのは特別な場合だけであって一般には $AB \neq BA$ である．

(8.24)の A で変換し，ついで(8.24′)の ${}^tA$ で変換すれば $\begin{pmatrix} x \\ y \end{pmatrix}$ はもとへ戻る．変換の順序を逆にしても同じである．これからもわかるように

$$ {}^tAA = A\,{}^tA = 1 \tag{8.31} $$

が成り立つ．

2行2列の行列について成り立つ関係式と同様な式が3行3列の行列についても成り立つ．まず

$$ \begin{pmatrix} a_{11} & a_{12} & a_{13} \\ a_{21} & a_{22} & a_{23} \\ a_{31} & a_{32} & a_{33} \end{pmatrix} \begin{pmatrix} u_1 \\ u_2 \\ u_3 \end{pmatrix} = \begin{pmatrix} a_{11}u_1 + a_{12}u_2 + a_{13}u_3 \\ a_{21}u_1 + a_{22}u_2 + a_{23}u_3 \\ a_{31}u_1 + a_{32}u_2 + a_{33}u_3 \end{pmatrix} \tag{8.32} $$

である．

2つの行列 A, B の要素をそれぞれ a_{jk}, b_{jk} とし，

$$ A = \begin{pmatrix} a_{11} & a_{12} & a_{13} \\ a_{21} & a_{22} & a_{23} \\ a_{31} & a_{32} & a_{33} \end{pmatrix} = (a_{jk}) $$

$$ B = \begin{pmatrix} b_{11} & b_{12} & b_{13} \\ b_{21} & b_{22} & b_{23} \\ b_{31} & b_{32} & b_{33} \end{pmatrix} = (b_{jk}) $$

とする．ここで積 AB を

$$ AB = \begin{pmatrix} c_{11} & c_{12} & c_{13} \\ c_{21} & c_{22} & c_{23} \\ c_{31} & c_{32} & c_{33} \end{pmatrix} = (c_{jk}) \tag{8.33} $$

とすれば，$j, k=1, 2, 3$ に対し AB の要素は

$$ c_{jk} = a_{j1}b_{1k} + a_{j2}b_{2k} + a_{j3}b_{3k} = \sum_{l=1}^{3} a_{jl}b_{lk} \tag{8.33′} $$

である．特別な場合を除き，一般に $AB \neq BA$ である．

2つの行列の積 BA も1つの行列であるから，これにさらに1つの行列 C を掛けた行列 CBA の要素も同様にして求めることができる．

3次元の座標変換 原点を共有する2つの直交座標系O-x, y, zとO-x', y', z'の間の座標変換を考えよう．x, y, z方向の単位ベクトル(**直交基底ベクトル**という)を$\boldsymbol{i}, \boldsymbol{j}, \boldsymbol{k}$とし，$x', y', z'$方向の直交基底ベクトルを$\boldsymbol{i}', \boldsymbol{j}', \boldsymbol{k}'$とする．直交基底ベクトルの変換を

$$
\begin{aligned}
\boldsymbol{i} &= a_{11}\boldsymbol{i}'+a_{21}\boldsymbol{j}'+a_{31}\boldsymbol{k}' \\
\boldsymbol{j} &= a_{12}\boldsymbol{i}'+a_{22}\boldsymbol{j}'+a_{32}\boldsymbol{k}' \\
\boldsymbol{k} &= a_{13}\boldsymbol{i}'+a_{23}\boldsymbol{j}'+a_{33}\boldsymbol{k}'
\end{aligned}
\tag{8.34}
$$

とすれば，$\boldsymbol{i}'\cdot\boldsymbol{i}'=1$, $\boldsymbol{i}'\cdot\boldsymbol{j}'=\boldsymbol{i}'\cdot\boldsymbol{k}'=0$ ((3.125)参照)を用いると第1式から$\boldsymbol{i}'\cdot\boldsymbol{i}=a_{11}$を得る．このようにして

$$
\begin{aligned}
\boldsymbol{i}'\cdot\boldsymbol{i} &= a_{11}, & \boldsymbol{j}'\cdot\boldsymbol{i} &= a_{21}, & \boldsymbol{k}'\cdot\boldsymbol{i} &= a_{31} \\
\boldsymbol{i}'\cdot\boldsymbol{j} &= a_{12}, & \boldsymbol{j}'\cdot\boldsymbol{j} &= a_{22}, & \boldsymbol{k}'\cdot\boldsymbol{j} &= a_{32} \\
\boldsymbol{i}'\cdot\boldsymbol{k} &= a_{13}, & \boldsymbol{j}'\cdot\boldsymbol{k} &= a_{23}, & \boldsymbol{k}'\cdot\boldsymbol{k} &= a_{33}
\end{aligned}
\tag{8.35}
$$

が得られる．例えばa_{11}は$\boldsymbol{i}'$と$\boldsymbol{i}$がなす角のcos(余弦)であるから，これらの係数a_{jk}は新しい座標軸ともとの座標軸の間の**方向余弦**である．

位置ベクトル$\boldsymbol{r}$は

$$
\begin{aligned}
\boldsymbol{r} &= x\boldsymbol{i}+y\boldsymbol{j}+z\boldsymbol{k} \\
&= (a_{11}x+a_{12}y+a_{13}z)\boldsymbol{i}' \\
&\quad +(a_{21}x+a_{22}y+a_{23}z)\boldsymbol{j}' \\
&\quad +(a_{31}x+a_{32}y+a_{33}z)\boldsymbol{k}' \\
&= x'\boldsymbol{i}'+y'\boldsymbol{j}'+z'\boldsymbol{k}'
\end{aligned}
\tag{8.36}
$$

と書けるので，ここで$\boldsymbol{i}', \boldsymbol{j}', \boldsymbol{k}'$の係数を比較すれば

$$
x' = a_{11}x+a_{12}y+a_{13}z \tag{8.37}
$$

などが得られ，まとめて

$$
\begin{pmatrix} x' \\ y' \\ z' \end{pmatrix} = \begin{pmatrix} a_{11} & a_{12} & a_{13} \\ a_{21} & a_{22} & a_{23} \\ a_{31} & a_{32} & a_{33} \end{pmatrix}\begin{pmatrix} x \\ y \\ z \end{pmatrix} \tag{8.38}
$$

と書ける．

このことは任意のベクトル

$$\boldsymbol{u} = u_x\boldsymbol{i} + u_y\boldsymbol{j} + u_z\boldsymbol{k} \tag{8.39}$$

についていえることであって，これを新しい座標系で(8.37)と同様に書き直せば

$$\boldsymbol{u} = u_{x'}\boldsymbol{i}' + u_{y'}\boldsymbol{j}' + u_{z'}\boldsymbol{k}' \tag{8.40}$$

となる．こうして(8.37)と同様に

$$u_{x'} = a_{11}u_x + a_{12}u_y + a_{13}u_z \tag{8.41}$$

などが得られる．したがって任意のベクトルの変換は

$$\begin{pmatrix} u_{x'} \\ u_{y'} \\ u_{z'} \end{pmatrix} = A\begin{pmatrix} u_x \\ u_y \\ u_z \end{pmatrix}, \qquad A = \begin{pmatrix} a_{11} & a_{12} & a_{13} \\ a_{21} & a_{22} & a_{23} \\ a_{31} & a_{32} & a_{33} \end{pmatrix} \tag{8.42}$$

と書ける．

変換行列(a_{jk})は9個の成分をもつが，これらのすべてが独立ではなく，次のような関係がある．$\boldsymbol{i}, \boldsymbol{j}, \boldsymbol{k}$は単位ベクトルであり，たがいに直交し，また$\boldsymbol{i}'$, $\boldsymbol{j}', \boldsymbol{k}'$も単位ベクトルでたがいに直交しているから

$$\begin{aligned} \boldsymbol{i}\cdot\boldsymbol{i} &= a_{11}^2 + a_{21}^2 + a_{31}^2 = 1 \\ \boldsymbol{j}\cdot\boldsymbol{j} &= a_{12}^2 + a_{22}^2 + a_{32}^2 = 1 \\ \boldsymbol{k}\cdot\boldsymbol{k} &= a_{13}^2 + a_{23}^2 + a_{33}^2 = 1 \\ \boldsymbol{i}\cdot\boldsymbol{j} &= a_{11}a_{12} + a_{21}a_{22} + a_{31}a_{32} = 0 \\ \boldsymbol{j}\cdot\boldsymbol{k} &= a_{12}a_{13} + a_{22}a_{23} + a_{32}a_{33} = 0 \\ \boldsymbol{k}\cdot\boldsymbol{i} &= a_{13}a_{11} + a_{23}a_{21} + a_{33}a_{31} = 0 \end{aligned} \tag{8.43}$$

これら6個の関係式が9個の係数a_{jk}の間に存在するから，独立な係数は3個である．例えばx'軸の方向を極座標θ, φで表わせば2個の係数が必要であり，これをきめたときx'軸に垂直な面内でy'軸の方向をきめる角度を含め，3個の係数によって座標系O-x', y', z'が定まるわけである．

逆変換　(8.35)は，例えばベクトル$\boldsymbol{i}'$の$\boldsymbol{i}, \boldsymbol{j}, \boldsymbol{k}$方向の成分がそれぞれ$a_{11}$, a_{12}, a_{13}であることを示していると解釈することができる．これから逆の表わし方

$$\begin{aligned} \boldsymbol{i}' &= a_{11}\boldsymbol{i}+a_{12}\boldsymbol{j}+a_{13}\boldsymbol{k} \\ \boldsymbol{j}' &= a_{21}\boldsymbol{i}+a_{22}\boldsymbol{j}+a_{23}\boldsymbol{k} \\ \boldsymbol{k}' &= a_{31}\boldsymbol{i}+a_{32}\boldsymbol{j}+a_{33}\boldsymbol{k} \end{aligned} \tag{8.44}$$

を得る．したがって任意のベクトル $\boldsymbol{u}$ の成分の変換は

$$\begin{pmatrix} u_x \\ u_y \\ u_z \end{pmatrix} = {}^{\mathrm{t}}A \begin{pmatrix} u_{x'} \\ u_{y'} \\ u_{z'} \end{pmatrix}, \qquad {}^{\mathrm{t}}A = \begin{pmatrix} a_{11} & a_{21} & a_{31} \\ a_{12} & a_{22} & a_{32} \\ a_{13} & a_{23} & a_{33} \end{pmatrix} \tag{8.45}$$

となる．また $\boldsymbol{i}'\cdot\boldsymbol{i}'=\boldsymbol{j}'\cdot\boldsymbol{j}'=\boldsymbol{k}'\cdot\boldsymbol{k}'=1$, $\boldsymbol{i}'\cdot\boldsymbol{j}'=\boldsymbol{j}'\cdot\boldsymbol{k}'=\boldsymbol{k}'\cdot\boldsymbol{i}'=0$ から

$$\begin{aligned} &{a_{11}}^2+{a_{12}}^2+{a_{13}}^2 = 1 \\ &{a_{21}}^2+{a_{22}}^2+{a_{23}}^2 = 1 \\ &{a_{31}}^2+{a_{32}}^2+{a_{33}}^2 = 1 \\ &a_{11}a_{21}+a_{12}a_{22}+a_{13}a_{23} = 0 \\ &a_{21}a_{31}+a_{22}a_{32}+a_{23}a_{33} = 0 \\ &a_{31}a_{11}+a_{32}a_{12}+a_{33}a_{13} = 0 \end{aligned} \tag{8.46}$$

を得る．これらの関係式は O-x', y', z' が直交座標系であるために当然成立しなければならない式である．

変換行列の間の関係式 (8.43) と (8.46) により係数 a_{jk} の間には関係式

$$\sum_{j=1}^{3} a_{jk}a_{jl} = \delta_{kl} = \begin{cases} 1 & (k=l) \\ 0 & (k\neq l) \end{cases} \tag{8.47}$$

$$\sum_{j=1}^{3} a_{kj}a_{lj} = \delta_{kl} = \begin{cases} 1 & (k=l) \\ 0 & (k\neq l) \end{cases} \tag{8.47$'$}$$

が成り立つ．(8.43), (8.46) からわかるように，これらの関係式の総数は 12 個である．しかしすでに注意したように，座標系の回転は 3 個の変数で規定されるので，9 個の係数 a_{jk} $(j, k=1, 2, 3)$ の間の独立な関係式の数は 6 個であり，それ以上の関係式は 6 個の独立な関係式から導かれるはずのものである．(8.47) に含まれる 6 個の関係式は独立であるから，これを用いて (8.47′) を導き出すことができるわけである．このことを確かめておこう．そのためには行列計算を用いるのが便利である．

変換の係数 a_{jk} を行列の形にまとめて

$$(A)_{jl} = a_{jl}$$
$$({}^{t}A)_{kj} = a_{jk} \tag{8.48}$$

と書く．行列の積 ${}^{t}AA$ の要素は

$$({}^{t}AA)_{kl} = \sum_{j} a_{jk}a_{jl} \tag{8.49}$$

となるので，単位行列を

$$1 = \begin{pmatrix} 1 & 0 & 0 \\ 0 & 1 & 0 \\ 0 & 0 & 1 \end{pmatrix} \tag{8.50}$$

と書くと，関係式(8.47)はまとめて

$${}^{t}AA = 1 \tag{8.51}$$

と書ける．

さて行列式に関する定理によれば，任意の正方行列(行と列の数が等しい行列) X と Y の行列式をそれぞれ $|X|, |Y|$ とし，積 XY の行列式を $|XY|$ と書けば

$$|XY| = |X||Y| \tag{8.52}$$

が成り立つ．すなわち行列の積の行列式は行列式の積に等しい．ここで $X={}^{t}A$，$Y=A$ とし $|{}^{t}A|=|A|$ に注意すれば

$$|A|^{2} = 1 \tag{8.53}$$

が得られる．したがって

$$|A| = \pm 1 \tag{8.54}$$

である．

行列に関する定理によれば，$|A| \neq 0$ であるならば

$$XA = AX = 1 \tag{8.55}$$

となるような行列 X がただ1つ存在する．これを**逆行列**と呼び A^{-1} で表わす．いまの場合 $|A|=\pm 1 \neq 0$ であるから

$${}^{t}A = A^{-1} \tag{8.56}$$

であり，$A^{-1}A=AA^{-1}=1$ により，

$$A^{\mathrm{t}}A = 1 \tag{8.57}$$

が成り立つ．この式を行列要素で書けば

$$\sum_{j=1}^{3} a_{kj}a_{lj} = \delta_{kl} \tag{8.58}$$

となる．このように(8.47′)は(8.47)から導かれる．

なお，直交基底 $\boldsymbol{i}', \boldsymbol{j}', \boldsymbol{k}'$ がつくる正立方体の体積はスカラー3重積 $(\boldsymbol{i}', \boldsymbol{j}', \boldsymbol{k}')$ で与えられるが，これらを基本ベクトル $\boldsymbol{i}, \boldsymbol{j}, \boldsymbol{k}$ で書けばわかるように

$$(\boldsymbol{i}', \boldsymbol{j}', \boldsymbol{k}') = |A| \tag{8.59}$$

である．ここで $\boldsymbol{i}', \boldsymbol{j}', \boldsymbol{k}'$ は右手座標系をなし，単位体積の正立方体を形成するから

$$(\boldsymbol{i}', \boldsymbol{j}', \boldsymbol{k}') = 1 \tag{8.60}$$

である．したがって(8.54)では複号±の中で

$$|A| = 1 \tag{8.61}$$

をとらなければならない．

オイラーの角　方向余弦の表8-1に示したように，2次元の座標変換は1つの回転角 φ_0 を用いて簡単に表わされる．これに対して，3次元の2つの座標系の間の関係を具体的に表わすには，3個の角が必要である．これらの角としては，オイラー(Euler)の角 (θ, φ, ψ) が便利である．オイラーの角は空間における剛体の配向(傾き)を表わすのに用いられる．

図8-8に示したように，座標系 O-x, y, z からまず O-$\tilde{x}, \tilde{y}, \tilde{z}$ へ移り，さらに O-x', y', z' へ移って，最後に O-ξ, η, ζ へ移る3段階の変換を考える．第1の段階では z 軸のまわりに φ だけ回転する．このとき z 軸はそのまま $\tilde{z}$ 軸となり，変換は

$$\begin{pmatrix} \tilde{x} \\ \tilde{y} \\ \tilde{z} \end{pmatrix} = \tilde{A}\begin{pmatrix} x \\ y \\ z \end{pmatrix}, \qquad \tilde{A} = \begin{pmatrix} \cos\varphi & \sin\varphi & 0 \\ -\sin\varphi & \cos\varphi & 0 \\ 0 & 0 & 1 \end{pmatrix} \tag{8.62}$$

である．これは2次元の回転であるから，前出の表8-1とほぼ同じになる．ただ，それに $\tilde{z}$ 軸が z 軸に一致することを表わす項がつけ加わっただけが違う．第2の段階では z 軸と $\tilde{x}$ 軸を含む面内で $\tilde{y}$ 軸のまわりに角 θ だけ傾ける．こ

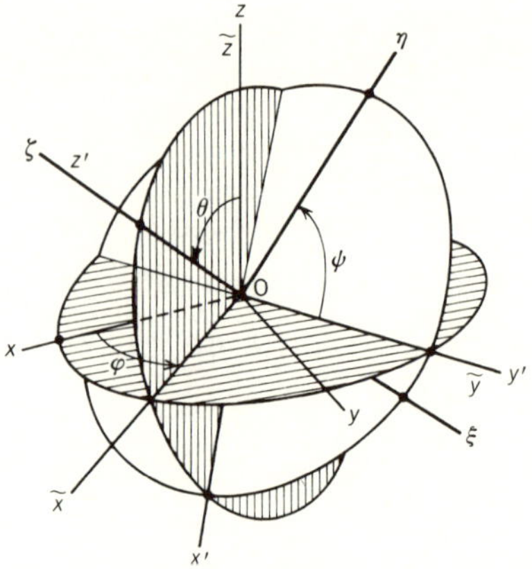

図 8-8　オイラーの角.

のとき $\tilde{y}$ 軸はそのまま y' 軸となる．変換は

$$\begin{pmatrix} x' \\ y' \\ z' \end{pmatrix} = \tilde{A}' \begin{pmatrix} \tilde{x} \\ \tilde{y} \\ \tilde{z} \end{pmatrix}, \qquad \tilde{A}' = \begin{pmatrix} \cos\theta & 0 & -\sin\theta \\ 0 & 1 & 0 \\ \sin\theta & 0 & \cos\theta \end{pmatrix} \tag{8.63}$$

で与えられる．第3の段階では z' 軸のまわりに角 ψ だけ回す．その変換は

$$\begin{pmatrix} \xi \\ \eta \\ \zeta \end{pmatrix} = A' \begin{pmatrix} x' \\ y' \\ z' \end{pmatrix}, \qquad A' = \begin{pmatrix} \cos\psi & \sin\psi & 0 \\ -\sin\psi & \cos\psi & 0 \\ 0 & 0 & 1 \end{pmatrix} \tag{8.64}$$

である．したがって(8.64), (8.63), (8.62)により

$$\begin{pmatrix} \xi \\ \eta \\ \zeta \end{pmatrix} = A'\tilde{A}'\tilde{A} \begin{pmatrix} x \\ y \\ z \end{pmatrix} = A \begin{pmatrix} x \\ y \\ z \end{pmatrix} \tag{8.65}$$

である．ここで

$$A = A'\tilde{A}'\tilde{A} \tag{8.66}$$

であり，これを計算すると

$$A = \begin{pmatrix} \cos\theta\cos\varphi\cos\psi - \sin\varphi\sin\psi & \cos\theta\sin\varphi\cos\psi + \cos\varphi\sin\psi & -\sin\theta\cos\psi \\ -\cos\theta\cos\varphi\sin\psi - \sin\varphi\cos\psi & -\cos\theta\sin\varphi\sin\psi + \cos\varphi\cos\psi & \sin\theta\sin\psi \\ \sin\theta\cos\varphi & \sin\theta\sin\varphi & \cos\theta \end{pmatrix} \tag{8.67}$$

で与えられることがわかる.

ベクトル積の変換　ベクトル積 $\boldsymbol{a}\times\boldsymbol{b}$ はこれを構成するベクトル $\boldsymbol{a}, \boldsymbol{b}$ と同様に変換される．ここでは z 軸に垂直な面内で座標系を回転する場合についてこの変換を確かめておこう．xy 平面内で座標系を φ_0 だけ回したとき，ベクトル $\boldsymbol{a}, \boldsymbol{b}$ の成分はそれぞれ

$$
\begin{aligned}
a_{x'} &= a_x \cos\varphi_0 + a_y \sin\varphi_0 \\
a_{y'} &= -a_x \sin\varphi_0 + a_y \cos\varphi_0 \\
a_{z'} &= a_z
\end{aligned}
\tag{8.68 a}
$$

$$
\begin{aligned}
b_{x'} &= b_x \cos\varphi_0 + b_y \sin\varphi_0 \\
b_{y'} &= -b_x \sin\varphi_0 + b_y \cos\varphi_0 \\
b_{z'} &= b_z
\end{aligned}
\tag{8.68 b}
$$

のように変換されるから，

$$
\begin{aligned}
(\boldsymbol{a}\times\boldsymbol{b})_{x'} &= a_{y'}b_{z'} - a_{z'}b_{y'} \\
&= (a_y b_z - a_z b_y)\cos\varphi_0 + (a_z b_x - a_x b_z)\sin\varphi_0 \\
&= (\boldsymbol{a}\times\boldsymbol{b})_x \cos\varphi_0 + (\boldsymbol{a}\times\boldsymbol{b})_y \sin\varphi_0
\end{aligned}
\tag{8.69}
$$

となる．同様に

$$
(\boldsymbol{a}\times\boldsymbol{b})_{y'} = -(\boldsymbol{a}\times\boldsymbol{b})_x \sin\varphi_0 + (\boldsymbol{a}\times\boldsymbol{b})_y \cos\varphi_0 \tag{8.69$'$}
$$

$$
(\boldsymbol{a}\times\boldsymbol{b})_{z'} = (\boldsymbol{a}\times\boldsymbol{b})_z \tag{8.69$''$}
$$

となる．ここでは z 軸のまわりの回転という特別な場合を調べたが，一般にベクトル積 $\boldsymbol{a}\times\boldsymbol{b}$ は座標軸の回転に関して $\boldsymbol{a}, \boldsymbol{b}$ と同様に変換される.

ただし，座標軸の反転 $(x'=-x,\ y'=-y,\ z'=-z)$ に対してベクトル $\boldsymbol{a}, \boldsymbol{b}$ の各成分は全部符号が変わるが，$\boldsymbol{a}\times\boldsymbol{b}$ の各成分は明らかに不変である．この点で区別するとき，ふつうのベクトル，すなわち，座標軸の反転に対して各成分の符号が変わるベクトルを**極性ベクトル**といい，ベクトル積のような変換をするものを**軸性ベクトル**，あるいは**擬ベクトル**という．力のモーメント $\boldsymbol{N}$ や角運動量 $\boldsymbol{L}$ は極性ベクトルのベクトル積なので軸性ベクトルである.

問　題

1. (x, y, z) と (x', y', z') の間の変換 $\tilde{A}'\tilde{A}$ は

	x	y	z
x'	$\cos\theta\cos\varphi$	$\cos\theta\sin\varphi$	$-\sin\theta$
y'	$-\sin\varphi$	$\cos\varphi$	0
z'	$\sin\theta\cos\varphi$	$\sin\theta\sin\varphi$	$\cos\theta$

で与えられることを示せ.

8-4　回転座標系

さて，慣性系 S に対して回転する座標系 S' を考えよう．簡単のために2次元の運動からはじめる．慣性系 S に対する運動方程式は，成分に分けて書くと

$$m\frac{d^2x}{dt^2} = F_x, \qquad m\frac{d^2y}{dt^2} = F_y \tag{8.70}$$

である．いま S' 系は S 系と原点が一致し，S 系に対し一定の角速度 ω で回転しているとする(回転軸は z 軸$=z'$ 軸)．$t=0$ でこれらの座標系が一致していたとすると質点の座標(S 系で (x, y)，S' 系で (x', y'))の間の関係は

$$\begin{aligned} x &= x'\cos\omega t - y'\sin\omega t \\ y &= x'\sin\omega t + y'\cos\omega t \end{aligned} \tag{8.71}$$

で与えられる((8.23)式参照)．(8.70)を x', y' で表わすため，(8.71)を t で2回微分すれば

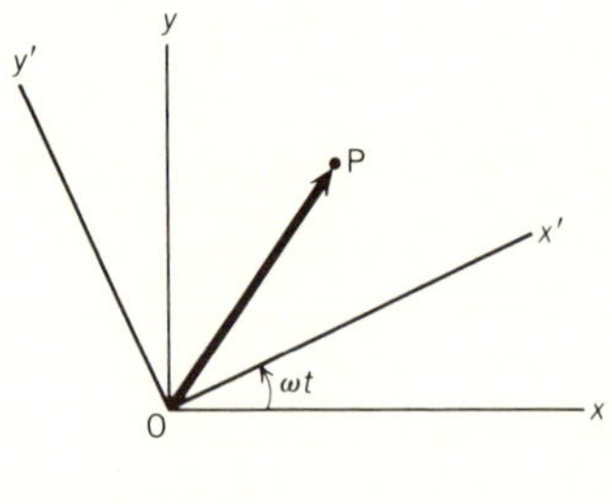

図 8-9　回転座標系.

$$\frac{d^2x}{dt^2} = \left(\frac{d^2x'}{dt^2} - 2\omega\frac{dy'}{dt} - \omega^2 x'\right)\cos\omega t - \left(\frac{d^2y'}{dt^2} + 2\omega\frac{dx'}{dt} - \omega^2 y'\right)\sin\omega t$$
$$\frac{d^2y}{dt^2} = \left(\frac{d^2x'}{dt^2} - 2\omega\frac{dy'}{dt} - \omega^2 x'\right)\sin\omega t + \left(\frac{d^2y'}{dt^2} + 2\omega\frac{dx'}{dt} - \omega^2 y'\right)\cos\omega t \qquad (8.72)$$

を得る.

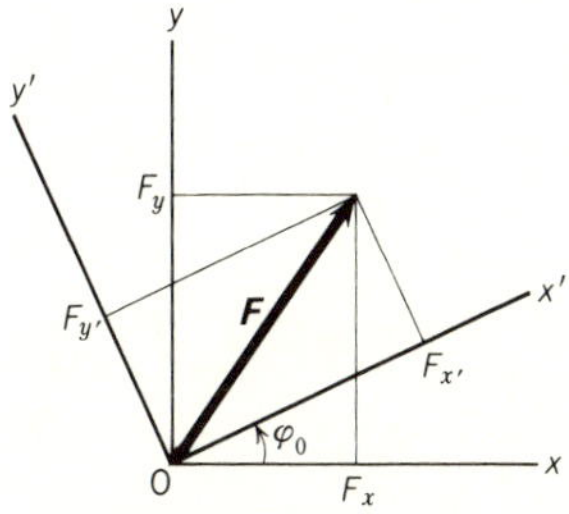

図 8-10 力 $\boldsymbol{F}$ の座標変換.

他方で力 $\boldsymbol{F}$ の成分は S 系では (F_x, F_y) であるが, S' 系では $(F_{x'}, F_{y'})$ であり, これらの間には

$$F_{x'} = F_x\cos\varphi_0 + F_y\sin\varphi_0$$
$$F_{y'} = -F_x\sin\varphi_0 + F_y\cos\varphi_0 \qquad (8.73)$$

の関係がある. ここで φ_0 は x 軸と x' 軸の間の角であり, この変換式は力のベクトルに限らず, 任意のベクトルに対して成り立つ. いまの場合は

$$\varphi_0 = \omega t \qquad (8.74)$$

である.

そこで(8.72)～(8.74)から

$$m\frac{d^2x'}{dt^2} - 2m\omega\frac{dy'}{dt} - m\omega^2 x' = F_{x'}$$
$$m\frac{d^2y'}{dt^2} + 2m\omega\frac{dx'}{dt} - m\omega^2 y' = F_{y'} \qquad (8.75)$$

が得られる. 書き直すと

$$m\frac{d^2x'}{dt^2} = F_{x'}+2m\omega\frac{dy'}{dt}+m\omega^2x'$$
$$m\frac{d^2y'}{dt^2} = F_{y'}-2m\omega\frac{dx'}{dt}+m\omega^2y' \tag{8.76}$$

となる．

(8.76)は座標系 S' が慣性系でないために回転によるみかけの力が2種類生じることを示している．まず，わかりやすい状況から述べる．$dx'/dt=dy'/dt=0$ の場合，すなわち質点が回転する座標系に対して静止している場合は慣性系に対しては円運動をしていることになる．この場合円運動を保たせる向心力 $F_{x'}=-m\omega^2x'$，$F_{y'}=-m\omega^2y'$ が必要であり，(8.76)の右辺第3項はこれと釣り合うとみなせる．この第3項は $m\omega^2\boldsymbol{r}'$ と書ける慣性力で，**遠心力**と呼ばれているものである．

(8.76)の右辺第2項は座標系 S' が角速度 ω で回転し，質点はこの座標系で速度 $\boldsymbol{v}'=(dx'/dt, dy'/dt)$ をもっているときに生じる慣性力で，**コリオリの力** (Coriolis' force) と呼ばれる．質点が原点 ($\boldsymbol{r}'=0$) を通過しつつあるときに遠心力は0であるが，コリオリの力ははたらく．慣性系で見ると直線運動をする質点も，回転系から見るとその回転と逆の向きに曲がっていくように見える．この運動がみかけの力によるものと見なしたときの力がコリオリの力なのである．コリオリの力を $\boldsymbol{F}^{(C)}$ と書けば，その成分は

$$F_{x'}{}^{(C)} = 2m\omega v_{y'}$$
$$F_{y'}{}^{(C)} = -2m\omega v_{x'} \tag{8.77}$$

と書ける．ここで $v_{x'}, v_{y'}$ は S' 系で見た速度 $\boldsymbol{v}'$ の成分である．したがって

$$F_{x'}{}^{(C)}v_{x'}+F_{y'}{}^{(C)}v_{y'} = 0 \tag{8.78}$$

すなわち $\boldsymbol{F}^{(C)}\cdot\boldsymbol{v}'=0$ であるから，コリオリの力は S' 系で見た速度 $\boldsymbol{v}'$ に垂直にはたらく．

コリオリの力を初等的に理解するため，平面内で回転する座標系の原点を通り，慣性系に対し直進する速度 v の質点を考えよう．短い時間 t の間に質点は $x'=vt$ だけ進むが，角速度 ω で回転している座標系では角 $\theta=\omega t$ だけそれて y'

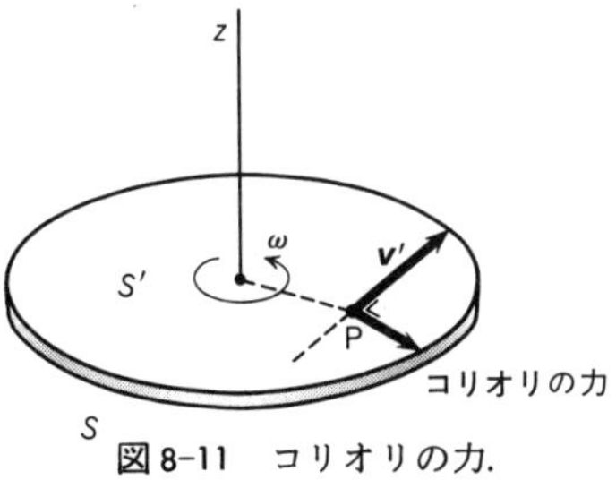

図 8-11　コリオリの力.

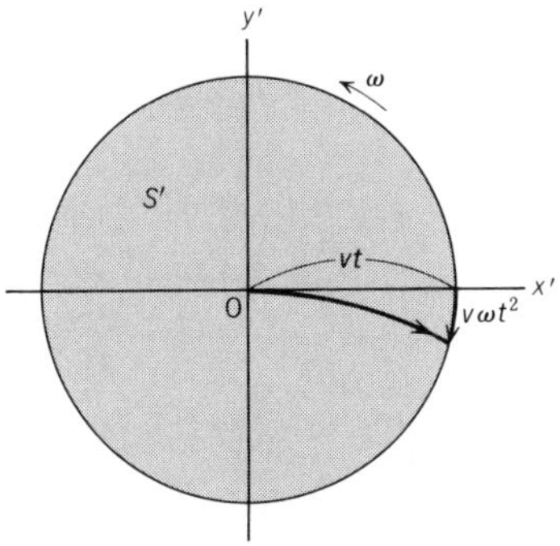

図 8-12　円板の回転による見かけの偏向.

$=-x\theta=-v\omega t^2$ だけ変位することになる．これは速度に垂直に $2v\omega$ の加速度を生じる力 $F_{y'}{}^{(\mathrm{C})}=-2m\omega v$ が作用しているように見えるということであり，この力がコリオリの力である．

z 方向に長さ ω のベクトル $\boldsymbol{\omega}$ を考えるとその成分は $\omega_x=\omega_y=0$, $\omega_z=\omega$ であるから，コリオリの力(8.77)は

$$\boxed{\boldsymbol{F}^{(\mathrm{C})} = -2m\boldsymbol{\omega}\times\boldsymbol{v}'} \tag{8.79}$$

と書ける．

(8.79)の右辺はベクトル式であるから，座標系のとり方によらない．また，$\boldsymbol{\omega}$ は時間的に変化してもよく，その場合には $\boldsymbol{\omega}$ は慣性系に対する座標系の瞬間的な回転速度を表わすベクトルである．次節において，このようなことを含めて座標系の回転を一般的に扱うことにする．

問　題

1. 赤道における地球の自転のための遠心力の加速度はどれほどか．

8-5 角速度ベクトル(回転ベクトル)

慣性系(静止座標系)に対して回転している座標系(運動座標系)を考え，この座標系にくっついて一緒に動いている質点の位置を $\boldsymbol{r}$ とすれば

$$\boldsymbol{r} = x'\boldsymbol{i}' + y'\boldsymbol{j}' + z'\boldsymbol{k}' \tag{8.80}$$

である．x', y', z' は時間がたっても変わらない(すなわち $dx'/dt = dy'/dt = dz'/dt = 0$) としているから

$$\frac{d\boldsymbol{r}}{dt} = x'\frac{d\boldsymbol{i}'}{dt} + y'\frac{d\boldsymbol{j}'}{dt} + z'\frac{d\boldsymbol{k}'}{dt} \tag{8.81}$$

となる．ここで変化 $d\boldsymbol{i}'/dt$ などを成分に分けて

$$\begin{aligned} \frac{d\boldsymbol{i}'}{dt} &= \omega_{11}\boldsymbol{i}' + \omega_{12}\boldsymbol{j}' + \omega_{13}\boldsymbol{k}' \\ \frac{d\boldsymbol{j}'}{dt} &= \omega_{21}\boldsymbol{i}' + \omega_{22}\boldsymbol{j}' + \omega_{23}\boldsymbol{k}' \\ \frac{d\boldsymbol{k}'}{dt} &= \omega_{31}\boldsymbol{i}' + \omega_{32}\boldsymbol{j}' + \omega_{33}\boldsymbol{k}' \end{aligned} \tag{8.82}$$

と書こう．係数 $\omega_{11}, \omega_{12}, \cdots$ が時間的に変化する場合も含めて考える．$\boldsymbol{i}'\cdot\boldsymbol{i}' = 1$, $\boldsymbol{i}'\cdot\boldsymbol{j}' = 0$ などを微分すれば

$$\boldsymbol{i}'\cdot\frac{d\boldsymbol{i}'}{dt} = 0, \qquad \frac{d\boldsymbol{i}'}{dt}\cdot\boldsymbol{j}' + \boldsymbol{i}'\cdot\frac{d\boldsymbol{j}'}{dt} = 0 \tag{8.83}$$

などの関係がある．したがって

$$\begin{aligned} &\omega_{11} = \omega_{22} = \omega_{33} = 0 \\ &\omega_{12} + \omega_{21} = 0, \qquad \omega_{23} + \omega_{32} = 0, \qquad \omega_{31} + \omega_{13} = 0 \end{aligned} \tag{8.84}$$

の関係があることがわかる．ゆえに独立なものは3個で，

$$\begin{aligned} \omega_1 &= \omega_{23} = -\omega_{32} \\ \omega_2 &= \omega_{31} = -\omega_{13} \\ \omega_3 &= \omega_{12} = -\omega_{21} \end{aligned} \tag{8.85}$$

と書けば

$$\frac{d\boldsymbol{i}'}{dt} = \quad \omega_3\boldsymbol{j}'-\omega_2\boldsymbol{k}'$$
$$\frac{d\boldsymbol{j}'}{dt} = -\omega_3\boldsymbol{i}' \quad +\omega_1\boldsymbol{k}' \tag{8.86}$$
$$\frac{d\boldsymbol{k}'}{dt} = \omega_2\boldsymbol{i}'-\omega_1\boldsymbol{j}'$$

となる．これらを(8.81)に代入してまとめ直せば

$$\frac{d\boldsymbol{r}}{dt} = (\omega_2 z'-\omega_3 y')\boldsymbol{i}'+(\omega_3 x'-\omega_1 z')\boldsymbol{j}'+(\omega_1 y'-\omega_2 x')\boldsymbol{k}' \tag{8.87}$$

と書ける．したがって$(\omega_1, \omega_2, \omega_3)$をそれぞれ$\boldsymbol{i}', \boldsymbol{j}', \boldsymbol{k}'$方向の成分とするベクトル

$$\boldsymbol{\omega} = \omega_1\boldsymbol{i}'+\omega_2\boldsymbol{j}'+\omega_3\boldsymbol{k}' \tag{8.88}$$

を導入すれば，(8.87)は(8.88)と(8.80)のベクトル積で表わし

$$\boxed{\frac{d\boldsymbol{r}}{dt} = \boldsymbol{\omega}\times\boldsymbol{r}} \tag{8.89}$$

と書ける．図8-13にこの関係を示した．

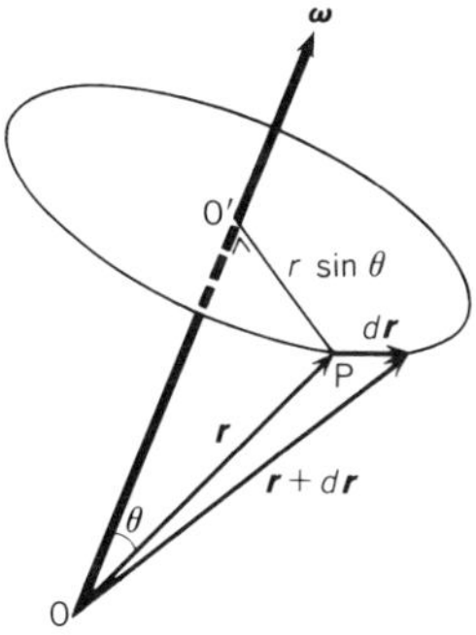

図8-13　角速度$\boldsymbol{\omega}$による速度．$d\boldsymbol{r}/dt=\boldsymbol{\omega}\times\boldsymbol{r}$.

この図において回転座標系に固定した点Pの運動を考えるため，$\boldsymbol{\omega}$に垂直でPを含む面を$\boldsymbol{\omega}$が切る点をO′とした．O′を中心としPを通る円をえがき，この円が角速度$\omega=|\boldsymbol{\omega}|$で回転しているとする．図からわかるように，このときPは

$$v = \omega r\sin\theta \tag{8.90}$$

の速さで回り，その方向は $\boldsymbol{\omega}$ と $\boldsymbol{r}$ に垂直である．式(8.89)はこの関係を表わしているのである．したがって座標系は角速度ベクトル $\boldsymbol{\omega}$ を軸として回転しているということができる．

(8.89)においてベクトル積 $\boldsymbol{\omega}\times\boldsymbol{r}$ は運動座標系 $(\boldsymbol{i}', \boldsymbol{j}', \boldsymbol{k}')$ に対する $\boldsymbol{\omega}$ と $\boldsymbol{r}$ の成分で表わしたが，ベクトル積は一般に座標系のとり方に無関係であるから，$\boldsymbol{\omega}$ を静止座標系で書いて $\boldsymbol{\omega}\times\boldsymbol{r}$ を静止座標系で表わしてもよいことを注意しておこう．

(8.87)からわかるように

$$x':y':z' = \omega_1:\omega_2:\omega_3 \tag{8.91}$$

を満たす直線上の点 (x', y', z')，すなわち原点を通り $\boldsymbol{\omega}$ の方向にある直線上の点は動かない(図8-13参照)．この直線を瞬間の回転軸といい，ベクトル $\boldsymbol{\omega}$ を**角速度ベクトル**，あるいは**回転ベクトル**という．

質点が運動座標系 $\boldsymbol{i}', \boldsymbol{j}', \boldsymbol{k}'$ に対して速度をもつ場合，この速度 $(dx'/dt, dy'/dt, dz'/dt)$ はまとめて

$$\frac{d^*\boldsymbol{r}}{dt} = \frac{dx'}{dt}\boldsymbol{i}' + \frac{dy'}{dt}\boldsymbol{j}' + \frac{dz'}{dt}\boldsymbol{k}' \tag{8.92}$$

と書くことができる．ここで記号 $d^*\boldsymbol{r}/dt$ は，$\boldsymbol{r}=x'\boldsymbol{i}'+y'\boldsymbol{j}'+z'\boldsymbol{k}'$ において基本ベクトル $\boldsymbol{i}', \boldsymbol{j}', \boldsymbol{k}'$ は微分しないで成分 x', y', z' だけを微分することを意味する．同様に運動座標系に対する加速度は

$$\frac{d^{*2}\boldsymbol{r}}{dt^2} = \frac{d^*}{dt}\left(\frac{d^*\boldsymbol{r}}{dt}\right) = \frac{d^2x'}{dt^2}\boldsymbol{i}' + \frac{d^2y'}{dt^2}\boldsymbol{j}' + \frac{d^2z'}{dt^2}\boldsymbol{k}' \tag{8.93}$$

である．

そこで，静止座標系に対する運動は，静止座標系に対する回転 $\boldsymbol{\omega}\times\boldsymbol{r}$ と加え合わせて

$$\frac{d\boldsymbol{r}}{dt} = \frac{d^*\boldsymbol{r}}{dt} + \boldsymbol{\omega}\times\boldsymbol{r} \tag{8.94}$$

となる．

上の式は位置ベクトル $\boldsymbol{r}$ に限らず，任意のベクトル

$$\boldsymbol{A} = A_x\boldsymbol{i}+A_y\boldsymbol{j}+A_z\boldsymbol{k}$$
$$= A_{x'}\boldsymbol{i}'+A_{y'}\boldsymbol{j}'+A_{z'}\boldsymbol{k}' \tag{8.95}$$

に対しても成り立つ．すなわち記号

$$\boxed{\frac{d^*\boldsymbol{A}}{dt} = \frac{dA_{x'}}{dt}\boldsymbol{i}'+\frac{dA_{y'}}{dt}\boldsymbol{j}'+\frac{dA_{z'}}{dt}\boldsymbol{k}'} \tag{8.96}$$

を用いれば，静止座標系に対する $\boldsymbol{A}$ の変化は

$$\boxed{\frac{d\boldsymbol{A}}{dt} = \frac{d^*\boldsymbol{A}}{dt}+\boldsymbol{\omega}\times\boldsymbol{A}} \tag{8.97}$$

で与えられる．ここで $\boldsymbol{\omega}\times\boldsymbol{A}$ は座標系のとり方に無関係であるから，静止座標系の成分で書いても，運動座標系の成分で書いてもよい．運動座標系の成分で書けば

$$\boldsymbol{\omega}\times\boldsymbol{A} = (\omega_2A_{z'}-\omega_3A_{y'})\boldsymbol{i}'+(\omega_3A_{x'}-\omega_1A_{z'})\boldsymbol{j}'$$
$$+(\omega_1A_{y'}-\omega_2A_{x'})\boldsymbol{k}' \tag{8.98}$$

である．

$d\boldsymbol{A}/dt$ をベクトル関数 $\boldsymbol{A}(t)$ の**絶対導関数**といい，$d^*\boldsymbol{A}/dt$ を回転座標系 S' に対する**相対導関数**という．また(8.97)は**回転座標系の公式**とよばれることがある．

8-6　運動座標系に対する運動方程式

地球表面に座標 S' をとった場合を考えると，地球の自転につれて座標原点 O′ も移動する．この場合は地球の中心に原点をおく慣性系 S を選べばよく，この慣性系に対する S' 系の原点の位置ベクトルを $\boldsymbol{r}_0$ とし，S' 系に対する質点の座標を $\boldsymbol{r}'$ とすれば

$$\boldsymbol{r} = \boldsymbol{r}_0+\boldsymbol{r}' \tag{8.99}$$

が慣性系 S に対する質点の位置を表わすことになる．同様に S 系に対する質点の速度 $\boldsymbol{v}$ は

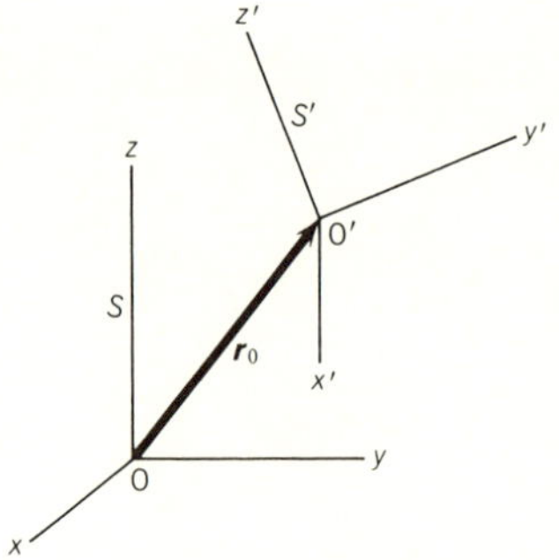

図 8-14　一般の座標変換.

$$\boldsymbol{v} = \frac{d\boldsymbol{r}}{dt} = \frac{d\boldsymbol{r}_0}{dt} + \frac{d\boldsymbol{r}'}{dt} \tag{8.100}$$

であり，S' 系が角速度 $\boldsymbol{\omega}$ で回転しているため

$$\frac{d\boldsymbol{r}'}{dt} = \frac{d^*\boldsymbol{r}'}{dt} + \boldsymbol{\omega}\times\boldsymbol{r}' \tag{8.101}$$

である．さらに加速度は

$$\frac{d\boldsymbol{v}}{dt} = \frac{d^2\boldsymbol{r}_0}{dt^2} + \frac{d^2\boldsymbol{r}'}{dt^2} \tag{8.102}$$

となり，ここで

$$\begin{aligned}\frac{d^2\boldsymbol{r}'}{dt^2} &= \frac{d^*}{dt}\left(\frac{d\boldsymbol{r}'}{dt}\right) + \boldsymbol{\omega}\times\frac{d\boldsymbol{r}'}{dt} \\ &= \frac{d^*}{dt}\left(\frac{d^*\boldsymbol{r}'}{dt} + \boldsymbol{\omega}\times\boldsymbol{r}'\right) + \boldsymbol{\omega}\times\left(\frac{d^*\boldsymbol{r}'}{dt} + \boldsymbol{\omega}\times\boldsymbol{r}'\right) \\ &= \frac{d^{*2}\boldsymbol{r}'}{dt^2} + 2\boldsymbol{\omega}\times\frac{d^*\boldsymbol{r}'}{dt} + \boldsymbol{\omega}\times(\boldsymbol{\omega}\times\boldsymbol{r}') + \frac{d^*\boldsymbol{\omega}}{dt}\times\boldsymbol{r}'\end{aligned} \tag{8.103}$$

である．しかし $\boldsymbol{\omega}$ の絶対導関数を書くと

$$\frac{d\boldsymbol{\omega}}{dt} = \frac{d^*\boldsymbol{\omega}}{dt} + \boldsymbol{\omega}\times\boldsymbol{\omega} \tag{8.104}$$

であり，$\boldsymbol{\omega}\times\boldsymbol{\omega}=0$ であるから，$\boldsymbol{\omega}$ の時間微分

$$\frac{d^*\boldsymbol{\omega}}{dt} = \frac{d\boldsymbol{\omega}}{dt} \equiv \dot{\boldsymbol{\omega}} \tag{8.105}$$

は座標系のとり方によらないことがわかる．

運動方程式 $md\boldsymbol{v}/dt=\boldsymbol{F}$ を運動座標系 S' で書けば，(8.102), (8.103), (8.105)

により

$$m\frac{d^{*2}\boldsymbol{r}'}{dt^2} = \boldsymbol{F} - m\frac{d^2\boldsymbol{r}_0}{dt^2} - 2m\left(\boldsymbol{\omega}\times\frac{d^*\boldsymbol{r}'}{dt}\right) - m\boldsymbol{\omega}\times(\boldsymbol{\omega}\times\boldsymbol{r}') - m\dot{\boldsymbol{\omega}}\times\boldsymbol{r}' \tag{8.106}$$

となる．ここで右辺の第1項は外力，第2項は原点の加速度による慣性力，第3項はコリオリの力，第4項は遠心力を表わし，これらはすでによく理解したものである．右辺の最後の項は回転の加速度によるみかけの力である．

例題1　水平面内で一端Oのまわりに一定の角速度で回転するなめらかな管の中にある質点の運動を調べよ．また質点に管が及ぼす力を求めよ．

［解］　質点には遠心力がはたらき，管が質点に及ぼす力はコリオリの力である．まず直観的な解法を述べてから管と共にまわる座標系から見た運動方程式について調べよう．

(i)　直観的な解法．管の角速度を ω，質点の質量を m，Oから質点までの距離を r とする．質点にはたらく遠心力は $m\omega^2 r$ であるから，運動方程式は r に対して

$$\frac{d^2r}{dt^2} = \omega^2 r$$

と書ける．これを積分し，$t=0$ で $r=a$，$dr/dt=0$ とすれば

$$r = a\cosh\omega t$$

を得る．このため質点の角運動量は

$$L = m\omega r^2 = ma^2\omega\cosh^2\omega t$$

をもつが，これは管が質点におよぼす抗力 S によって変化するわけである．これを式で書けば

$$\frac{dL}{dt} = N = rS$$

となる．したがって

$$S = \frac{1}{r}\frac{dL}{dt} = \frac{1}{a\cosh\omega t}2ma^2\omega^2\cosh\omega t\sinh\omega t$$

ゆえに抗力 S は

$$S = 2ma\omega^2 \sinh \omega t$$

で与えられる．もちろん抗力は管の運動の平面内にあり，管に垂直であってその大きさは

$$S = 2m\omega \frac{dr}{dt}$$

に等しい．これはコリオリの力である(図 8-15)．

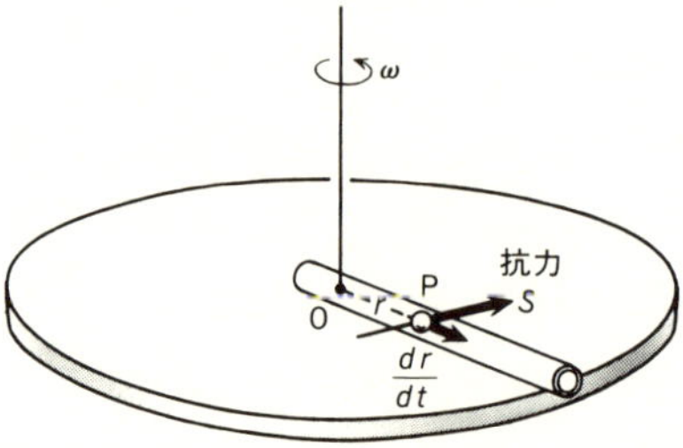

図 8-15 O のまわりに回転する管内の質点の運動.

(ii) 管と共にまわる座標系で見た場合．管に沿って x' 軸をとり，管が回転する面内で x' 軸に垂直に y' 軸をとる．相対導関数の $*$ を省いて書くと，$x'y'$ 面内の運動方程式は(8. 106)により((8. 76)参照)

$$m\frac{d^2x'}{dt^2} = 2m\omega \frac{dy'}{dt} + m\omega^2 x' + S_{x'}$$

$$m\frac{d^2y'}{dt^2} = -2m\omega \frac{dx'}{dt} + m\omega^2 y' + S_{y'}$$

と書ける．ここで $S_{x'}, S_{y'}$ は管を一定の角速度で回転させるために質点のところで加えるべき力である．

質点は管内にあって，束縛はなめらかであるから，質点に加わる力を S とすると

$$y' = 0, \qquad \frac{dy'}{dt} = 0$$

$$S_{x'} = 0, \qquad S_{y'} = S$$

また O から質点までの距離を r とすれば

$$x' = r$$

である．したがって

$$\frac{d^2x'}{dt^2} = \frac{d^2r}{dt^2} = \omega^2 r$$

$$\frac{d^2y'}{dt^2} = 0 = -2m\omega\frac{dr}{dt} + S$$

これは(i)と同じ結果を与える．∎

問　題

1.　上の例題において管の先端が開いていたとすると，管内の球は先端に達したとき，どの方向へ，どれだけの速さで飛ぶか．また，そのエネルギーはどこから得られたのか．

8-7　地球表面近くでの運動

糸におもりをつけて下げて静止させると地球表面に対する速度はないので地球の自転によるコリオリの力は作用しないが，遠心力は作用する．そのため地球の引力と自転による遠心力の合力がみかけの重力となって，その方向が鉛直線，これに垂直な面が水平面である．

まず地球の中心を原点とする座標系で見ると，地表の点 $\boldsymbol{r}_0$ は自転(角速度 $\boldsymbol{\omega}$)のために速度

$$\frac{d\boldsymbol{r}_0}{dt} = \boldsymbol{\omega}\times\boldsymbol{r}_0 \tag{8.107}$$

をもつ(図8-16参照)．したがって自転のための加速度は(8.97)により

$$\frac{d^2\boldsymbol{r}_0}{dt^2} = \boldsymbol{\omega}\times(\boldsymbol{\omega}\times\boldsymbol{r}_0) \tag{8.108}$$

である．

地表の定点を新しい原点とし地表に固定した座標系を考えると質点の運動方程式は(8.106)で与えられる．この式の右辺で第2項は(8.108)により

$$-m\frac{d^2\boldsymbol{r}_0}{dt^2} = -m\boldsymbol{\omega}\times(\boldsymbol{\omega}\times\boldsymbol{r}_0) \tag{8.109}$$

を与え，これは自転による遠心力である．遠心力は赤道上($\boldsymbol{\omega}$ と $\boldsymbol{r}_0$ が垂直)で一番大きくなるが，それでも重力の約1/300にすぎない．(8.106)の右辺の第

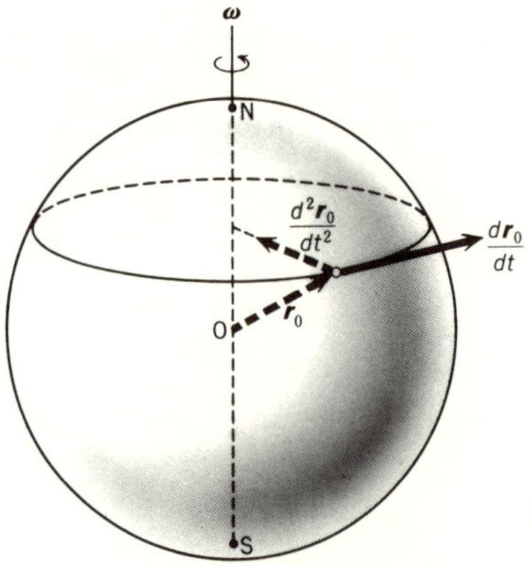

図 8-16　地球の自転による速度と加速度.

4 項 $-m\boldsymbol{\omega}\times(\boldsymbol{\omega}\times\boldsymbol{r}')$ は質点が原点から $\boldsymbol{r}'$ だけ離れているための遠心力の付加項であるが，地表の近くを考えるので $|\boldsymbol{r}'|$ が地球の半径 $|\boldsymbol{r}_0|$ に比べて十分小さいとすれば第 4 項は無視できる．したがって質点には地球の引力と(8.109)で与えられる遠心力が合わさったみかけの重力が鉛直下方に作用する．鉛直上方に z 軸(運動する座標系であるがダッシュを省いて書く)，これに垂直な水平面内で南方へ x 軸，東方へ y 軸(共にダッシュを省く)をとり，これらの方向に分けて運動方程式を考えよう．z 軸方向にはたらくみかけの重力を $-mg$ と書く

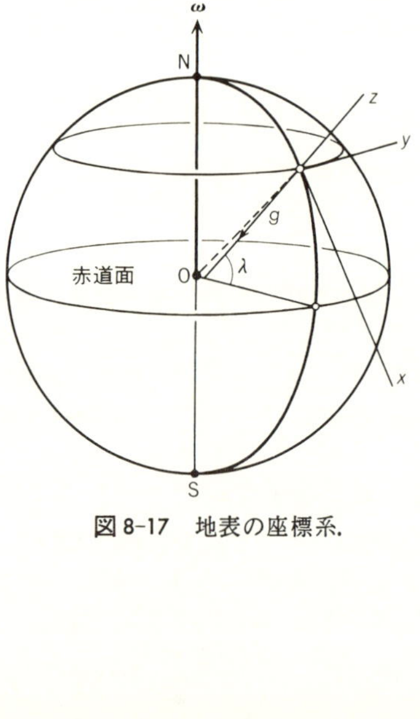

図 8-17　地表の座標系.

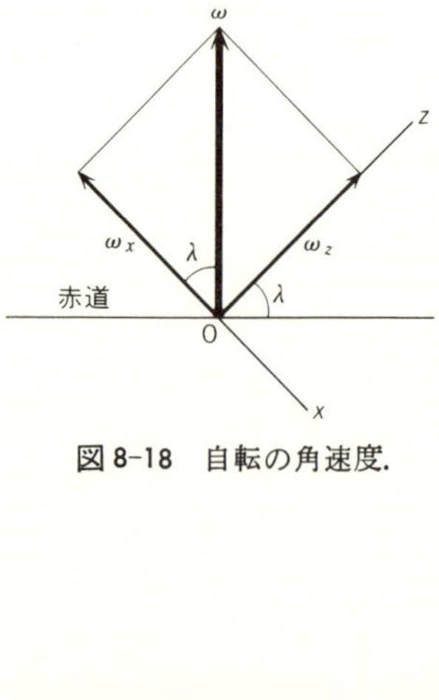

図 8-18　自転の角速度.

(図 8-17 参照).

運動方程式(8.106)において自転の角速度 $\boldsymbol{\omega}$ の成分を求めなければならない. そのため鉛直線が赤道面となす角を λ(地理緯度という)とし, 自転の角速度の大きさを ω とすると, 角速度の成分は(図 8-18 参照)

$$\omega_x = -\omega\cos\lambda, \quad \omega_y = 0, \quad \omega_z = \omega\sin\lambda \tag{8.110}$$

である. x, y, z 方向の単位ベクトルを $\boldsymbol{i}, \boldsymbol{j}, \boldsymbol{k}$ とすれば($d^*\boldsymbol{r}'/dt$ を $d\boldsymbol{r}/dt$ と書く)

$$\begin{aligned}\boldsymbol{\omega}\times\frac{d\boldsymbol{r}}{dt} &= \begin{vmatrix} \boldsymbol{i} & \boldsymbol{j} & \boldsymbol{k} \\ -\omega\cos\lambda & 0 & \omega\sin\lambda \\ \dfrac{dx}{dt} & \dfrac{dy}{dt} & \dfrac{dz}{dt} \end{vmatrix} \\ &= -\boldsymbol{i}\omega\sin\lambda\frac{dy}{dt}+\boldsymbol{j}\left(\omega\cos\lambda\frac{dz}{dt}+\omega\sin\lambda\frac{dx}{dt}\right)-\boldsymbol{k}\omega\cos\lambda\frac{dy}{dt}\end{aligned} \tag{8.111}$$

なので, 運動方程式は南方へ x 軸, 東方へ y 軸, 鉛直上方へ z 軸をとるとき

$$\boxed{\begin{aligned} m\frac{d^2x}{dt^2} &= X+2m\omega\sin\lambda\frac{dy}{dt} \\ m\frac{d^2y}{dt^2} &= Y-2m\omega\left(\sin\lambda\frac{dx}{dt}+\cos\lambda\frac{dz}{dt}\right) \\ m\frac{d^2z}{dt^2} &= Z-mg+2m\omega\cos\lambda\frac{dy}{dt} \end{aligned}} \tag{8.112}$$

となる. ここで X, Y, Z は重力のほかの外力の成分である. (8.112)の右辺で X, Y, Z 以外の項は地球の自転によるコリオリの力を表わしている.

落体に対する自転の影響 例えば赤道に立った高い塔の上から物体を落としたとする. 南極の方から見ると地球は時計回りに自転していて, 誇張すると図 8-19 のように高い塔の上は地上に比べ大きな速度で右へ動いている. そのため塔の上から落とした物体は地表に対して右の方へ初速度をもっているわけで, 慣性系でみると, だいたい図 8-19 のような曲線をえがいて落下し, したがって塔の真下よりも東へずれると思われる. 実際に高いところから落とした物体は東へずれて落ちるのであるが, これを運動方程式から確かめてみよう.

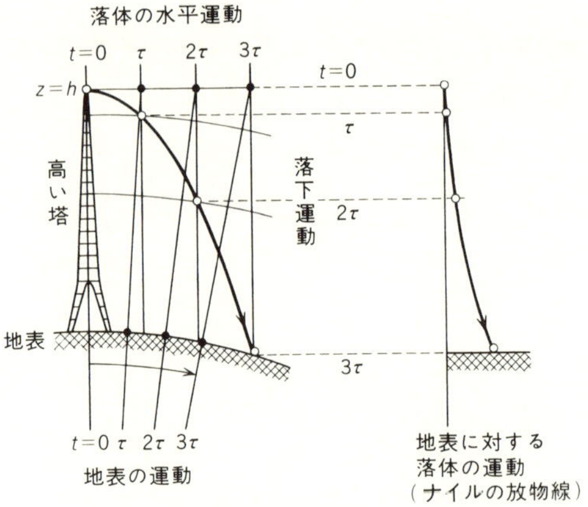

図 8-19　高い塔の上から物体を落とすと，東へずれて落ちる．

地球の自転を考慮した運動方程式(8.112)を用いて(ここで x 軸は南方，y 軸は東方，z 軸は鉛直上方)，高い塔や飛行機などから落とした物体の運動を調べる．外力がないとすれば $X=Y=Z=0$ で，(8.112)は

$$\begin{aligned}\frac{d^2x}{dt^2} &= 2\omega\sin\lambda\frac{dy}{dt}\\ \frac{d^2y}{dt^2} &= -2\omega\left(\sin\lambda\frac{dx}{dt}+\cos\lambda\frac{dz}{dt}\right)\\ \frac{d^2z}{dt^2} &= -g+2\omega\cos\lambda\frac{dy}{dt}\end{aligned} \tag{8.113}$$

となる．地表からの高さ h のところから初速度 0 で落としたとすると，初期条件は

$$t=0\text{ で}\quad\begin{cases}x=y=0,\ \ z=h\\ \dfrac{dx}{dt}=\dfrac{dy}{dt}=\dfrac{dz}{dt}=0\end{cases} \tag{8.114}$$

である．物体はだいたい z 軸に沿って落下するので，dz/dt に比べて dx/dt と dy/dt は省略してもよい．したがって(8.113)の第 1 式と第 3 式から

$$x=0,\qquad z=h-\frac{1}{2}gt^2 \tag{8.115}$$

これらを第2式に入れると

$$\frac{d^2y}{dt^2} = 2\omega gt\cos\lambda \tag{8.116}$$

を得るので，これを積分すれば

$$y = \frac{1}{3}\omega gt^3\cos\lambda \tag{8.117}$$

となる．物体は落下につれて少し東へずれるのである．(8.115)と(8.117)から t を消去すれば落下曲線として

$$y = \frac{1}{3}\omega g\cos\lambda\left[\frac{2(h-z)}{g}\right]^{3/2} \tag{8.118}$$

を得る．これを**ナイル(Neil)の放物線**という．

北極や南極($\lambda=\pm\pi/2$)では自転は落体に影響しない．中緯度の例として $\lambda=45°$ をとると $h=100$ m のとき地上 $z=0$ で東へ $y=1.5$ cm だけずれて落下する．赤道($\lambda=0$)では落体に対する自転の影響はいちばん著しい．

このずれはコリオリの力によるものであるが，これはみかけの力であって，はじめに考えたように上空に比べておそく移動する地表を基準にしているために生じた東方へのずれである．しかしずれが落下距離の3/2乗に比例し，地面に近づくにつれて著しくなるのはやや意外に思われるかも知れないが，これは地表の座標系が少しずつ傾いているためである．図8-19はこの様子を示す．落体は $t=0$ で高さ h のところから落下し，時刻 $\tau, 2\tau, 3\tau$ と落下すると共に少しずつ東方へずれるので，地表に対する軌跡は同図の右のように曲がった曲線になる．

フーコー振り子　フーコー(Jean Foucault)は長い振り子を用いて地球の自転を直接に示す実験に成功した(1851年)．これを**フーコー振り子**という．

大きな質量のおもりを長いひもでつるした振り子は長時間にわたってほとんど減衰しないで振動を続ける．このような振り子を北極で振らしたとすると，その振動面が太陽系に対して一定の向きを保つために，地球に対して振動面は1日に1回の周期で移動する．その移動は地球の自転に対し逆向きである．極地以外でもフーコー振り子の振動面は地球の自転につれて移動し，その周期は

緯度λの地点において，1 日/$\sin\lambda$で与えられる．赤道上では振動面の移動はおこらない．

この現象を運動方程式について調べよう．

ひもの長さをl，ひもの張力をS，おもりの質量をmとすると，運動方程式(8.112)は(支点を原点に選ぶ)

$$m\frac{d^2x}{dt^2} = -S\frac{x}{l}+2m\omega\sin\lambda\frac{dy}{dt}$$
$$m\frac{d^2y}{dt^2} = -S\frac{y}{l}-2m\omega\left(\sin\lambda\frac{dx}{dt}+\cos\lambda\frac{dz}{dt}\right) \tag{8.119}$$

となる．小さな振動では$z\cong -l=$一定 としてよいから，第 2 式の最後の項は落とす．第 1 式に $-y$，第 2 式にxを掛けて加えると

$$x\frac{d^2y}{dt^2}-y\frac{d^2x}{dt^2} = -2\omega\left(x\frac{dx}{dt}+y\frac{dy}{dt}\right)\sin\lambda \tag{8.120}$$

あるいは

$$\frac{d}{dt}\left(x\frac{dy}{dt}-y\frac{dx}{dt}\right) = -\omega\sin\lambda\frac{d}{dt}(x^2+y^2) \tag{8.121}$$

を得る．積分すればcを積分定数として

$$x\frac{dy}{dt}-y\frac{dx}{dt} = -\omega(x^2+y^2)\sin\lambda+c \tag{8.122}$$

が得られる．

はじめにつり合いの点$x=y=0$を通るように運動させると，このとき左辺は

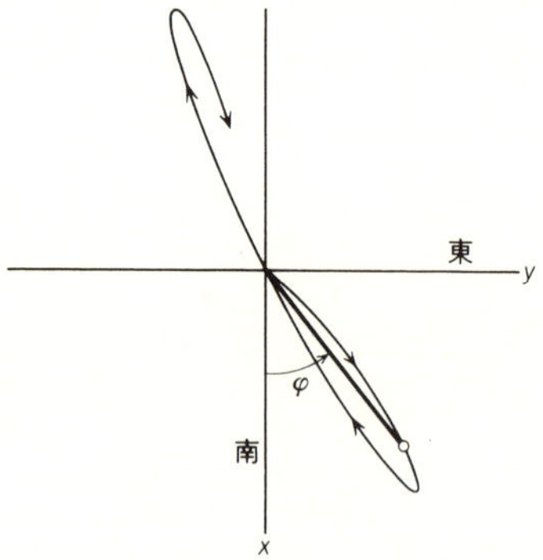

図 8-20 北半球ではフーコー振り子の振動面は時計回りに移動する(誇張した図)．

0 となるから $c=0$ である．極座標を使って

$$x = r\cos\varphi, \qquad y = r\sin\varphi \tag{8.123}$$

と書くと，(8.122)は簡単化されて

$$\frac{d\varphi}{dt} = -\omega\sin\lambda \tag{8.124}$$

となる．したがって振動面 φ は $\omega\sin\lambda$ の角速度で少しずつ方向を変えることがわかる．北半球では振り子を上から見ると振動面は時計回りに，絶えず右方へと移動する(図 8-20 参照)．

これは振り子に限らず，北半球でほぼ水平に運動する物体は地球の自転により，絶えず右方へと運動がずれる．例えば低気圧に吹きこむ風の方向は気圧の等高線に垂直でなく，北半球ではつねに右方へずれ，そのため風は左回りに低

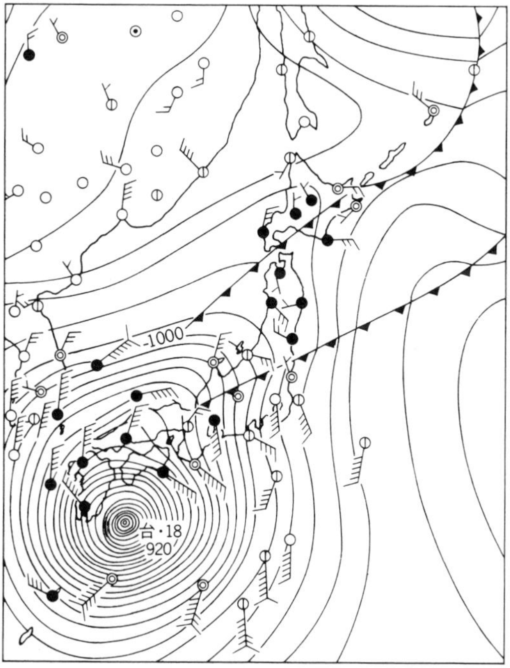

図 8-21　低気圧に吹きこむ風は左回りになる．
天気図は第 2 室戸台風(1961 年 9 月 17 日)．

気圧の中心を回りながら吹きこむのである．1961年9月17日の第2室戸台風では，瞬間最大風速84.6 m/sを室戸岬で観測した．

例題1 フーコー振り子の運動方程式(8.119)は振幅が小さいとすると

$$m\frac{d^2x}{dt^2} = -\frac{mg}{l}x+2m\omega'\frac{dy}{dt}$$

$$m\frac{d^2y}{dt^2} = -\frac{mg}{l}y-2m\omega'\frac{dx}{dt}$$

ただし

$$\omega' = \omega\sin\lambda$$

と書ける．ここで

$$\zeta = x+iy$$

とおいて上の運動方程式を解け．

［解］ 運動方程式を用いれば

$$\frac{d^2\zeta}{dt^2} = -\omega_0{}^2\zeta-2\omega' i\frac{d\zeta}{dt} \qquad \left(\omega_0{}^2=\frac{g}{l}\right)$$

となる．この式に代入すればわかるように，この微分方程式の解は

$$\zeta = e^{-i\omega' t}(Ae^{i\omega_0' t}+Be^{-i\omega_0' t}) \qquad (\omega_0'=\sqrt{\omega_0{}^2+\omega'^2})$$

となる．$t=0$ で $x=y=0$, $dx/dt=v_0$, $dy/dt=0$ として，A, B をきめれば $A=-B=\dfrac{v_0}{2i\omega_0'}$ となって

$$x = \frac{v_0}{\omega_0'}\sin\omega_0' t\cdot\cos\omega' t$$

$$y = -\frac{v_0}{\omega_0'}\sin\omega_0' t\cdot\sin\omega' t$$

を得る．したがってこの場合，振り子は周期的に原点を通る．▎

問　題

1. 東京($\lambda=35°43'$)では $\omega'=8.8°$/時間 であることを示せ．

Coffee Break

低気圧

低気圧はまわりよりも気圧の低いところであり，台風は熱帯性低気圧の強烈なものである．1934 年の第 1 室戸台風では，陸上としてはそれまでの世界最低気圧 911.9 mb を観測した．

地球をとりまく空気(大気)の層は 10 km 以上もあるので，その重さのために圧力を生じる．これが大気圧であり，この圧力は約 76 cm の水銀柱の重さによる圧力に等しい．圧力を水銀柱の高さ(ミリメートル)で表わし，mmHg と書き，760 mmHg を 1 気圧という．水銀の密度は 13.596 g/cm^3 なので，1 気圧は 76 cm×13.596＝約 10 m の水の重さによる圧力にほぼ等しい．地表における空気の密度は 1.293 kg/m^3 で，これは水の密度の約 1/1000 であるから，この密度のままで上空まで空気があるとすると，大気の厚さは約 10 m ×1000，すなわち約 10 km であることになる．しかし空気の密度は上空へいくほど稀薄になっていて，流星や人工衛星などの観測によれば数百 km の上空でもいくらかの大気があり，そのため高度が比較的低い人工衛星は長時間の間には大気の抵抗のために減速し，遂には地表に落下してしまう．富士山頂における大気圧は約 0.6 気圧，エヴェレスト山頂では約 0.3 気圧である．

1 気圧を絶対単位で測ると

$$1\ \text{気圧} = 13.596\times 76\times 980.665\ \text{CGS} = 1.013\times 10^6\ \text{ダイン}/\text{cm}^2$$
$$= 1013\ \text{ミリバール}\ (\text{mb})$$

となる．ここで 1 mb＝1/1000 バール(bar)，1 bar＝10^5 N/m^2 は MKS 単位系における圧力の単位である．真空技術では 1 パスカル(pascal, 記号 Pa)＝10^{-5} bar，1 トール(Torr)＝1 mmHg＝133 Pa も圧力の単位として用いられている．パスカル(Blaise Pascal)もトリチェリ(Evangelista Torricelli)も大気の圧力の原因を明らかにした学者である．大気にも潮汐現象がある．

さらに勉強するために

本書はとりあげる素材はしぼったが，その範囲ではできるだけ充足しているように書いたので，じっくりと読んでほしいと思う．デカルトはある本の序文の中で「はじめは小説をよむように気楽に読め，わかりにくいところは飛ばして読め．3回は読んでもらいたい．それでもなお納得しにくかったらもういちど読んでもらいたい」といっている．本書の場合，必ずしもこのような読み方が最適ではないかもしれないが，とにかくじっくりと読んでもらいたい．

「力学」は物理学のはじめに学ぶのがふつうであり，そのため力学の本は数多くある．邦書にも特徴のある本がいろいろあるが，読者は多くの本の間を右往左往しないで，自分に合いそうな少数の本を選び，そして自分でよく考えて読むことが肝心である．高校までは勉学に手厚い指導があったであろうが，大学では学んだ学問を自分で再構成するくらいの意気込みで取り組まなくてはならない．これによってみずから創造する心をつちかってこそ大学は意味あるところとなるのである．

本書の内容は力学の初歩であって，さらに進んで力学を学ぶ際には，その目的によっていくつかの道がある．1つは，たとえば工学関係に進んだ人には，それぞれの学科における力学，たとえば材料力学，構造力学などがある．これらは一般の力学というよりもむしろ各専門分野に属するものであろう．

もっと一般的な力学をもう少し学ぶとすると，本コースの『解析力学』が挙げられる．解析力学を含む本として

山内恭彦：『一般力学』，岩波書店(1959)

はやや高級であるが，よくまとまった良書である．著者も山内恭彦先生のこの本で力学を学び，その後も繰り返して読んでは教えられている．

外国の本では

H. Goldstein : *Classical Mechanics,* Addison-Wesley(1950)(野間進・瀬川富士訳：『古典力学』(物理学叢書 11)，吉岡書店(1959))

が有名である．

E. T. Whittaker : *A Treatise on the Analytical Dynamics of Particles and Rigid Bodies,* Cambridge University Press(1904)(多田政忠・藪下信訳：『解析力学』(上・下)，講談社(1977, 79))

は古典的名著であるが，読み易い本とはいえない．

面白い話題，最近の話題を含んだ本として

V. Barger, M. Olsson : *Classical Mechanics——A Modern Perspective,* McGraw-Hill(1973)(戸田盛和・田上由紀子訳：『力学——新しい視点にたって』，培風館(1975))

がおすすめできる．

数学的な高級な本としてはソ連の V. I. Arnold による本

アーノルド：『古典力学の数学的方法』(安藤韶一ほか訳)，岩波書店(1980)

が第1に挙げられる．巻末文献は大変くわしい．

理論物理学の勉強に向いた本としては

伏見康治：『現代物理学を学ぶための古典力学』，岩波書店(1964)

がある．巻末の文献もくわしい．

初等力学であるが

高野義郎：『力学』，朝倉書店(1980)

も巻末に力学関係のややくわしい文献がある．

問題略解

1-1 節

1.　直交直線座標 (x, y)，2 次元極座標 (r, θ)，その他の曲線座標.

2.　B から A へ引いたベクトルは $\boldsymbol{a}-\boldsymbol{b}$ であり，$\lambda(\boldsymbol{a}-\boldsymbol{b})$ は B から A へ引いた直線上の点へ B から引いたベクトルである.

3.　原点 O から引いたベクトル $a\boldsymbol{A}$ と $b\boldsymbol{B}$ は 1 つの平面を定める.

1-2 節

1.

$$\frac{d}{dt}e^{at} = \frac{d}{dt}\left(1+at+\frac{a^2t^2}{2!}+\frac{a^3t^3}{3!}+\cdots+\frac{a^nt^n}{n!}+\cdots\right)$$

$$= 0+a+a^2t+\frac{a^3t^2}{2!}+\cdots+\frac{a^nt^{n-1}}{(n-1)!}+\cdots$$

$$= a\left(1+at+\frac{a^2t^2}{2!}+\cdots+\frac{a^{n-1}t^{n-1}}{(n-1)!}+\cdots\right) = ae^{at}$$

2.

$$\sin(t+h)-\sin t = 2\cos(t+h/2)\sin h/2$$

$$\therefore\quad \frac{d}{dt}\sin t = \lim_{h\to 0}\cos(t+h/2)\frac{\sin h/2}{h/2}$$

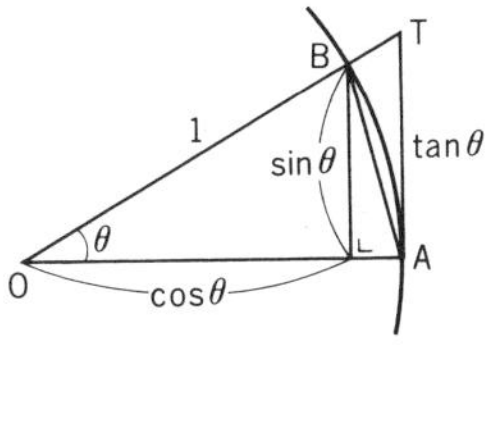

ここで半径 1 の円を考え，小さな弧 AB の中心角を $\theta=h/2$ とし，A において円の接線 AT を引いて半径 OB との交点を T とする．面積について $\triangle$OAB$<$扇形 OAB$<\triangle$OAT．したがって $(1/2)\sin\theta<(\theta/2\pi)\pi<(1/2)\tan\theta$，あるいは $\sin\theta<\theta<\tan\theta$．ゆえに $1>(\sin\theta)/\theta>\cos\theta$．$\theta\to 0$ とすれば $\cos\theta\to 1$ であるから $\lim_{\theta\to 0}(\sin\theta)/\theta=1$．し

たがって $d\sin t/dt=\cos t$. $\cos t$ の微分については $\cos(t+h)-\cos t=-2\sin(t+h/2)\cdot\sin(h/2)$ を用いて同様の計算をすればよい．また2回微分については，上の結果を用いれば求められる.

1-3節 略.

2-1節 略.

2-2節

1. 支えるのに 60 kg，持ち上げるのに $60\ \mathrm{kg}\times 6g$. あわせて $60\times 6\times 9.8\ \mathrm{N}=3528\ \mathrm{N}$.

3-1節

1. 鉛直上方を正としている．$-mg-bv_\infty=0$. $\therefore\ v_\infty=-mg/b$.

3-2節

1. $g\sin\theta-f_0/m$.

3-3節

1. $x=x_0\cos\omega t$，$x=(v_0/\omega)\sin\omega t$ を図示すればよい(図省略).
2. $A=a\cos\delta$，$B=a\sin\delta$. $\therefore\ a=\sqrt{A^2+B^2}$，$\tan\delta=B/A$.
3. $t=-\varphi_0/\omega$ で $x=a$，$v=0$.

3-4節

1. 略.
2. 相平面で円軌道.
3. dx/dt を掛けると

$$\frac{d}{dt}\left\{\frac{m}{2}\left(\frac{dx}{dt}\right)^2+\frac{k}{2}x^2\right\}=0.$$

3-5節

1. 最高点では x 方向に運動している．x 方向の速度はその初速度に等しく $v_0\cos\theta_0$.
2. $2\sin\theta\cos\theta=(e^{i\theta}-e^{-i\theta})(e^{i\theta}+e^{-i\theta})/2i=(e^{2i\theta}-e^{-2i\theta})/2i=\sin 2\theta$.

3-6節

1. 半径 r，角速度 ω の円運動.
2. $v_x=-r\omega\sin\omega t$，$v_y=r\omega\cos\omega t$，$\alpha_x=-r\omega^2\cos\omega t$，$\alpha_y=-r\omega^2\sin\omega t$.

3-7節

1. 右上，左下を通る楕円．(i)時計回り，(ii)逆時計回り.

3-9 節

1. $F_x=-\partial U/\partial x,\ F_y=-\partial U/\partial y.\ \therefore\ \partial F_x/\partial y=-\partial^2 U/\partial x\partial y=\partial F_y/\partial x.$

2. (i) $\partial F_x/\partial y=ax,\ \partial F_y/\partial x=ax.$ ∴ 保存力. $U=-(1/2)ax^2y.$

(ii) $\partial F_x/\partial y=ax,\ \partial F_y/\partial x=0.$ ∴ 保存力でない.

4-1 節

1. 略.

2. 地球の質量を M, 半径を R_0, 人工衛星の高度を H とすると(4.1)により周期 $T=2\pi\sqrt{(R_0+H)^3/GM}$, $g=GM/R_0^2$, ∴ $T=2\pi\sqrt{(R_0+H)^3/R_0^2g}=2\pi\sqrt{R_0/g}(1+H/R_0)^{3/2}$. ここで $R_0=6371$ km, $g=9.8\ \mathrm{m/s^2}$, ∴ $T=5066(1+H/R_0)^{3/2}\ \mathrm{s}=1.41(1+H/R_0)^{3/2}$ 時間. $H=200$ km のとき $T=1.48$ 時間. $H=500$ km のとき $T=1.58$ 時間. また逆に $H=R_0\cdot\{(T(\text{時間})/1.41)^{2/3}-1\}$. ∴ $T=2$ 時間のとき $H=0.26R_0=1656$ km, $T=24$ 時間のとき $H=5.6R_0=36000$ km.

3. 速度 $v=2\pi R_0/T\cong\sqrt{gR_0}$ (前問参照, $H\cong 0$). ∴ $v\cong 7.9$ km/s.

4-2 節

1. ふつうの放物体の軌道は非常に細長い楕円の1部で，ほとんど放物線としてよい.

2. 焦点の一方を原点にすれば双曲線は $(x+a)^2/a^2-y^2/b^2=1$. ∴ $y^2=(b^2/a)x(2+x/a)$. ここで $b^2/a=$有限, $a\to\infty$ とすれば放物線 $y^2=(2b^2/a)x$ となる.

4-3 節

1. 力の中心を原点とすれば $\boldsymbol{f}$ は $\boldsymbol{r}$ に平行で大きさは $f(r)$. したがって $\boldsymbol{f}=f(r)\boldsymbol{r}/r$.

4-4 節

1. 4-1 節問題2の解答から月の周期は

$$T=2\pi\sqrt{r^3/GM}=\frac{2\pi}{\sqrt{G}}\sqrt{\frac{R_E^3}{M}}\left(\frac{r}{R_E}\right)^{3/2}$$

$$\therefore\quad \text{平均密度}\ d=\frac{M}{(4\pi/3)R_E^3}=\frac{3\pi}{G}\left(\frac{r}{R_E}\right)^3\Big/T^2$$

ここで数値を入れると

$$d=\frac{3\pi\times 60^3}{6.67\times 10^{-11}(27.3\times 24\times 60\times 60)^2}\ \mathrm{kg/m^3}=5.5\times 10^3\ \mathrm{kg/m^3}=5.5\ \mathrm{g/cm^3}$$

2.
$$g=GM/R_E^2=G\left(M\Big/\frac{4\pi}{3}R_E^3\right)\frac{4\pi}{3}R_E.\quad\therefore\ R_E=\frac{3}{4\pi}\frac{g}{Gd}\cong 6400\ \mathrm{km}.$$

4-5 節

1. 円運動を考え速度を v とすると $h=rv$. $mh^2/2r^2$ をポテンシャルとみると $-d/dr(mh^2/2r^2)=mh^2/r^3=mv^2/r$. これは遠心力である.

4-6 節

1. ケプラーの方程式は $\theta-\omega t=\varepsilon\sin\theta$ と書けるから θ と ωt の差は決して大きくならず, ε が小さいとき $\theta\cong\omega t$. したがって楕円軌道(4.89)は $r=a(1-\varepsilon\cos\theta)\cong a(1-\varepsilon\cdot\cos\omega t)$.

4-7 節

1. $g=GM/R_0^2$. したがって $V(r)=-GmM/r=-mgR_0^2/r$.

2. 脱出速度を v とすると $mv^2/2=V(R_0)=mgR_0$.

$$\therefore\quad v=\sqrt{2gR_0}=11.2\ \mathrm{km/s}$$

4-8 節

1. 幾何学的に $p/R=\sin\{(\pi-\Theta)/2\}=\cos(\Theta/2)$.

5-1 節

1. 任意の点Oから運動直線に下ろした垂線の長さを r_p とすれば角運動量 $L=r_pv$ が保存される.

5-2 節

1. 例題1により $z=0$. したがって $v_z=dz/dt=0$.

5-3 節

1. $\boldsymbol{r}$ と $\boldsymbol{p}$ は $\boldsymbol{L}$ に垂直な平面内にある.

2. (i) $\boldsymbol{A},\boldsymbol{B}$ のなす角を θ とすれば $(\boldsymbol{A}\times\boldsymbol{B})^2=(AB\sin\theta)^2$, $(\boldsymbol{A}\cdot\boldsymbol{B})^2=(AB\cos\theta)^2$.

(ii) $(\boldsymbol{A}+\boldsymbol{B})\times(\boldsymbol{A}-\boldsymbol{B})=\boldsymbol{A}\times\boldsymbol{A}+\boldsymbol{B}\times\boldsymbol{A}-\boldsymbol{A}\times\boldsymbol{B}-\boldsymbol{B}\times\boldsymbol{B}=\boldsymbol{B}\times\boldsymbol{A}-\boldsymbol{A}\times\boldsymbol{B}=2(\boldsymbol{B}\times\boldsymbol{A})$.

(iii) $(\boldsymbol{A}-\boldsymbol{B})\times(\boldsymbol{B}-\boldsymbol{C})=\boldsymbol{A}\times\boldsymbol{B}-\boldsymbol{B}\times\boldsymbol{B}-\boldsymbol{A}\times\boldsymbol{C}+\boldsymbol{B}\times\boldsymbol{C}=\boldsymbol{A}\times\boldsymbol{B}+\boldsymbol{C}\times\boldsymbol{A}+\boldsymbol{B}\times\boldsymbol{C}$.

3. $(\boldsymbol{A},\boldsymbol{C},\boldsymbol{B})=\boldsymbol{A}\cdot(\boldsymbol{C}\times\boldsymbol{B})=-\boldsymbol{A}\cdot(\boldsymbol{B}\times\boldsymbol{C})=-(\boldsymbol{A},\boldsymbol{B},\boldsymbol{C})$.

4. (i) $(\boldsymbol{A}\times\boldsymbol{B})\cdot(\boldsymbol{C}\times\boldsymbol{D})=\{(A_yB_z-A_zB_y)\boldsymbol{i}+(A_zB_x-A_xB_z)\boldsymbol{j}+(A_xB_y-A_yB_x)\boldsymbol{k}\}\cdot\{(C_yD_z-C_zD_y)\boldsymbol{i}+(C_zD_x-C_xD_z)\boldsymbol{j}+(C_xD_y-C_yD_x)\boldsymbol{k}\}=(A_yB_z-A_zB_y)(C_yD_z-C_zD_y)+(A_zB_x-A_xB_z)(C_zD_x-C_xD_z)+(A_xB_y-A_yB_x)(C_xD_y-C_yD_x)=(A_xC_x+A_yC_y+A_zC_z)(B_xD_x+B_yD_y+B_zD_z)-(B_xC_x+B_yC_y+B_zC_z)(A_xD_x+A_yD_y+A_zD_z)=(\boldsymbol{A}\cdot\boldsymbol{C})(\boldsymbol{B}\cdot\boldsymbol{D})-(\boldsymbol{B}\cdot\boldsymbol{C})(\boldsymbol{A}\cdot\boldsymbol{D})$.

(ii) $$(\boldsymbol{B}\times\boldsymbol{C})\cdot(\boldsymbol{A}\times\boldsymbol{D})=(\boldsymbol{B}\cdot\boldsymbol{A})(\boldsymbol{C}\cdot\boldsymbol{D})-(\boldsymbol{C}\cdot\boldsymbol{A})(\boldsymbol{B}\cdot\boldsymbol{D})$$

$$(\boldsymbol{C}\times\boldsymbol{A})\cdot(\boldsymbol{B}\times\boldsymbol{D}) = (\boldsymbol{C}\cdot\boldsymbol{B})(\boldsymbol{A}\cdot\boldsymbol{D})-(\boldsymbol{A}\cdot\boldsymbol{B})(\boldsymbol{C}\cdot\boldsymbol{D})$$

$$(\boldsymbol{A}\times\boldsymbol{B})\cdot(\boldsymbol{C}\times\boldsymbol{D}) = (\boldsymbol{A}\cdot\boldsymbol{C})(\boldsymbol{B}\cdot\boldsymbol{D})-(\boldsymbol{B}\cdot\boldsymbol{C})(\boldsymbol{A}\cdot\boldsymbol{D})$$

これらを加えれば 右辺$=0$.

6-1 節

1.　重心の座標を$(x_{\rm G}, y_{\rm G}, z_{\rm G})$とすると$m_j$の座標は$(x_{\rm G}+x_j, y_{\rm G}+y_j, z_{\rm G}+z_j)$. 重心の定義により$x_{\rm G}=\sum m_j(x_{\rm G}+x_j)/\sum m_j$.　$\therefore\ \sum m_jx_j=0$.　y, zについても同じ.

6-2 節

1.　(6.26)から$\boldsymbol{r}_2=\boldsymbol{r}+\boldsymbol{r}_1$, これを(6.23)に代入すれば, $(m_1+m_2)\boldsymbol{r}_{\rm G}=(m_1+m_2)\boldsymbol{r}_1+m_2\boldsymbol{r}$. したがって$\boldsymbol{r}_1=\boldsymbol{r}_{\rm G}-m_2\boldsymbol{r}/(m_1+m_2)$. $\boldsymbol{r}_2$についても同様.

2.　地球と月の質量をそれぞれm_1, m_2とすれば$m_1\cong 80m_2$. 重心から地球と月までの距離をそれぞれx_1, x_2とし, 地球と月の距離をRとすれば$m_1x_1=m_2x_2$, $x_1+x_2=R$. したがって$x_1=m_2R/(m_1+m_2)\cong R/81$. 他方で地球の半径を$R_0$とすれば$R\cong 60R_0$. したがって$x_1\cong(3/4)R_0$. ゆえに地球と月の重心は地表から地球中心に向けて地球半径の約1/4入ったところにある.

3.　重心から各おもりまでの距離をそれぞれx_1, x_2とすれば, 問題2と同様に$m_1x_1=m_2x_2$, $x_1+x_2=a$. ゆえに$x_1=m_2a/(m_1+m_2)$, $x_2=m_1a/(m_1+m_2)$. したがってひもの張力(向心力)fは$f=m_1\omega^2x_1=m_2\omega^2x_2=m_1m_2a\omega^2/(m_1+m_2)$. 重心は地球の重力のため放物線をえがくが, ひもの張力には影響しない(自由落下の体系はいわゆる無重力状態にある).

6-3 節　略.

6-4 節

1.　$L_x=\sum m_j(y_jv_z-z_jv_y)$の関係を用いる. 他も同様.

2.　$L=ml^2d\theta/dt$,　$N=-lmg\sin\theta$,　$dL/dt=N$.

7-1 節

1.　2力$\boldsymbol{F}_1$と$\boldsymbol{F}_2$の交点を考えると, この点に関して$\boldsymbol{F}_1$も$\boldsymbol{F}_2$もモーメントが0である. 釣り合いが成り立つためには$\boldsymbol{F}_3$もこの点に関してモーメントが0でなければならないから, $\boldsymbol{F}_3$もこの点を通る. 3力が釣り合うためには3力は同一平面上になくてはならないが, 証明は略す. 3力が平行の場合はてこの釣り合いになる.

2.　3力が釣り合うためには$\boldsymbol{F}_1+\boldsymbol{F}_2+\boldsymbol{F}_3=0$. これは3力が閉じた3角形をなすこと

を意味する．力が多数あっても釣り合うためには，これらが閉じた多角形を構成することが必要であり，また力のモーメントのベクトル和もなくなることが必要である．

3. 上の問題1, 2により $\boldsymbol{S}, \boldsymbol{F}, \boldsymbol{f}$ は1点で交わり，閉じた3角形をなす．

7-2 節

1. 棒の線密度(単位長さの質量)を ρ とする．例えば棒の一端を中心として回転するとき

$$I = \int_0^l \rho r^2 dr = \frac{\rho}{3} l^3$$

$$K = \frac{1}{2}\int_0^l \rho(\omega r)^2 dr = \frac{\omega^2}{2}\int_0^l \rho r^2 dr = \frac{1}{2} I\omega^2$$

7-3 節

1. $I_z = \sum m_j(x_j^2 + y_j^2) = \sum m_j x_j^2 + \sum m_j y_j^2 = I_x + I_y$.

2. 斜面に接するところですべりがないとする．斜面に沿って距離 x, 速度 $v = dx/dt$ をとると，エネルギー保存の式から

$$\frac{1}{2}Mv^2 + \frac{1}{2}I\omega^2 = Mgx\sin\theta$$

ここで M, I は円柱の質量と慣性モーメント．a を円柱の半径とすると $I = Ma^2/2$, すべりがないことから $\omega = v/a$. この式を t で微分すれば，斜面に沿う加速度は

$$\frac{dv}{dt} = \frac{Mg\sin\theta}{M + I/a^2} = \frac{2}{3}g\sin\theta$$

7-4 節

1. 円板の面密度は $\rho = 0.8(\mathrm{g/cm^3}) \times 0.5\ \mathrm{cm} = 0.4\ \mathrm{g/cm^2}$. 慣性モーメントは $I = \int_0^a \rho r^2 2\pi r dr = (\pi/2)\rho a^4 = 3.2\pi(\mathrm{g \cdot cm^2})$. $\Omega = Mgl/I\omega = 5.0 \times 980 \times 3/(3.2\pi \times 20\pi) = 23.3(\mathrm{rad/s})$.

2. 略．

8-1 節

1. $x' = x - vt$, $d^3x'/dt^3 = d^3x/dt^3$. y, z 方向も同様．

8-2 節

1. 重心の速度は $\boldsymbol{v}_G = (\boldsymbol{v}_1 + \boldsymbol{v}_2)/2$. 重心系における初速度 $\boldsymbol{V}_1 = \boldsymbol{v}_1 - \boldsymbol{v}_G = (\boldsymbol{v}_1 - \boldsymbol{v}_2)/2$, $\boldsymbol{V}_2 = \boldsymbol{v}_2 - \boldsymbol{v}_G = (\boldsymbol{v}_2 - \boldsymbol{v}_1)/2 = -\boldsymbol{V}_1$, 衝突後の速度 $\boldsymbol{V}_1' = -\boldsymbol{V}_1 = \boldsymbol{V}_2$, $\boldsymbol{V}_2' = -\boldsymbol{V}_2 = \boldsymbol{V}_1$. 実験室系 $\boldsymbol{v}_1' = \boldsymbol{V}_1' + \boldsymbol{v}_G = (\boldsymbol{v}_2 - \boldsymbol{v}_1)/2 + (\boldsymbol{v}_2 + \boldsymbol{v}_1)/2 = \boldsymbol{v}_2$, 同様に $\boldsymbol{v}_2' = \boldsymbol{V}_2' + \boldsymbol{v}_G = \boldsymbol{v}_1$. いずれの座標系でも2粒子の速度が交換される．

8-3 節　略.

8-4 節

1.　$\omega^2 R_0 = (2\pi/24\times60\times60)^2\times6400\times10^3$ MKS $=0.034$ m/s$^2 \cong g/300$.くわしくいうと1恒星日は24時間より少し短く，86164秒である．また地球の半径は赤道で $R_0=6378$ km である．これらの値を用いても $\omega^2 R_0 \cong 0.034$ m/s^2 は変わらない．

8-6 節

1.　はじめ球が $r=r_0$ で静止していたとすると，管の先端にくるまでに球が管に沿って得た速度は $v=\omega\sqrt{a^2-r_0{}^2}$．この速度と，これに垂直に先端が回る速度 $a\omega$ をベクトル的に合成した方向へ $\sqrt{v^2+(a\omega)^2}=\omega\sqrt{2a^2-r_0{}^2}$ の速さで球は飛ぶ．このエネルギーは管を押し回す力(球に角運動量を与える)によるもの．

8-7 節

1.　$\omega' = \omega \sin\lambda = \dfrac{2\pi}{24}\sin 35°43'$/時間$=\dfrac{180°}{12}\times0.584$/時間$=8.8°$/時間.

索引

サ　行

タ 行

ナ　行

ハ　行

マ，ヤ　行

ラ，ワ 行

戸田盛和

1917-2010年．東京生まれ．1940年東京大学理学部物理学科卒業．東京教育大学教授，千葉大学教授，横浜国立大学教授，放送大学教授などを歴任．理学博士．専攻は理論物理学．

著書に『非線形格子力学』(岩波書店)，『ベクトル解析』(岩波書店)，『現代物理学の基礎 統計物理学』(共著，岩波書店)，『液体の構造と性質』(共著，岩波書店)，『振動論』(培風館)，『おもちゃセミナー(正・続)』(日本評論社)，*Theory of Nonlinear Lattices* (Springer-Verlag), *Statistical Physics I* (共編著, Springer-Verlag)など．

物理入門コース 新装版
力　学

1982年11月12日　初版第1刷発行
2017年9月8日　初版第53刷発行
2017年12月5日　新装版第1刷発行
2025年3月5日　新装版第11刷発行

著　者　戸田盛和（とだもりかず）

発行者　坂本政謙

発行所　株式会社 岩波書店
〒101-8002 東京都千代田区一ツ橋2-5-5
電話案内 03-5210-4000
https://www.iwanami.co.jp/

印刷・理想社　表紙・半七印刷　製本・牧製本

ISBN 978-4-00-029861-2　　Printed in Japan